无源测向与定位技术

胡德秀　刘成城　赵　闯　黄东华　著

科学出版社
北京

内 容 简 介

本书以无源测向与定位为主题，阐述该领域的基本原理，归纳和总结作者所在研究团队的研究成果。全书介绍测向定位的应用背景、系统基础、测向方法以及定位原理技术，既包含基础理论和方法，也包含最新的研究进展。

本书可作为高等院校电子信息工程专业高年级本科生、研究生的参考书，也可供从事侦察定位相关研究的科研人员参考。

图书在版编目（CIP）数据

无源测向与定位技术 / 胡德秀等著. —北京：科学出版社，2022.6

ISBN 978-7-03-062970-8

Ⅰ. ①无… Ⅱ. ①胡… Ⅲ. ①无源定位-研究 Ⅳ. ①TN971

中国版本图书馆 CIP 数据核字（2019）第 242864 号

责任编辑：张艳芬 赵微微 / 责任校对：崔向琳

责任印制：赵 博 / 封面设计：蓝 正

科学出版社出版

北京东黄城根北街 16 号

邮政编码：100717

http://www.sciencep.com

北京凌奇印刷有限责任公司印刷

科学出版社发行 各地新华书店经销

*

2022 年 6 月第 一 版 开本：720 × 1000 B5

2025 年 1 月第三次印刷 印张：15 1/4

字数：294 000

定价：108.00 元

（如有印装质量问题，我社负责调换）

前　言

无源测向与定位技术通过截获测量目标自身的辐射源信号，并测量相应参数，完成对目标的定位，是现代军事情报保障和态势感知的重要手段。相比于雷达系统，无源测向与定位技术具有隐蔽性强、作用距离远、建设成本低的优点。在现代电子战中，无源测向与定位技术的主要作用体现在：通过确定目标方位、位置，了解敌方的军事部署，掌握敌方的态势信息，有利于反辐射导弹的引导攻击，因而近年来一直是研究的热点问题。本书给出无源定位领域的一些基本原理，整理作者所在研究团队近年来在该领域中的研究工作。

全书共 10 章。第 1 章主要介绍电子战与电子侦察、无源测向与定位以及无源测向与定位发展概况；第 2 章主要介绍无源测向与定位系统；第 3～6 章主要介绍无源测向技术；第 7～10 章主要介绍无源定位技术。

本书由胡德秀、刘成城、赵闯和黄东华共同撰写。黄洁教授、党同心副教授对全书进行了审阅和指导，并提出了宝贵意见，在此表示真挚的感谢。刘亚奇、刘智鑫、赵勇胜、姜宏智等对本书内容进行了校对，一并表示谢意。在撰写本书过程中，得到了中国人民解放军战略支援部队信息工程大学五院各级领导和同事的指导和帮助，在此深表感谢。本书得到了国家自然科学基金(62071490、61703433)、河南省自然科学基金优秀青年科学基金(212300410095)的支持和资助，在此一并表示感谢。

限于作者水平和学识，书中难免存在不足之处，恳请读者批评指正。

目　录

第 1 章　绪　　论

辐射源的无源测向与定位技术是获取情报的重要手段，属于电子战中电子侦察的范畴。本章主要介绍电子战、电子侦察的基本概念，以及无源测向与定位的概念与发展概况。

1.1　电子战与电子侦察

电子战是现代战争的重要形式之一，其基本概念是在电磁空间领域，交战双方围绕电磁频谱的控制权、使用权而展开一系列较量，其主要目的是获得电磁频谱的控制权、使用权，削弱和破坏敌方对电磁频谱的控制权、使用权。电子战的应用范围较为宽泛，贯穿于信息产生、传输、利用的全过程。按照涉及的主要技术，电子战可分为雷达、通信、光电、导航、敌我识别、计算机网络、指挥控制网络等电子战系统；按照使用范围，电子战可分为战术、战略级别的电子战系统，分别针对不同的战术、战略目标和对手；按照使用流程，电子战又可分为电子侦察、电子攻击、电子防御三种。

电子侦察是利用电子设备对敌方通信、雷达、导航和电子干扰等设备所辐射的电磁信号进行接收、识别、分析和定位，从中获取情报，或以此为依据实施电子对抗和反对抗的措施。显然，对辐射源信号的无源测向与定位，是电子侦察的重要内容。根据任务和用途的不同，电子侦察可分为电子情报侦察和电子支援侦察。

电子情报侦察属于战略侦察，是通过有长远目的的预先侦察来截获对方的电磁辐射信号，并精确测定其技术参数，全面地收集和记录数据，进行综合分析和核对，以查明对方辐射源的技术特性、地理位置、用途、能力、威胁程度、薄弱环节，以及敌方武器系统的部署变动情况和战略战术意图等，从而为战时进行电子支援侦察提供信息，为己方有针对性地使用和发展电子对抗技术、制定军事作战计划提供依据。为了不断监视和查清对方的电子环境，电子情报侦察通常需要对同一地区和频谱范围进行反复侦察，而且要求具有即时的与长期的分析和反应能力。但是，它主要着眼于新的、不常见的信号，同时证实已掌握的信号，并了解其变化情况。由电子情报侦察所收集的情报力求完整准确，利用它可以建立包括辐射源特征参数、型号、用途和威胁程度等内容的数据库，并不断以新的数据对现行数据库进行修改和补充。

电子支援侦察属于战术侦察，是根据电子情报侦察所提供的情报在战区进行实时侦察，以迅速判明敌方辐射源的类型、工作状态、位置、威胁程度和使用状况，为及时实施威胁告警、规避、电子干扰、电子反干扰、引导和控制杀伤武器等提供所需的信息，并将获得的现时情报作为战术指挥员制订当前任务的基础，以支援军事作战行动。对电子支援侦察的主要要求是快速的反应能力、高效的截获概率，以及实时的分析和处理能力。

电子侦察不是直接从敌方辐射源的使用者或设计者获得情报,而是在离辐射源很远处,依靠直接对敌方辐射源的快速截获与分析来获取有价值的情报。电子侦察本身并不辐射电磁能量，因而具有作用距离远、侦察范围广、隐蔽性好、保密性强、反应迅速、获取信息多、提供情报及时和情报可靠性高等特点。但是，电子侦察也有其局限性，主要是完全依赖于对方的电磁辐射，而且在密集复杂的电磁环境中信息处理的难度较大。

1.2 无源测向与定位

根据电子侦察的定义，电子侦察既要完成对信号本身参数的测量与识别；也要完成对信号辐射源位置属性的测量与掌握，包含对目标的测向与定位。显然，对目标的无源测向与定位是电子侦察的重要内容之一。相比于传统的雷达系统，无源测向与定位系统具有定位作用距离远、成本低、隐蔽性强的优势，因此具有重要的理论和实践意义。在现代电子战中，其主要作用体现在：通过确定目标位置了解敌方的军事部署，掌握敌方的态势信息，有利于反辐射导弹的引导攻击。因而，无源测向与定位技术一直是近年来研究的热点。

从概念上来讲,无源定位是指在观测站自身不发射任何电磁波信号的条件下，完全被动地接收辐射源目标的电磁波(包括可见光和红外线)，测量这些电磁波的各项参数，然后确定目标的位置和运动状态信息。因此，无源定位系统具有很好的隐蔽性。同时，无源定位系统由于单程接收目标发射(也可能是反射或散射)的直射波，可以获得比雷达远得多的侦察距离，这使得该系统可以在雷达作用距离以外就能提早发现目标,具有更远的探测距离。无源定位是现代一体化防空系统、机载对敌、对海攻击及对付隐身目标的重要组成部分，对于提高武器系统在电子战环境下的生存能力和作战能力具有重要作用,同时在航海、航空、宇航、侦察、测控等方面扮演着重要角色。除此之外，从物理结构上来讲，无源定位由于只需要接收，不需要发送，因此成本较低。

从技术上来讲，无源定位一般都是在一定观测量基础上完成的。按照观测量的不同，常见的无源定位体制可分为基于波到达方向(direction of arrival, DOA)、到达时间差(time difference of arrival, TDOA)和到达频率差(frequency difference of arrival, FDOA)，以及联合其中两种或者三种观测信息的定位体制。最常见的基于 DOA 的定位系统是单站测角定位法、多站测角交叉定位法；最常见的基于 TDOA 的定位系统是三站/四站时差定位法；仅仅利用 FDOA 观测量的定位系统并不常见，因为 FDOA 一般都是和 TDOA 伴随发生的。常见的包含 FDOA 观测量的是多站时频差定位系统，典型的应用是双星时频差定位。在联合多观测量的定位体制中，最常见的是测角与时差相结合的定位法，测角与时频差相结合的定位等。

无源测向是无源定位的前提之一，既可以辅助定位，也可以独立工作，其主要作用如下：

(1) 用于分选信号流。为了抗干扰、反侦察等，雷达的各项信号参数如载频、重频、脉宽等目前趋向于快速随机变化，使得同一雷达发射的脉冲串中，唯有方位参数是较稳定的。这是因为雷达载体的运动速度不可能太大，在雷达发射一串脉冲的时间内，相邻脉冲到达角一般变化不大，从而根据方位参数容易分选不同雷达发射的脉冲串。

(2) 作为定位的必需参数。在测角交叉定位中，对辐射源进行无源定位需要两台(或更多台)侦察设备，将其配置在不同位置上，对同一雷达分别测出方位参数，进而利用交叉定位方法，确定雷达的位置。

(3) 在方位上引导干扰机。为了将干扰能量集中在威胁雷达所在的空域，需要由侦察设备测向系统给干扰设备提供雷达的方位参数。

(4) 为反辐射导弹或告警和回避系统提供雷达的角度信息。反辐射导弹和窄视野系统(如电视跟踪系统、激光测距仪等)通常只需要侦察系统提供的角度(方位角、俯仰角)信息就可以工作。告警和回避也是各种机动设备必备的自卫手段。

1.3　无源测向与定位发展概况

辐射源无源定位技术是获取情报的重要手段，因其在战场的重要应用，受到国内外的广泛关注。随着技术的不断进步，系统的反应速度、定位精度及复杂环境适应能力等方面得到了显著提高，在现代军事电子系统中的作用不断提升。

20 世纪 60 年代，无源定位系统得到了足够的重视和长足发展。为了对付美军的雷达制导导弹，捷克开始研究无源定位系统，尤其是其第三代无源定位探测系统“塔玛拉”。1999 年 3 月 27 日，据公开报道，美军一架 F-117“夜鹰”隐形战斗轰炸机被击落，该系统打破了 F-117 隐形的金身。第三代无源定位探测系统由四个观测站组成，分别是中心观测站，左右两观测站及地面雷达，其截获目标的电磁信号，提取目标到达各观测站相对中心站的 TDOA，从而快速计算后确定目标、实施打击。这是典型的基于 TDOA 的长基线多站无源定位系统[1]。

随着无源定位技术的发展，继“塔玛拉”之后，捷克又研究了其相同定位体制的升级产品“维拉”-E，该升级产品具有精确的电磁信号“指纹”识别系统，最大探测距离达 450km，并且能够同时跟踪 200 个辐射源目标[2]，如图 1-1 和图 1-2 所示。另外，与“维拉”-E 相似的“铠甲”无源定位探测系统也包括三个观测站和一个中心处理站，其中心处理站具有强大的数据存储、处理能力，而且机动性较强，如图 1-3 所示。利用了联合 DOA 和 TDOA 定位体制，可对多种目标，如多普勒雷达、火控雷达等发出的电磁信号进行识别，尤其是对空中目标的识别率可达 90%[3]。

图 1-1　“维拉”-E 无源雷达探测系统

俄罗斯研制的“卡尔秋塔”无源定位探测系统利用单站旋转天线最大信号测向法、三站交叉定位体制进行目标探测，测向精度优于 0.7°，最大探测距离能到 650km，可对机载、舰载和陆基电子设备的 100 种辐射信号进行接收、分析与识别[4]。随后，以色列研制出 EL-L8300G 无源定位系统，该系统是一种高精度测角

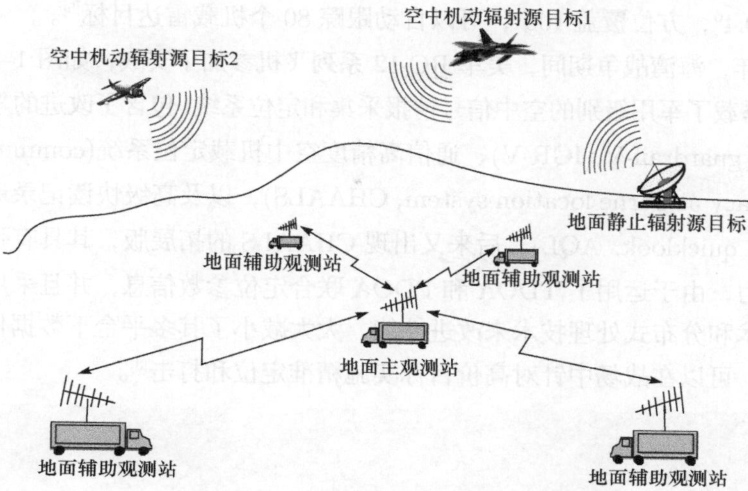

图 1-2　“维拉”-E 无源雷达探测系统工作示意图

图 1-3　“铠甲”无源定位探测系统

装备，利用三站短基线联合 TDOA 和旋转天线实现单脉冲测角对目标定位，其测角精度为 0.4°，方位覆盖 100°，可以自动跟踪 80 个机载雷达目标[5]。

1990 年，海湾战争期间，美军 RC-12 系列飞机参加了实战，如图 1-4 所示。该侦察机搭载了军用级别的空中信号情报采集和定位系统，包含了改进的“护栏 V”(improved guardrail-V, IGR-V)、通信高精度空中机载定位系统(communication high accuracy airborne location system, CHAALS)，以及高级快读记录遥测装置(advanced quicklook, AQL)。后来又出现 CHAALS 的拓展版，其具有强大的目标指示能力，由于运用了 TDOA 和 FDOA 联合定位参数信息，并且采用了先进的电子技术和分布式处理技术来改进性能，大大减小了其多平台下数据传输、处理的负担，可以在战场中针对高价目标实施精准定位和打击[3]。

图 1-4　搭载空中信号情报采集和定位系统的 RC-12 系列飞机

1991 年 8 月，波音公司向美国军方交付首架 F-16CJ(Block 50)战斗机，如图 1-5 所示。该战机是优秀的轻型战斗机，后来美国向希腊出口的 F-16CJ 战斗机已获准装备 AN/ASQ-213 高速反辐射导弹(high-speed anti-radiation missile, HARM)瞄准系统(HARM targeting system，HTS)。该系统主要结合采用 TDOA 定位技术的 R6 型及 FDOA 定位技术的 R7 型，提升了对“时敏目标”的快速定位能力，而且系统原为美国空军研制的专用接口吊舱载系统，重约 40.8kg，装在 F-16CJ 战斗机的吊架上，可检测、识别和定位雷达辐射源，为 AGM-88 “哈姆” HARM 发射时提供数据，使“哈姆” HARM 依据这些参数以最有效的“距离已知”方式攻击雷达辐射源[6]。

图 1-5 搭载 AN/ASQ-213 HARM 瞄准系统的 F-16CJ(Block 50)战斗机

2005 年 8 月，美国某空军后勤中心授予雷声公司巨额合同，进行先进战术目标瞄准技术(advanced tactical targeting technology，AT3)的演示验证。目前该系统已应用于实战，其采用联合 TDOA 和 FDOA 定位体制对目标组网进行无源定位。如图 1-6 所示，三架 F-16 战斗机编队组网，形成网络化无源定位系统，以及共享精确的信号情报，实现 360°全范围的监视，而无需其他硬件。随后雷声公司研制的 ALR-69A(V)型接收机系统是全球第一台全数字式雷达告警接收机(radar warning receiver, RWR)，如图 1-7 所示，其采用了先进的宽带数字接收机技术。该升级版本既有高性能的输出，又降低了成本开销[7]。

图 1-6 三架 F-16 战斗机编队组网

2005 年，美国为第四代战斗机 F-22 安装了具有无源定位探测能力的有源相控阵雷达 APG-77。该型雷达具有大约 2000 个发射接收单元。通过 F-22 战斗机空中无源组网编队，在一个具有功率小、截获率低的工作模式下对目标进行探测，通过战斗机之间的飞行数据链(intra-flight data link，IFDL)进行目标信号截获，

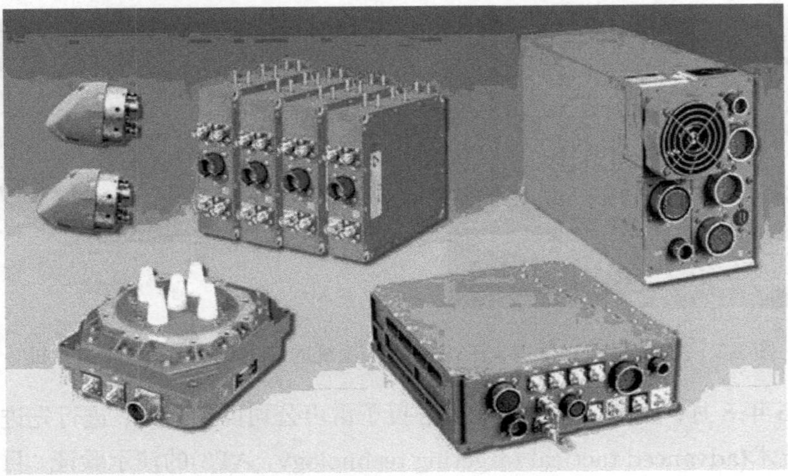

图 1-7 全数字式雷达告警接收机

继而使用多站无源定位体制对“非合作目标”进行精准定位跟踪[8]。

除了地、空基的无源定位系统，还有天基无源定位系统[9]。早在 20 世纪 60 年代初期，美国就已经开始研究高度机密的电子侦察卫星，在很长一段时间内都没有公开报道。到了 1973 年，美国发射代号为“流纹岩”的电子侦察卫星，这也是美军第一代地球同步轨道电子侦察卫星，“流纹岩”的发射主要用于监视当时苏联的雷达、通信和洲际弹道导弹试验[10]。

1990 年 11 月 15 日，美国第二代电子侦察卫星发射成功，代号“漩涡”，其根本作用是搜集通信情报，目前已有 6 颗正常运行[11]。在第二代电子侦察卫星相继发射期间，美军于 1985 年、1989 年和 1990 年相继发射了新一代同步电子侦察卫星“大酒瓶”，其灵敏度极高，对微弱信号的辐射源目标具有极强的侦察定位能力[12]。

20 世纪 80 年代后期，美国致力于发展海洋监视卫星，由于该卫星是天基无源定位系统，可以实现全天时、全天候不间断监视，为海上作战提供重要情报。1987 年至 1989 年，美军相继发射四组 12 颗“白云”海洋监测卫星，形成组网式星载无源定位系统。该系统采用多颗星组网协同定位，利用分布式平台组队的思想，两颗卫星一组，成对运行在同一轨道上，相互之间保持较高的同频精度。这种电子型海洋监视卫星主要利用电子侦察接收设备实现多星组网协同截获敌方的电子辐射信号，对敌方目标进行识别、定位及打击。海湾战争期间，四组卫星每日至少飞过海湾地区上空 1 次，最多可达 3 次，主要对该地区的重要目标进行接收、定位，为多国部队提供海上及部分陆基信号情报[11]。

针对星载平台无源定位系统，加拿大、法国、美国和苏联又联合研制了“全球卫星搜救系统”，成功地将无源定位系统运用到了遇险搜救行动中。该低轨无源探测卫星系统利用 FDOA 定位体制，可对遇险的用户进行实时探测搜救。

近些年在战术情报支持需求日益迫切的形势下，无源定位电子侦察的发展受到了各国的重视，因为掌握这一项技术意味着能在关键时期获取更多的战术情报，来支持本国军队对敌实现针对性的打击和摧毁。不少代表性的研究成果相继出现，例如，2013 年 5 月，ERA(European Regions Airline Association)公司发布了“寂静卫士”无源定位系统，如图 1-8 所示；2014 年 4 月，该系统部署于波西米亚西部，以支援当地捷克军队；2013 年 9 月，Paralax 电子公司与 CSIR(Council of Scientific and Industrial Research)公司和开普敦大学共同开发了“手机无源定位系统”样机[13]。

图 1-8 “寂静卫士”无源定位系统

参 考 文 献

[1] 王贵国. 沉默的哨兵——锁定 F-117A 隐身战斗机[J]. 国防科技, 2000, (1): 12.
[2] 杜朝平. 无处遁形——捷克“维拉”-E 反隐形雷达系统[J]. 兵器, 2005, (2): 34-37.
[3] 贾兴江. 运动多站无源定位关键技术研究[D]. 长沙: 国防科学技术大学, 2011.
[4] 郁春来, 张元发, 万方. 无源定位技术体制及装备的现状与发展趋势[J]. 空军预警学院学报, 2012, 26(2): 79-85.
[5] 郁春来. 利用空频域信息的单站无源定位与跟踪关键技术研究[D]. 长沙: 国防科学技术大学, 2008.
[6] 杨建华. 雷达无源定位技术的发展与战术应用[J]. 中国电子科学研究院学报, 2009, 4(6): 601-605.
[7] 丛敏, 姜雪红. 俄罗斯研制对付哈姆反辐射导弹的诱饵系统[J]. 飞航导弹, 2006, (7): 1, 2.
[8] 许伟武. F-22 战斗机的 APG-77 雷达[J]. 国际航空, 2000, (1): 26-28.
[9] 郭福成, 樊昀, 周一宇, 等. 空间电子侦察定位原理[M]. 北京：国防工业出版社, 2012.

[10] 刘进军. 猎鹰与雪人[J]. 卫星与网络, 2013, (8): 68-71.
[11] 姜自森, 李伟, 汪鸿滨. 电子侦察卫星[J]. 卫星与网络, 2007, (4): 56-59.
[12] 张维胜, 王红兵, 李辉. 美国军用卫星现状与性能[J]. 中国航天, 2001, (6): 42-45.
[13] 柯边. 手机雷达——新的多基地无源雷达[J]. 航天电子对抗, 2003, (1): 21.

第 2 章　无源测向与定位系统

无源测向与定位技术作为电子侦察的重要内容和实现目标辐射源位置信息获取的关键手段，对战场态势感知、目标身份识别和侦察打击引导等任务具有重要意义[1-4]。该技术涉及信号侦察接收、同步、信号传输、参数估计、定位解算等多方面内容，是一门综合性较强的技术。本章主要对无源测向与定位涉及的技术进行总体描述，包括观测量、辐射源链路计算、常见的指标体系等。

2.1　观　测　量

无源定位通常是在获取观测量基础上完成的。不同的无源定位系统，采用的观测量也不尽相同。目前，定位问题常用的观测量包括信号到达时间(time of arrival, TOA)、信号 TDOA[5-7]、信号 FDOA、信号 DOA、多普勒变化率(Doppler rate, DR)、接收信号强度(received signal strength, RSS)和到达增益比(gain ratio of arrival, GROA)。

下面结合具体的定位场景，简要介绍以上几种观测量的物理含义。

2.1.1　信号到达时间

定位场景如图 2-1 所示，待定位的目标辐射源的位置为 $\boldsymbol{x}=(x,y,z)^{\mathrm{T}}$，速度为 $\dot{\boldsymbol{x}}=(\dot{x},\dot{y},\dot{z})^{\mathrm{T}}$。定位系统包含 N 个接收站，其位置和速度已知，分别为 $\boldsymbol{s}_i=(s_{ix},s_{iy},s_{iz})^{\mathrm{T}}=(x_i,y_i,z_i)^{\mathrm{T}}$ 和 $\dot{\boldsymbol{s}}_i=(\dot{s}_{ix},\dot{s}_{iy},\dot{s}_{iz})^{\mathrm{T}}=(\dot{x}_i,\dot{y}_i,\dot{z}_i)^{\mathrm{T}}$ ($i=1,2,\cdots,N$)。不失一般性，假设接收站 1 为参考站，其位置、速度分别为 $\boldsymbol{s}_1=(s_{1x},s_{1y},s_{1z})^{\mathrm{T}}=(x_1,y_1,z_1)^{\mathrm{T}}$、$\dot{\boldsymbol{s}}_1=(\dot{s}_{1x},\dot{s}_{1y},\dot{s}_{1z})^{\mathrm{T}}=(\dot{x}_1,\dot{y}_1,\dot{z}_1)^{\mathrm{T}}$。

根据图 2-1 定义的场景，辐射源到接收站 i 的距离为

$$d_i=\sqrt{(x-x_i)^2+(y-y_i)^2+(z-z_i)^2} \tag{2-1}$$

假设信号传播速度为 c，则信号由辐射源传播至接收站 i 的时间为

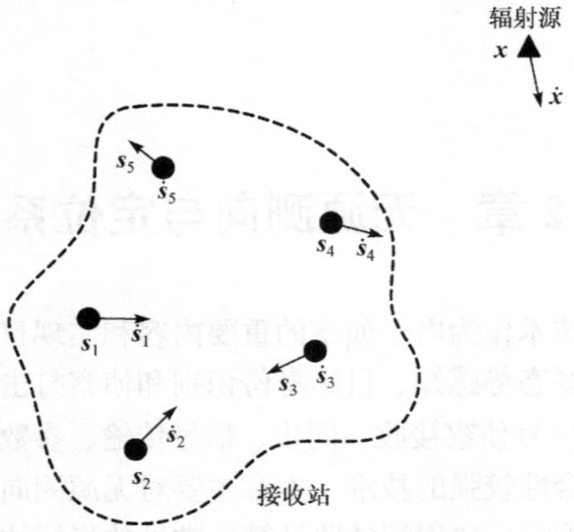

图 2-1　辐射源定位场景[8]

$$\tau_i = \frac{d_i}{c} \tag{2-2}$$

由式(2-2)可以看出，到达时间 τ_i 直接对应目标辐射源到接收站的距离，而由式(2-1)可以看出，d_i 在几何上定义了一个圆方程。对应于 N 个接收站，几何上定义了 N 个圆方程，而 N 个圆方程的交点，即目标辐射源的位置。

然而，TOA 观测量通常仅用于合作辐射源的定位中。具体来说，系统需要获取辐射源信号的发射时刻，才能根据接收端信号接收时刻估计出信号由辐射源传播至接收站的时间。在一般的辐射源定位系统中，特别是电子侦察领域，辐射源一般为非合作的，因此很少采用 TOA 作为观测量。

2.1.2　信号到达时间差

如 2.1.1 节所述，令接收站 1 为参考站，那么信号由辐射源传播至接收站 i 的时间与信号传播至参考站的时间差为

$$\tau_{i1} = \tau_i - \tau_1 \tag{2-3}$$

显然，由式(2-3)可以看出，到达时间 τ_i 直接对应着目标辐射源到接收站 i 的距离与目标到参考站的距离之差，而 $d_{i1} = d_i - d_1$ 在几何上定义了一个双曲线方程。对应于 N 个接收站，几何上定义了 N–1 个双曲线(双曲面)方程，而 N–1 个双曲线方程的交点，即目标辐射源的位置。

TDOA 观测量的估计不需要已知信号发射时间等先验信息，且具有较高的估计精度，因此其是无源定位领域应用非常广泛的观测量之一。

2.1.3　信号到达频率差

当目标辐射源和接收站之间存在相对运动时，各接收站接收到的辐射源信号频率与信号发射频率相比，存在多普勒频率，如图 2-2 所示。多普勒频率包含目标位置和速度信息。

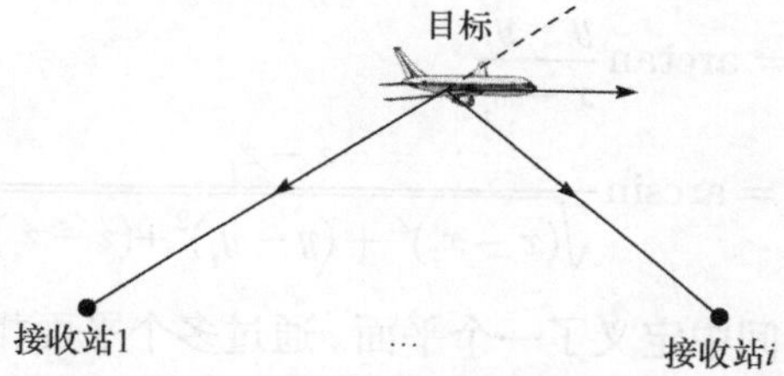

图 2-2　多普勒频率

根据多普勒频率，假设辐射源信号的发射频率为 f_{c}，那么由于辐射源和接收站之间的相对运动，接收站 i 接收到的辐射源频率 $f_{\mathrm{d}i}$ 为

$$f_{\mathrm{d}i}=\frac{\sqrt{c^2-\|\dot{\boldsymbol{x}}\|_2^2}}{c+\|\dot{\boldsymbol{x}}\|_2\cos\alpha_i}f_{\mathrm{c}} \tag{2-4}$$

式中，$\|\dot{\boldsymbol{x}}\|_2$ 表示 2 范数；α_i 表示距离向量与速度向量之间的夹角，$\cos\alpha_i$ 的表达式为

$$\cos\alpha_i=\frac{\dot{x}(x-x_i)+\dot{y}(y-y_i)+\dot{z}(z-z_i)}{\sqrt{\dot{x}^2+\dot{y}^2+\dot{z}^2}\sqrt{(x-x_i)^2+(y-y_i)^2+(z-z_i)^2}} \tag{2-5}$$

则接收站 i 与参考接收站之间的频差为

$$f_{\mathrm{d}i}=\frac{\sqrt{c^2-\|\dot{\boldsymbol{x}}\|^2}}{c+\|\dot{\boldsymbol{x}}\|\cos\alpha_i}f_{\mathrm{c}}-\frac{\sqrt{c^2-\|\dot{\boldsymbol{x}}\|^2}}{c+\|\dot{\boldsymbol{x}}\|\cos\alpha_1}f_{\mathrm{c}} \tag{2-6}$$

考虑到 $c\gg\|\boldsymbol{x}\|$，可将式(2-6)近似为

$$f_{\mathrm{d}i}\approx\frac{f_{\mathrm{c}}}{c}\left(\frac{\dot{x}(x-x_i)+\dot{y}(y-y_i)+\dot{z}(z-z_i)}{\sqrt{(x-x_i)^2+(y-y_i)^2+(z-z_i)^2}}-\frac{\dot{x}(x-x_1)+\dot{y}(y-y_1)+\dot{z}(z-z_1)}{\sqrt{(x-x_1)^2+(y-y_1)^2+(z-z_1)^2}}\right) \tag{2-7}$$

FDOA 观测量和目标辐射源的位置、速度均有关系，因此利用 FDOA 观测量，可以同时提升目标的位置和速度的估计精度，或者当目标静止不动时，提升目标的定位精度。

2.1.4 信号到达角度

当接收站布设阵列、干涉仪等测角装置时，就可以获得信号到达接收站的角度。如图 2-3 所示，根据目标和接收站 i 的几何位置关系，目标方位角 θ 和俯仰角 φ 与目标位置之间的函数关系为

$$\begin{cases} \theta = \arctan\dfrac{y-y_i}{x-x_i} \\ \varphi = \arcsin\dfrac{z-z_i}{\sqrt{(x-x_i)^2+(y-y_i)^2+(z-z_i)^2}} \end{cases} \tag{2-8}$$

DOA 观测量在三维空间中定义了一个平面。通过多个平面相交，可以得到目标位置估计。在二维平面定位问题中，角度观测定义了一条直线，只需测得接收到信号的两个 DOA，即可估计出目标位置。

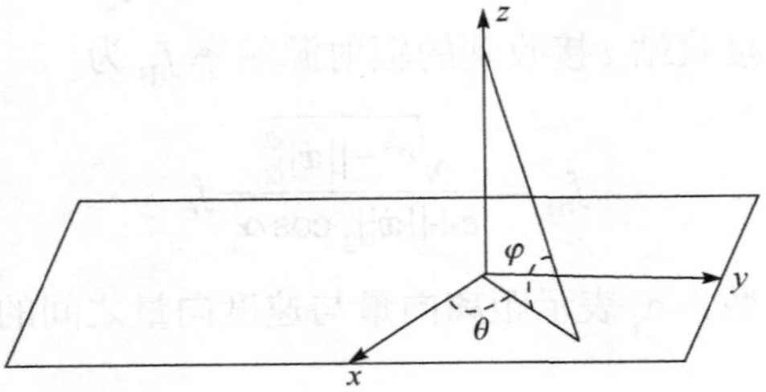

图 2-3 方位角和俯仰角示意图

DOA 观测量是辐射源定位问题中最早应用的观测量之一。随着测角精度的提高，角度观测量依然是现代无源定位系统的常用观测量。

2.1.5 角度变化率

角度变化率是信号到达角度关于时间导数的物理量，根据几何关系，可以得到

$$\begin{cases} \dot{\theta} = \dfrac{(x-x_i)(\dot{y}-\dot{y}_i)-(y-y_i)(\dot{x}-\dot{x}_i)}{(x-x_i)^2+(y-y_i)^2} \\ \dot{\varphi} = \dfrac{(\dot{z}-\dot{z}_i)\left[(x-x_i)^2+(y-y_i)^2\right]-(z-z_i)\left[(x-x_i)(\dot{x}-\dot{x}_i)+(y-y_i)(\dot{y}-\dot{y}_i)\right]}{\left[(x-x_i)^2+(y-y_i)^2\right]\sqrt{(x-x_i)^2+(y-y_i)^2-(z-z_i)^2}} \end{cases} \tag{2-9}$$

角度变化率直接测量比较困难，大多采用间接测量方法，即利用干涉仪等测角设备，获取带有一定测量噪声的相应角度信息序列，利用不同的处理方法来估

计出角度变化率的真值。现有的算法包括归纳差分法、最小二乘拟合法和卡尔曼滤波法三种。

2.1.6　接收信号强度

辐射源发射的信号经过媒介传输时会出现损耗。辐射源距离接收站越远，RSS越弱，反之，辐射源距离接收站越近，RSS 越强。因此，可以根据辐射源信号强度和传输距离之间的关系进行建模，获取 RSS 与传播距离之间的数学模型，这样在观测到 RSS 后即可根据此数学模型，估算出从辐射源到接收站之间的距离。

假设辐射源信号传播路径均为理想的自由空间，在辐射源和接收站之间，无射频能量被吸收或反射，大气层均匀且无吸收的媒介。在这样的理想空间中，信号衰减与辐射源和接收站之间距离的平方成正比，与信号波长的平方成反比，具体为

$$L_{\mathrm{s}}(d_i) \sim \left(\frac{4\pi d_i}{\lambda}\right)^2 \tag{2-10}$$

式中，$L_{\mathrm{s}}(d_i)$ 为信号衰减大小；d_i 为辐射源与接收站 i 之间的距离；λ 为信号波长。基于此理想模型，可由接收机 i 接收到的信号强度直接估算出其与辐射源之间的距离。由此，利用多个接收站获取多个 RSS 观测量，进而估计出目标的位置。

2.1.7　到达增益比

GROA 定义为接收增益之比。辐射源发射信号经过媒介传输时会出现路径损耗，此时各接收站接收到的信号为

$$\begin{aligned} x_1(t) &= s\left(t - \frac{d_1}{c}\right) + n_1(t) \\ x_i(t) &= \frac{1}{g_{i,1}} s\left(t - \frac{d_i}{c}\right) + n_i(t), \quad i = 2,3,\cdots,M \end{aligned} \tag{2-11}$$

根据声学与微波传播理论，损耗因子与辐射源到接收站之间距离的 n 次方成正比，在自由传播空间，n 值取恒定，但在实际情况下，传播系数 n 将随着传输媒介的变化而变化。在现有研究中，一般将 n 值简化设定为恒定值 1，那么 $g_{i,1}$ 便等于辐射源与接收站 i 之间距离 d_i 和辐射源与参考接收站 1 之间距离的比值，即

$$g_{i,1} = \frac{d_i}{d_1} \tag{2-12}$$

前面给出了辐射源定位系统中信号的 TOA、TDOA、FDOA、DOA 角度变化率、RSS、GROA 等观测量与目标位置信息之间的函数关系。在从接收信号中提取出上述观测量后，便可对其与目标位置信息之间的函数关系构建定位方程，进而设计合适的方程求解算法估计出目标位置信息。不同的定位方法，本质上就是选取不同的观测量来构建定位方程。可以仅利用以上单一观测量对目标定位，也可以联合几种观测量进行目标定位，如联合 TDOA 和 DOA 定位、联合 TDOA 和 GROA 定位等。本书主要针对联合 TDOA 和 FDOA 的辐射源定位问题进行介绍。联合 TDOA 和 FDOA 定位相比单一利用 TDOA 或 FDOA，具有更高的定位精度，且可以同时估计出目标的位置和速度。

2.2 测向与定位处理流程

从无源测向与定位的基本原理与主要观测量可以看出，要完成对目标的测向或定位，需要从信号侦察接收、信号传输、观测量的估计、定位解算等多个方面，对无源测向与定位系统进行设计。不同的侦察定位体制具有不同的系统组成和结构，但通常都包括对信号的接收采集、参数估计以及定位解算的过程。

2.2.1 信号接收采集

接收机的输入信号往往十分微弱(一般为几微伏至几百微伏)，而检波器需要有足够大的输入信号才能正常工作。因此，需要有足够大的高频增益把输入信号放大。早期的接收机采用多级高频放大器来放大接收信号，称为高频放大式接收机。后来应用最为广泛的接收机结构是超外差结构，它主要依靠频率固定的中频放大器放大信号。进入 21 世纪后，得益于数字信号处理技术的不断发展，数字接收机技术逐渐得到关注，并广泛应用于电子战领域。这一应用需求，要求信号采集模块使用的数字接收机具有宽的输入带宽覆盖范围和大的动态范围。典型的超外差式数字接收机的结构如图 2-4 所示。

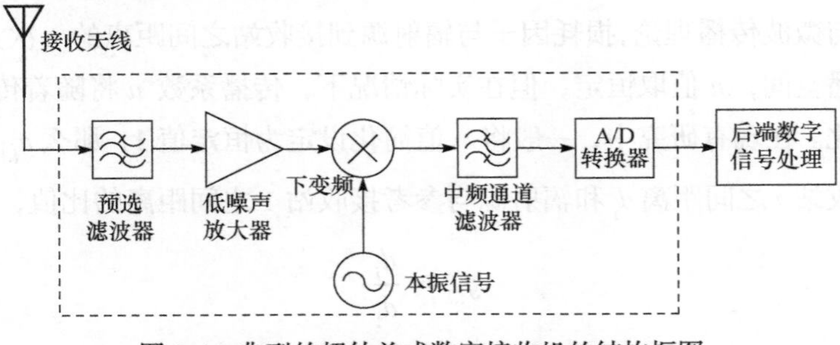

图 2-4　典型的超外差式数字接收机的结构框图

图中，从天线接收的微弱信号经低噪声放大器放大，与本地振荡器产生的信号一起加入混频器变频，得到中频信号。中频信号保留了输入信号的全部有用信息。得到的中频信号经过中频通道滤波和 A/D 转换后，用户即可得到数字信号。

2.2.2　参数估计

定位系统首先需要从接收的辐射源信号中提取出含有目标位置信息的观测量，如时差、频差、角度等参数，然后基于这些参数实现对目标的位置信息估计。显然，提取这些定位参数，进而实现对观测量的估计是完成定位的关键环节。

1. 基本概念

在讨论具体问题之前先介绍几个参数估计的基本概念。

(1) 统计量。样本中包含总体的信息，通过样本集把有关信息抽取出来，即针对不同要求构造出样本的某种函数，这种函数在统计学中称为统计量。通常条件下，在无源测向与定位中，样本就是接收采集到的信号。也就是说，在接收采集的信号样本为 $x_1, x_2, \cdots, x_N$ 的条件下，统计量 $g(x_1, x_2, \cdots, x_N)$ 是 $x_1, x_2, \cdots, x_N$ 的(可测)函数，与任何未知参数无关。统计量的概率分布称为抽样分布。

(2) 参数空间。在统计学中，将未知参数 θ 的全部可容许值组成的集合称为参数空间，记为 Θ 。在无源测向与定位中，参数空间也就是人们所关心的观测量的所有可能值。

(3) 估计值。构造一个统计量 $\hat{\theta} = g(x_1, x_2, \cdots, x_N)$ 作为参数 θ 的估计量，在统计学中称 $g(x_1, x_2, \cdots, x_N)$ 为 θ 的估计量。

2. 估计的评价准则

对于参数 θ ，一般有若干个估计。通过评价这些估计的优劣，从中做出最优的选择。当然，评价一个估计的“好坏”，不能按一次抽样结果得到的估计值 $\hat{\theta}$ 与参数真值 θ 的偏差大小来确定，而必须从均值和方差的角度进行分析。为了表示这种偏差，统计学中做了很多关于估计量性质的定义。下面讨论估计的评价准则，即估计应该具有的性能。

1) 无偏性

$\hat{\theta}$ 是 θ 的一个估计，若对所有的 θ ，有

$$E(\hat{\theta}) = \theta \tag{2-13}$$

则称 $\hat{\theta}$ 是 θ 的无偏估计。即无偏估计 $\hat{\theta}$ 在所有可能的样本范围内的平均值等于 θ

的真实值。

2) 克拉美罗下界

除了偏差以外，一个估计的基本特性还体现在方差上。一般来说，精确地表示方差比较困难，因此人们希望得到方差可能达到的下界。任一无偏估计方差的下界通常称为克拉美罗下界(Cramér-Rao lower bound, CRLB)。

令 $\boldsymbol{x}=(x_1,x_2,\cdots,x_N)$ 为样本向量，$f(\boldsymbol{x}\mid\theta)$ 为 $\boldsymbol{x}$ 的条件密度。若 $\hat{\theta}$ 是 θ 的一个无偏估计，且 $\partial f(\boldsymbol{x}\mid\theta)/\partial\theta$ 存在，则

$$\operatorname{var}(\hat{\theta})=E\left(\hat{\theta}-\theta\right)^2\geqslant\frac{1}{E\left(\dfrac{\partial\ln f(\boldsymbol{x}\mid\theta)}{\partial\theta}\right)^2}\tag{2-14}$$

当且仅当 $\partial f(\boldsymbol{x}\mid\theta)/\partial\theta=I(\theta)(\hat{\theta}-\theta)$ 时，式(2-14)等号成立。其中

$$I(\theta)=E\left(\frac{\partial\ln f(\boldsymbol{x}\mid\theta)}{\partial\theta}\right)^2\tag{2-15}$$

为 Fisher 信息量。

$$\mathrm{CRLB}(\theta)=\frac{1}{E\left(\dfrac{\partial\ln f(\boldsymbol{x}\mid\theta)}{\partial\theta}\right)^2}\tag{2-16}$$

为 CRLB。

下面对上述结论进行证明。

由 $\hat{\theta}$ 是 θ 的一个无偏估计，可得

$$0=E(\hat{\theta}-\theta)=\int_{-\infty}^{+\infty}\cdots\int_{-\infty}^{+\infty}(\hat{\theta}-\theta)f(\boldsymbol{x}\mid\theta)\mathrm{d}x_1\cdots\mathrm{d}x_N\tag{2-17}$$

式(2-17)两边对 θ 求偏导，有

$$\begin{aligned}0&=\frac{\partial}{\partial\theta}\int_{-\infty}^{+\infty}\cdots\int_{-\infty}^{+\infty}(\hat{\theta}-\theta)f(\boldsymbol{x}\mid\theta)\mathrm{d}x_1\cdots\mathrm{d}x_N\\&=\int_{-\infty}^{+\infty}\cdots\int_{-\infty}^{+\infty}\frac{\partial}{\partial\theta}\left[(\hat{\theta}-\theta)f(\boldsymbol{x}\mid\theta)\right]\mathrm{d}x_1\cdots\mathrm{d}x_N\\&=\int_{R^N}(\hat{\theta}-\theta)\frac{\partial}{\partial\theta}f(\boldsymbol{x}\mid\theta)\mathrm{d}\boldsymbol{x}-\int_{R^N}f(\boldsymbol{x}\mid\theta)\mathrm{d}\boldsymbol{x}\\&=\int_{R^N}(\hat{\theta}-\theta)f(\boldsymbol{x}\mid\theta)\frac{\partial}{\partial\theta}\ln f(\boldsymbol{x}\mid\theta)\mathrm{d}\boldsymbol{x}-1\end{aligned}\tag{2-18}$$

因此

$$\int_{R^N}(\hat{\theta}-\theta)f(\boldsymbol{x}\mid\theta)\frac{\partial}{\partial\theta}\ln f(\boldsymbol{x}\mid\theta)\mathrm{d}\boldsymbol{x}=1 \tag{2-19}$$

即

$$\int_{R^N}\left[(\hat{\theta}-\theta)\sqrt{f(\boldsymbol{x}\mid\theta)}\right]\left[\sqrt{f(\boldsymbol{x}\mid\theta)}\frac{\partial}{\partial\theta}\ln f(\boldsymbol{x}\mid\theta)\right]\mathrm{d}\boldsymbol{x}=1 \tag{2-20}$$

由柯西-施瓦茨不等式，可得

$$\int_{R^N}(\hat{\theta}-\theta)^2 f(\boldsymbol{x}\mid\theta)\mathrm{d}\boldsymbol{x}\int_{R^N}\left[\frac{\partial}{\partial\theta}\ln f(\boldsymbol{x}\mid\theta)\right]^2 f(\boldsymbol{x}\mid\theta)\mathrm{d}\boldsymbol{x}\geqslant 1 \tag{2-21}$$

即

$$\int_{R^N}(\hat{\theta}-\theta)^2 f(\boldsymbol{x}\mid\theta)\mathrm{d}\boldsymbol{x}\geqslant\frac{1}{\displaystyle\int_{R^N}\left[\frac{\partial}{\partial\theta}\ln f(\boldsymbol{x}\mid\theta)\right]^2 f(\boldsymbol{x}\mid\theta)\mathrm{d}\boldsymbol{x}} \tag{2-22}$$

当且仅当 $\partial\ln f(\boldsymbol{x}\mid\theta)/\partial\theta=K(\theta)(\hat{\theta}-\theta)$ 时，式(2-22)等号成立。其中，$K(\theta)$ 是 θ 的某个不包含 $\boldsymbol{x}$ 的正函数。注意，$\hat{\theta}$ 是 θ 的一个无偏估计，即 $E\{\hat{\theta}\}=\theta$，因此有

$$\mathrm{var}(\hat{\theta})=E\left(\hat{\theta}-\theta\right)^2=\int_{R^N}(\hat{\theta}-\theta)^2 f(\boldsymbol{x}\mid\theta)\mathrm{d}\boldsymbol{x} \tag{2-23}$$

此外

$$E\left\{\left[\frac{\partial}{\partial\theta}\ln f(\boldsymbol{x}\mid\theta)\right]^2\right\}=\int_{R^N}\left[\frac{\partial}{\partial\theta}\ln f(\boldsymbol{x}\mid\theta)\right]^2 f(\boldsymbol{x}\mid\theta)\mathrm{d}\boldsymbol{x} \tag{2-24}$$

结合式(2-22)～式(2-24)，可证明式(2-14)成立。

2.2.3　定位解算

在获取定位参数之后，通过无源与定位系统即可构建定位方程，解算出目标位置参数。例如，在估计出时频差之后，可以基于 TDOA/FDOA 完成对目标位置、速度的解算；在估计出 DOA 之后，可以基于不同位置的角度测量，进行交叉定位，完成目标定位。显然，目标的定位解算是辐射源定位的核心之一，也是本书的重点内容之一。实际上，定位解算也可以看成是参数估计的一种，即在已知观测量的条件下，对目标的位置进行估计。另外，定位解算也可以看成是解方程的过程，即求解观测量和目标位置之间的方程。一般条件下，这些观测方程都是非线性的，这就需要解决一个非线性问题，这也是定位解算主要的挑战之一。

从接收信号到观测量估计，再到定位的位置解算，构成了整个无源测向与定位的流程，如图 2-5 所示。

图 2-5　无源测向与定位的处理流程

2.3　辐射源特性分析

对目标的定位必须依据辐射源信号自身的特点进行，因此对辐射源信号的梳理是完成目标测速定位的前提。本节主要对目标辐射源信号的链路功率进行计算，为后续章节的研究提供必要的依据。

2.3.1　辐射源信号

被定位平台一般都搭载着大量的辐射源信号，完成通信、测控、探测等多种任务。按照常见的信号类型，辐射源信号可分为连续信号和猝发信号；搭载的平台可分为地面、海面、空中平台等。不同的辐射源信号具有不同的特点，在无源定位中需要首先对信号进行有效评估。

举例来说，对于空中目标，尤其是无人机，当它在远程执行任务时，其测控信号在视距范围内往往难以传输，需要借助卫星进行测控与信息传输，如图 2-6 所示。例如，无人机配置了特高频(ultra high frequency, UHF)频段卫星中继数据链作为备份链路，实时传输无人机的遥控遥测数据和低速率信息，针对窄带遥测信号进行定位。一般窄带上行信号的发射功率为 1～100W，假设上行天线的增益为 0dB，则其等效全向辐射功率(equivalent isotropic radiated power, EIRP)最小为 0dBW。

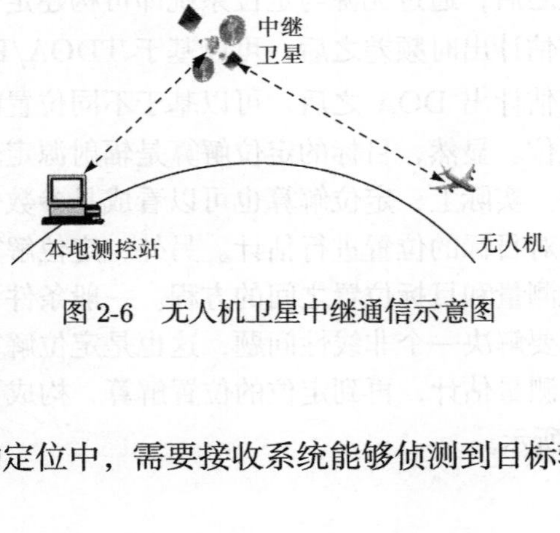

图 2-6　无人机卫星中继通信示意图

2.3.2　接收链路分析

对目标辐射源的定位中，需要接收系统能够侦测到目标辐射源。因此，需要对目标的 EIRP 进行评估，判断其是否满足接收条件。假设发射信号的 EIRP 为 E_s，辐射源目标距接收机的距离为 R，接收天线的增益为 G_r，接收天线的极化损失为 N_{polar}，截获信号的功率为

$$p_r = \frac{\lambda^2 G_r E_s}{(4\pi R)^2 N_{polar}} \tag{2-25}$$

式中，λ 为截获信号的波长。接收机的灵敏度为

$$p_{min} = kT_0 BN_F \tag{2-26}$$

式中，$k = 1.38\times10^{-23}\,\text{J/K}$ 为玻尔兹曼常量；T_0 为等效环境温度；B 为接收机带宽；N_F 为接收机噪声系数。例如，取 $T_0 = 300\text{K}$，$N_F = 5\text{dB}$，UHF 频段接收机带宽为 25kHz，L 频段接收机带宽为 20MHz，接收机灵敏度 p_{min} 分别为 -125dBm(25kHz)和-96dBm(20MHz)。显然，截获信号的接收信噪比(signal to noise ratio, SNR)为

$$\text{SNR} = p_r - p_{min} \quad (\text{单位：dB}) \tag{2-27}$$

假设目标辐射源距接收机的距离为 500km，极化损失为 3dB，接收机噪声系数为 5dB，接收天线的增益为 10dB，在接收信噪比为 10dB 的条件下，表 2-1 给出了典型辐射源信号的 EIRP 分析，从中可以看出：

(1) 对于典型遥测信号，其频段为 UHF 频段，带宽约为 10kHz，在此条件下，要达到 10dB 的接收信噪比，所需要的 EIRP 约为–17.4dBW。

(2) 对于以数据链为代表的跳频通信信号[9]，要达到 10dB 的接收信噪比，所需要的 EIRP 为 17.5dBW。

表 2-1 典型辐射源信号的 EIRP 分析

载波频率	带宽	所需 EIRP
400MHz	10kHz	–17.4dBW
1GHz	5MHz	17.5dBW

2.4 测向与定位性能评价指标

指标体系是衡量对辐射源测向与定位性能的关键。本节主要介绍常用的无源测向与定位的指标。

2.4.1 定位误差

由于观测站、辐射源目标的运动状态时刻在变化，参数测量、目标位置解算等处理过程中的各种误差使侦察定位结果或多或少与目标的真实位置存在一定的偏差。在实际侦察定位中，必然存在定位误差，其差别仅在于度量方法及其参数大小。

1. 估计的偏差

通常，定位误差被建模为随机过程，假设在某次侦察定位实验中，$t=t_i$时刻目标的真实位置为$\boldsymbol{x}_i$，而相应的定位结果为$\hat{\boldsymbol{x}}_i$，则定位误差通常定义为$\varDelta_i=\hat{\boldsymbol{x}}_i-\boldsymbol{x}_i$。为了更准确地反映某定位系统在给定场景下的定位误差，通常需要进行大量统计实验，并对实验结果进行统计分析，以消除时间和样本选择对侦察定位实验结果的影响，因此统计定位误差通常表示为

$$\varDelta=E\left\{\hat{\boldsymbol{x}}-\boldsymbol{x}\right\} \tag{2-28}$$

该表达式即为定位误差的统计均值。

在实际定位应用中，目标位置的准确值是无法获取的，能够得到的只是其估计值，即估计样本。因此，在无任何先验知识的条件下，定位结果通常由样本的平均值代替，即

$$\overline{\boldsymbol{x}}=\frac{1}{n}\sum_{i=1}^{n}\hat{\boldsymbol{x}}_i \tag{2-29}$$

式中，n为样本数量；$\overline{\boldsymbol{x}}$为样本均值。

因此，根据平均误差的定义，平均定位误差定义为多次定位误差的算术平均值，这也是一种衡量定位精度的常用方法。其优点是定义和计算简单，但是在实际中很难操作，这是因为目标真实值永远都是未知的。常用的方法就是将多次不同定位方法所得的定位误差进行统计平均。

2. 估计方差

在数理统计中通常用均方误差(mean square error, MSE)描述估计值偏离真实值的大小，其表达式为

$$\varDelta=E\left\{\left(\hat{\boldsymbol{x}}-\boldsymbol{x}\right)^2\right\} \tag{2-30}$$

同样，定位误差的方差估计表达式为

$$\text{MSE}=\frac{1}{n-1}\sum_{i=1}^{n}\left(\hat{\boldsymbol{x}}_i-\overline{\boldsymbol{x}}\right)^2 \tag{2-31}$$

式中，n 为样本数量；$\bar{\boldsymbol{x}}$ 为样本均值。

根据数理统计知识，在式(2-31)中，除以 $n-1$ 为无偏估计，除以 n 为渐近无偏估计。因此，方差估计也有如下表达式：

$$\text{MSE}=\frac{1}{n}\sum_{i=1}^{n}\left(\hat{\boldsymbol{x}}_i-\bar{\boldsymbol{x}}\right)^2 \tag{2-32}$$

3. 均方根误差

均方根误差亦称标准误差，用来衡量观测值同真值之间的偏差，其定义为均方误差的平方根。因此在有限次定位估计中，均方根误差通常表示为

$$\text{RMSE}=\sqrt{\frac{1}{n-1}\sum_{i=1}^{n}\left(\hat{\boldsymbol{x}}_i-\bar{\boldsymbol{x}}\right)^2} \tag{2-33}$$

式中，参数同前。同样，存在如下的渐近无偏估计结果：

$$\text{RMSE}=\sqrt{\frac{1}{n}\sum_{i=1}^{n}\left(\hat{\boldsymbol{x}}_i-\bar{\boldsymbol{x}}\right)^2} \tag{2-34}$$

由以上定义可知，估计均方差和均方根误差对定位误差的描述是基本一致的，两者之间为平方或开根号的关系，即 $\text{RMSE}=\sqrt{\text{MSE}}$ 。

4. 圆概率误差

测量误差是随机的，因此辐射源的位置误差也是随机的，它一般符合二维正态分布。当测量误差服从一维正态分布时，常用中间误差 E 的大小来表示测量精度。中间误差 E 可由误差落在 $-E$ 与 E 范围的概率为 $\frac{1}{2}$ 时求得，即

$$\int_{-E}^{E}f(x)\mathrm{d}x=\frac{1}{\sqrt{2\pi}\sigma}\int_{-E}^{E}\mathrm{e}^{-\frac{(x-a)^2}{2\sigma^2}}\mathrm{d}x=\frac{1}{2} \tag{2-35}$$

此时 $E=0.4769\sqrt{2}\sigma=\rho\sqrt{2}\sigma$ 。E 称为中间误差，又称公算误差，E 越小表示测量精度越高。

当定位误差服从二维正态分布时，常用圆概率误差(circular error probable, CEP)的大小来表示定位精度。圆概率误差是指所做的估计落入包含真实目标位置的圆内概率为 $\frac{1}{2}$ 的圆半径。

存在二维正态随机变量 (x,y) ，当 x 和 y 彼此独立时，其二维概率密度函数为

$$f(x,y)=\frac{1}{2\pi\sigma_x\sigma_y}\mathrm{e}^{-\frac{1}{2}\left[\frac{(x-x_0)^2}{\sigma_x^2}+\frac{(y-y_0)^2}{\sigma_y^2}\right]} \tag{2-36}$$

式中，x_0、y_0分别为随机变量x、y的均值；σ_x^2和σ_y^2分别为随机变量x、y的方差。为了讨论方便，设x_0、y_0均为 0，并将x、y坐标换为极坐标系，则

$$\begin{aligned}x&=r\cos\varphi\\y&=r\sin\varphi\\\mathrm{d}x\,\mathrm{d}y&=\left|\boldsymbol{J}\right|\mathrm{d}r\,\mathrm{d}\varphi\end{aligned} \tag{2-37}$$

式中，r与φ分别为极坐标系中的半径与角度；$\boldsymbol{J}$为雅可比行列式，其表达式为

$$\left|\boldsymbol{J}\right|=\begin{vmatrix}\dfrac{\partial x}{\partial r}&\dfrac{\partial x}{\partial\varphi}\\\dfrac{\partial y}{\partial r}&\dfrac{\partial y}{\partial\varphi}\end{vmatrix}=\begin{vmatrix}\cos\varphi&-r\sin\varphi\\\sin\varphi&r\cos\varphi\end{vmatrix}=r \tag{2-38}$$

将方程(2-36)写为极坐标的形式为

$$\begin{gathered}\mathrm{d}x\,\mathrm{d}y=r\,\mathrm{d}r\,\mathrm{d}\varphi\\f(r,\varphi)=\frac{1}{2\pi\sigma_x\sigma_y}\mathrm{e}^{-\frac{1}{2}\left\{\frac{r^2\cos^2\varphi}{\sigma_x^2}+\frac{r^2\sin^2\varphi}{\sigma_y^2}\right\}}\end{gathered} \tag{2-39}$$

则圆概率误差为

$$\begin{aligned}\iint_{\Phi}f(x,y)\mathrm{d}x\,\mathrm{d}y&=\iint_{\Phi}f(r,\varphi)r\,\mathrm{d}r\,\mathrm{d}\varphi\\&=\frac{1}{2\pi\sigma_x\sigma_y}\int_0^{2\pi}\int_0^{\mathrm{CEP}}\mathrm{e}^{-\frac{r^2}{2}\left[\frac{\cos^2\varphi}{\sigma_x^2}+\frac{\sin^2\varphi}{\sigma_y^2}\right]}r\,\mathrm{d}r\,\mathrm{d}\varphi\\&=\frac{1}{2}\end{aligned}$$

根据上式求解圆概率误差是比较困难的。圆概率误差是σ_x、σ_y的复杂函数，一般都按经验公式进行近似计算。在误差不大于 10%的情况下，圆概率误差可近似表示为

$$\mathrm{CEP}\approx0.75\sqrt{\sigma_x^2+\sigma_y^2} \tag{2-40}$$

圆概率误差越小，表示定位精度越高。以上假设位置坐标误差x、y之间不相

关，即 x、y 之间的相关系数 $\rho=0$。若 x、y 之间相关，即 $\rho\neq 0$，则二维正态概率密度函数为(设 x、y 的均值为 0)

$$f(x,y)=\frac{1}{2\pi\sigma_x\sigma_y\sqrt{1-\rho^2}}\mathrm{e}^{-\frac{1}{2(1-\rho^2)}\left(\frac{x^2}{\sigma_x^2}-\frac{2\rho xy}{\sigma_x\sigma_y}+\frac{y^2}{\sigma_y^2}\right)} \tag{2-41}$$

此时，可以将坐标轴旋转以获得新的不相关的位置坐标误差。设新的相互独立的随机变量为 L、S，则根据坐标轴旋转公式可知

$$\begin{aligned} L&=x\cos\alpha+y\sin\alpha\\ S&=-x\sin\alpha+y\cos\alpha \end{aligned} \tag{2-42}$$

式中，α 为旋转角，也可以由 L、S 互不相关的条件即 $E[LS]=0$ 来求得。此时，

$$\begin{aligned} E\left[LS\right]&=E\left[(x\cos\alpha+y\sin\alpha)(-x\sin\alpha+y\cos\alpha)\right]\\ &=E\left[-x^2\cos\alpha\sin\alpha+y^2\sin\alpha\cos\alpha+xy(\cos^2\alpha-\sin^2\alpha)\right]\\ &=-\frac{1}{2}(\sigma_x^2-\sigma_y^2)\sin 2\alpha+\rho\sigma_x\sigma_y\cos 2\alpha\\ &=0 \end{aligned} \tag{2-43}$$

则

$$\tan(2\alpha)=\frac{2\rho\sigma_x\sigma_y}{\sigma_x^2-\sigma_y^2} \tag{2-44}$$

L 的方差为

$$\begin{aligned} \sigma_L^2=E[L^2]&=\frac{1}{2}\sigma_x^2[1+\cos(2\alpha)]+\frac{1}{2}\sigma_y^2[1-\cos(2\alpha)]+\rho\sigma_x\sigma_y\sin(2\alpha)\\ &=\frac{1}{2}\left\{\sigma_x^2+\sigma_y^2+\left[(\sigma_x^2-\sigma_y^2)\cos(2\alpha)+2\rho\sigma_x\sigma_y\sin(2\alpha)\right]\right\}\\ &=\frac{1}{2}\left\{\sigma_x^2+\sigma_y^2+\cos(2\alpha)\left[(\sigma_x^2-\sigma_y^2)+2\rho\sigma_x\sigma_y\tan(2\alpha)\right]\right\} \end{aligned} \tag{2-45}$$

由于 $\tan(2\alpha)=\dfrac{2\rho\sigma_x\sigma_y}{\sigma_x^2-\sigma_y^2}$，有

$$
\begin{aligned}
\sigma_L^2 &= \frac{1}{2}\left\{\sigma_x^2 + \sigma_y^2 + \cos(2\alpha)\left[(\sigma_x^2 - \sigma_y^2) + \frac{4(\rho\sigma_x\sigma_y)^2}{\sigma_x^2 - \sigma_y^2}\right]\right\} \\
&= \frac{1}{2}\left\{\sigma_x^2 + \sigma_y^2 + \cos(2\alpha)\left[\frac{(\sigma_x^2 - \sigma_y^2)^2 + 4(\rho\sigma_x\sigma_y)^2}{\sigma_x^2 - \sigma_y^2}\right]\right\}
\end{aligned}
\tag{2-46}
$$

由于 $\cos(2\alpha) = \left[\dfrac{1}{1+\tan^2(2\alpha)}\right]^{\frac{1}{2}}$，可以将 σ_L^2 化简为

$$
\sigma_L^2 = \frac{1}{2}\left\{\sigma_x^2 + \sigma_y^2 + \left[(\sigma_x^2 - \sigma_y^2)^2 + 4(\rho\sigma_x\sigma_y)^2\right]^{\frac{1}{2}}\right\} \tag{2-47}
$$

同理得

$$
\sigma_S^2 = \frac{1}{2}\left\{\sigma_x^2 + \sigma_y^2 - \left[(\sigma_x^2 - \sigma_y^2)^2 + 4(\rho\sigma_x\sigma_y)^2\right]^{\frac{1}{2}}\right\} \tag{2-48}
$$

此时可得

$$
\mathrm{CEP} \approx 0.75\sqrt{\sigma_L^2 + \sigma_S^2} \tag{2-49}
$$

当定位误差分布服从三维正态分布时，定位精度可用球概率误差表示，球概率误差是指落入球内概率为 $\frac{1}{2}$ 的球半径。

5. 几何精度稀释

定位误差的几何稀释，或者称为定位误差的几何精度因子(geometric dilution of precision, GDOP)，可表示为

$$
\mathrm{GDOP}(x,y) = \sqrt{\sigma_x^2 + \sigma_y^2} \tag{2-50}
$$

$$
\mathrm{GDOP}(x,y,z) = \sqrt{\sigma_x^2 + \sigma_y^2 + \sigma_z^2} \tag{2-51}
$$

GDOP 描述的是定位误差的分布，它既可以用均方根误差表示，也可以用圆概率误差计算。

为了更加直观地表示目标定位误差的分布，通常将一个区域的定位误差分布 GDOP 描绘成等高线的形式，并在其上标识等高线数值。GDOP 可作为从大量基站中选择所需定位基站的指标，选中的基站是使 GDOP 最好的基站，还可以用于

建立新系统时选择基站位置的参考。

2.4.2 测向主要指标

1. 测角精度和角度分辨力

测角精度是指雷达的真实方位和测向系统测量方位值之间的误差。由于测向系统制造、设计和使用中的不合理，以及噪声干扰等因素，每次测量方位的绝对值都不相同，通常用最大测角误差代表测角精度。

角度分辨力是指能被测向系统分开的两个辐射源之间的最小角度。高的测向精度可以有效地引导干扰设备进行干扰和精确地对雷达进行交叉定位。高的角度分辨力可以区分不同雷达信号发射的信号串，使处理设备来得及处理被分离出来的雷达信号串。

2. 瞬时视野

瞬时视野指瞬时测向的范围。对于单波束天线，测向系统瞬时视野就是一个波束宽度，而全向振幅单脉冲测向系统的瞬时视野是 360°，即全向。

3. 测向系统的灵敏度

测向系统的灵敏度表示测向系统检测微弱信号的能力，其表达式为

$$P_{\mathrm{s\,min}} = \frac{P_{\mathrm{r\,min}}}{G_{\mathrm{r}}} \tag{2-52}$$

式中，$P_{\mathrm{s\,min}}$ 为测向系统灵敏度；$P_{\mathrm{r\,min}}$ 为测向接收机灵敏度；G_{r} 为测向天线增益。由于测向天线通常是高增益天线，灵敏度较低($P_{\mathrm{r\,min}}$ 较大)的测向接收机也可得到较高的总体测向灵敏度($P_{\mathrm{s\,min}}$ 低)。

除上述指标外，还需考虑测向系统的设备量、性能、价格比等因素。

2.5 小　结

本章是无源测向与定位技术的基础，主要从定位经常用到的观测量、测向与定位处理流程、辐射源特性分析、测向与定位的性能评价指标等方面，对无源测向的技术内涵和基本概念进行阐述，为后续章节的测向定位具体方法奠定基础。

参考文献

[1] 郭福成, 樊昀, 周一宇, 等. 空间电子侦察定位原理[M]. 北京：国防工业出版社, 2012.

[2] 卢昱, 王宇, 吴忠旺, 等. 空间信息对抗[M]. 北京：国防工业出版社, 2009.

[3] 雷厉. 侦察与监视: 作战空间的千里眼和顺风耳[M]. 北京：国防工业出版社, 2008.

[4] 王永刚, 刘玉文. 军事卫星及应用概论[M]. 北京：国防工业出版社, 2003.

[5] 严航, 朱珍珍. 基于积分抽取的时/频差参数估计方法[J]. 宇航学报, 2013, 34(1): 99-105.

[6] 高云峰, 李俊峰. 卫星编队飞行中的队形设计研究[J]. 工程力学, 2003, 20(4): 128-131.

[7] 李振强, 黄振, 陈曦, 等. 微纳卫星编队的欠采样传输无源定位方法[J]. 清华大学学报(自然科学版), 2016, (6): 650-655.

[8] Ho K C, Xu W W. An accurate algebraic solution for moving source location using TDOA and FDOA measurements[J]. IEEE Transactions on Signal Processing, 2004, 52(9): 2453-2463.

[9] 梅文华, 蔡善法. JTIDS/LINK 16 数据链[M]. 北京: 国防工业出版社, 2007.

第 3 章　幅度法测向

幅度法是一类重要的测向技术，在实际工程中具有重要的应用。幅度法测向主要包括搜索法测向和全向比幅法测向。本章主要对这两种测向方式进行介绍。

3.1　搜索法测向

搜索法测向[1]通过侦察天线的波束在 360°方位上圆周转动或在特定的扇形区域内往返转动，来发现雷达信号并测量其方位。

由于雷达天线的波束很窄且在空间扫描，只有当侦察天线波束和雷达天线波束互相对准并且雷达正在发射信号时，才能发现雷达所在方位。由于雷达与侦察机之间的位置是随机的、可变的，当侦察天线波束在空间进行方位搜索时，两个天线波束互相对准也是随机的。因此，对搜索法测向来说，最重要的是截获概率和截获时间。在搜索法测向中，习惯上称截获概率为搜索概率，截获时间为搜索时间。在给定时间内，若能以 100%的概率截获信号，则称为方位可靠搜索，否则称为方位概率搜索。

3.1.1　方位搜索法测向的前提条件

为了简化讨论，使本节讨论的重点针对方位搜索法测向的有关问题，下面对所讨论的问题给予一定的限制，这些限制即前提条件。

(1) 侦察接收机是宽带接收机，即不考虑频率侦察的问题。通常搜索法测向接收机采用晶体视频放大接收机，对不同载频的雷达信号进行检波，再进行视频放大，之后用于测向，因此没有频率搜索问题。

(2) 侦察机的灵敏度合适，只考虑侦察天线主瓣接收雷达天线主瓣发射信号。

(3) 雷达天线波束宽度为 θ_{a}，转速为 n_{a}。侦察天线波束宽度为 θ_{r}，转速为 n_{r}。起始时的相对位置是随机的，如图 3-1 所示。

雷达天线以转速 n_{a} (r/min)在空间进行圆周扫描时，每转一周对侦察机照射一次，照射时间 t_{a} 为雷达天线转过一个波束宽度的时间(单位：s)：

$$t_a = \frac{\theta_a}{360°} T_a = \frac{\theta_a}{360°} \frac{60}{n_a} \tag{3-1}$$

式中，$T_a = 60 / n_a$ 为雷达天线扫描周期。

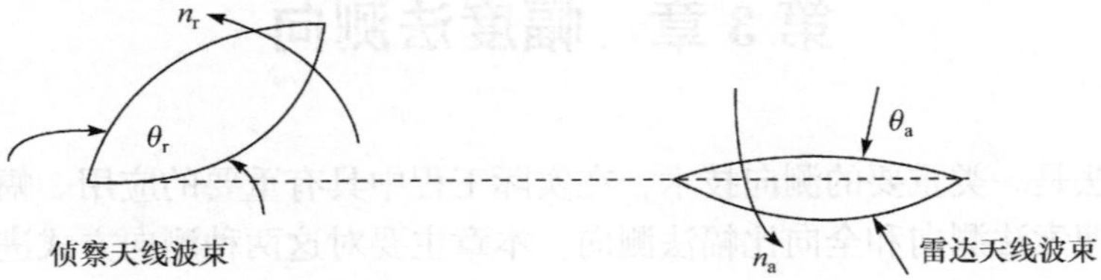

图 3-1 方位搜索法测向示意图

当侦察天线以周期 $T_r = 60 / n_r$ (s)进行圆周搜索时，每转一周侦察天线指向雷达一次，每次接收雷达信号的时间 t_r 为侦察天线转过一个侦察天线波束的时间：

$$t_r = \frac{\theta_r}{360°} T_r \tag{3-2}$$

当照射时间 t_a 和接收时间 t_r 在时域上重叠时，重叠时间内的雷达信号就被测向侦察机搜索到了。根据侦察天线波束方向和波束宽度 θ_r 就可知道雷达方位的测量值和大概误差。显然，只有在 n_a 不等于 n_r 的情况下，两个天线的主波束才有相遇的可能性。当侦察天线转速快于或慢于雷达天线转速时，这两种情况分别称为方位快搜索或方位慢搜索。和搜索法测频一样，对搜索法测向存在可靠搜索条件和可靠搜索时间。

3.1.2 方位慢速可靠搜索

方位慢速可靠搜索是指侦察天线转速足够低，以致在侦察天线转过一个波束宽度的时间内(即接收时间 t_r)，雷达天线已旋转一周以上，即满足

$$t_r \geqslant T_a \tag{3-3}$$

将接收时间 $t_r = \frac{\theta_r T_r}{360°}$ 代入式(3-3)可得到方位慢速可靠搜索的转速条件：

$$T_r \geqslant \frac{360°}{\theta_r} T_a \tag{3-4}$$

虽然侦察天线满足转速条件，可以保证雷达天线和侦察天线在 T_r 时间内相遇一次，但每次相遇时间只是接收时间和照射时间的重叠部分 t_c，为了满足正常显示所需雷达脉冲数，还要求满足以下显示条件：

$$t_c \geqslant ZT_e \tag{3-5}$$

式中，Z 为正常显示所需脉冲数(通常 Z 取 3～5)；T_e 为雷达脉冲重复周期。

由于侦察天线转速低，在侦察天线主波束还未转过雷达所在方位期间，雷达天线主波束已转过侦察机所在方位。因此，相遇时间 t_c 接近雷达照射时间 t_a，即 $t_c \approx t_a$。一般情况下，$t_a > ZT_e$，即雷达发射脉冲数多于侦察机正常工作所需脉冲数 Z，因此显示条件在方位慢速可靠搜索时易于满足。

进行方位慢速可靠搜索时，发现雷达信号的最长时间称为可靠搜索时间，用 t_o 表示：

$$t_o \approx T_r \tag{3-6}$$

即 t_o 与侦察天线的旋转周期 T_r 近似相等。

慢速可靠搜索的主要缺点是可靠搜索时间太长。例如，一部机载轰炸瞄准雷达，假设转速为 $n_a = 6\,\text{r/min}$，侦察天线波束宽度 $\theta_r = 10°$，对此雷达进行方位慢速可靠搜索时，按转速条件 $T_r \geqslant \dfrac{360°}{\theta_r} T_a$ 可得 $T_r \geqslant 360\text{s}$，可靠搜索时间 $t_o \approx T_r = 360\text{s}$，在此期间内音速飞机已飞行了约 120km，这在实际中是难以接受的。因此，慢速可靠搜索只适用于对转速 n_a 较高的雷达进行搜索，或只在小的方位扇形内进行搜索。

3.1.3　方位快速可靠搜索

侦察天线转速比雷达天线转速快，以致在雷达天线照射侦察机的时间 t_a 内，侦察天线已旋转一周以上，即满足

$$T_r \leqslant t_a \tag{3-7}$$

将照射时间 $t_a = \dfrac{\theta_a}{360°} T_a$ 代入式(3-7)可得方位快速可靠搜索的转速条件为

$$T_r \leqslant \frac{\theta_a}{360°} T_a \tag{3-8}$$

在雷达照射时间 t_a 内，侦察天线至少已旋转了一周，可以保证两个天线在空间相遇，相遇时间 t_c 近似为侦察机的接收时间，即 $t_c \approx t_r = \dfrac{\theta_r}{360°} T_r$。

方位快速可靠搜索同样要满足以下显示条件：

$$t_c \geqslant ZT_e \tag{3-9}$$

由于$t_c \approx t_r = \dfrac{\theta_r}{360°} T_r$，显示条件又可表示为

$$T_r \geqslant \frac{360°}{\theta_r} Z T_e \tag{3-10}$$

将转速条件和显示条件相结合，可以得出侦察天线旋转周期应满足

$$\frac{\theta_a}{360°} T_a \geqslant T_r \geqslant \frac{360°}{\theta_r} Z T_e \tag{3-11}$$

这时，显示条件和转速条件同时满足，方位快速可靠搜索可以实现。当雷达天线转速较慢，即T_a较大，同时雷达脉冲重频较高，即T_e较小时，$\dfrac{\theta_a}{360°} T_a$更可能大于$\dfrac{360°}{\theta_r} Z T_e$，此时侦察天线较容易在$\dfrac{360°}{\theta_r} Z T_e \sim \dfrac{\theta_a}{360°} T_a$选择某一旋转周期，从而实现方位快速可靠搜索。因此，方位快速可靠搜索主要适合用来对雷达天线转速较慢和重频较高的雷达实施方位侦察。此时，方位快速可靠搜索的可靠搜索时间t_o为

$$t_o \approx t_a \tag{3-12}$$

3.1.4 方位概率搜索

方位可靠搜索条件有转速条件和显示条件两个。当进行方位搜索时，只要不满足其中任一条件，就称为方位概率搜索。本节只讨论最常见的方位概率搜索情况，即侦察天线的转速处于方位快速可靠搜索和方位慢速可靠搜索之间。侦察天线转速比快速可靠搜索时的转速慢，而比慢速可靠搜索时的转速快，即满足

$$\frac{\theta_a}{360°} T_a < T_r < \frac{360°}{\theta_r} T_a \tag{3-13}$$

这种情况也称为中速搜索。

1. 慢中速搜索

当侦察天线转速比雷达天线转速慢，但不满足慢速可靠搜索的转速条件时，称为慢中速搜索，即

$$T_a \ll T_r < \frac{360°}{\theta_r} T_a \tag{3-14}$$

此时不能保证在每个侦察机接收时间内，雷达天线旋转一周以上。在侦察天线旋

转一周时间 T_r 内，截获雷达信号的概率 P_{R1} 近似为

$$P_{R1} \approx \frac{t_r}{T_a} \tag{3-15}$$

2. 快中速搜索

当侦察天线转速比雷达天线转速快很多，但不满足快可靠搜索的转速条件时，称为快速搜索，即

$$\frac{\theta_a}{360} T_a < T_r \ll T_a \tag{3-16}$$

此时不能保证在每个雷达照射时间内侦察天线旋转一周以上。在雷达旋转一周的时间 T_a 内，雷达对抗侦察机截获雷达信号的概率近似为

$$P_{a1} = \frac{t_a}{T_r} \tag{3-17}$$

以上讨论的截获概率都以侦察天线或雷达天线旋转一周为准，对于慢速搜索或快中速搜索，当侦察天线或雷达天线旋转几周时间内截获信号的概率 P_{Rn} 或 P_{an} 可近似表达为

$$\begin{cases} P_{an} = 1-\left(1-P_{a1}\right)^n \\ P_{Rn} = 1-\left(1-P_{R1}\right)^n \end{cases} \tag{3-18}$$

令 P_{a1} 或 P_{R1} =0.6，当 n=3 或 4 时，$P_{a3} = P_{R3}$ =94%，$P_{a4} = P_{R4}$ =97%。由此可见，在一次天线旋转周期内的截获概率为 0.6，经过 3～4 次旋转周期，就能相当可靠地截获到雷达信号，因此通常选取 $P_{R1} = P_{a1}$ =60%。

3.1.5　搜索法测向的性能指标

搜索法测向和搜索法测频类似，最主要的缺点是截获概率与角度分辨力之间存在矛盾，而其他测向性能均较好。

1. 测向范围和瞬时测向范围(瞬时视野)

测向范围由天线的旋转范围确定，通常可认为是 360°或全向，而瞬时测向范围是天线的主瓣宽度 θ_r。

2. 角度分辨力

搜索法测向的波束内同时存在两个雷达信号时，侦察机将无法分辨它们，因

此角度分辨力等于侦察天线波束的宽度：

$$\Delta\theta = \theta_r \tag{3-19}$$

进一步的分析表明，角度分辨力除了与侦察天线波束宽度有关外，还与信噪比、侦察天线旁瓣电平及两个雷达信号之间的相对强度有关。当信噪比高、侦察天线旁瓣电平较低时，角度分辨力提高。

3. 角度测量精度

搜索法测向的角度测量精度与三个因素有密切关系：①侦察天线波束宽度 θ_r；②测向接收机的输出信噪比；③雷达天线的扫描状态。

在人工读取角度数据时，操纵员根据雷达信号出现瞬间侦察天线轴线所指向的角度，来读取雷达的方位数据。由于侦察天线波束有一定宽度，读取数据时雷达信号既可从侦察天线波束的边缘入射，也可从侦察天线轴线方向入射。因此，读取的雷达方位最大误差不超过侦察天线波束宽度的一半，即这种情况下测角最大误差为

$$\delta_{\theta_{\max}} = \pm\frac{1}{2}\theta_r \tag{3-20}$$

由于 θ_r 要满足方位搜索的可靠条件，不能选择得太小，因此方位搜索法测向误差一般较大。

在采用门限检测方法得出雷达方位数据时，测角误差与侦察天线波束宽度 θ_r、测向接收机的输出信噪比、雷达天线的扫描状态三个因素都有关。若采用精确的信号处理方法，则测角误差约为 $\frac{1}{10}\theta_r$。下面分两种情况进行讨论。

1) 对非扫描雷达测向时的测角误差

若在侦察天线进行方位搜索的过程中，雷达天线指向侦察机并固定不动，则侦察机收到的雷达信号脉冲串的包络只受到侦察天线方向图的调制，如图 3-2 中虚线所示。图中，$F\left(\theta-\theta_0\right)$ 是指侦察天线方向图。测量时采用某个门限电平与接收到的脉冲串包络电平进行比较。若无噪声存在，则输出电压超出门限时天线轴线所指角度分别为 θ_1 和 θ_2，如图 3-2 所示。

θ_1 和 θ_2 的平均值即雷达的方位：

$$\theta_0 = \frac{\theta_1+\theta_2}{2} \tag{3-21}$$

此时，θ_0 是雷达真实的方位角。

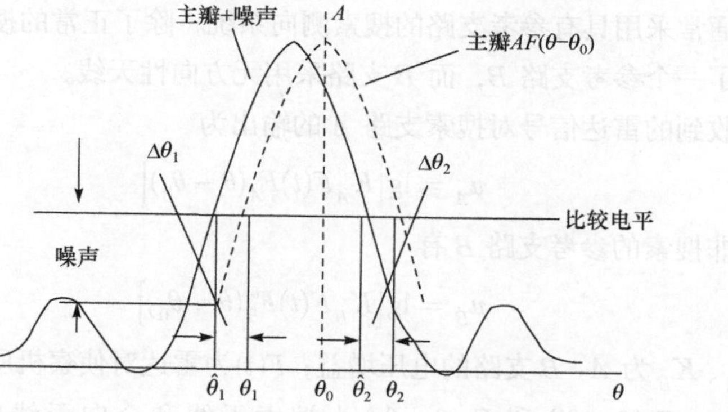

图 3-2　噪声对测角的影响

但实际上总有噪声存在，使侦察机输出信号的包络发生畸变，如图 3-2 中从虚线变化到实线。在同样门电平的情况下，由所测得 $\hat{\theta}_1$ 和 $\hat{\theta}_2$ 可得到雷达信号方位角 θ_0 的估计值 $\hat{\theta}_0$：

$$\hat{\theta}_0=\frac{\hat{\theta}_1+\hat{\theta}_2}{2} \tag{3-22}$$

令 $\Delta\theta_0=\hat{\theta}_0-\theta_0$，$\Delta\theta_1=\hat{\theta}_1-\theta_1$，$\Delta\theta_2=\hat{\theta}_2-\theta_2$，则测向误差为

$$\Delta\theta_0=\frac{\Delta\theta_1+\Delta\theta_2}{2} \tag{3-23}$$

由图 3-2 可以看出：①信噪比 S/N 越大，输出信号包络畸变越小，即测角误差与信噪比有成反比的趋势。②侦察天线波束越宽，输出信号包络的幅度随天线角度变化下降趋势越慢，同样的噪声电平可以影响更大角度内的输出信号，使得该角度范围内的输出信号电平难以区分，即测角误差与侦察天线波束有成正比的趋势。此时，测角均方根误差为

$$\delta_{\theta_0}=\frac{\theta_{\mathrm{r}}}{\sqrt{2\left(S/N\right)}} \tag{3-24}$$

2) 对扫描雷达测向时的测角误差

在实际工作中，大部分雷达处于扫描工作状态。此时，雷达对侦察机照射的射频脉冲串的包络受到雷达天线方向图的调制，设其包络为 $F(t)$。当侦察天线波束扫过雷达所在方位时，侦察天线方向图对入射的雷达信号再一次调制，即接收到的雷达脉冲串与雷达和侦察机两者的天线方向图有关。由于入射雷达信号的包络 $F(t)$对测角误差的影响很难单独分析，为了消除雷达天线扫描调制所引起的测

向误差，通常采用具有参考支路的搜索测向系统。除了正常的搜索式测向支路 A 外，增加了一个参考支路 B，而 B 支路采用无方向性天线。

设接收到的雷达信号对搜索支路 A 的输出为

$$u_A = \lg\left[K_A F(t) F_A(\theta-\theta_0)\right] \tag{3-25}$$

对于非搜索的参考支路 B 有

$$u_B = \lg\left[K_B F(t) F_B(\theta-\theta_0)\right] \tag{3-26}$$

式中，K_A、K_B 为 A、B 支路的电压增益；$F(t)$为雷达对侦察机所在方向发射信号串的包络；$F_A(\theta-\theta_0)$ 和 $F_B(\theta-\theta_0)$ 为搜索天线和全向天线的方向图，其中 $F_B(\theta-\theta_0)=1$。

减法器的输出 u_0 为

$$u_0 = u_A - u_B = \lg\left[\frac{K_A}{K_B} F_A(\theta-\theta_0)\right] \tag{3-27}$$

可见，若此时对 u_0 进行上述的门限检测法测向，则在测向误差中消除了 $F(t)$ 的影响。

上述双支路测向系统还有消除侦察机定向天线的旁瓣或尾瓣接收雷达信号，从而消除测向模糊的功能。方法是调整两路接收机的增益 K_A、K_B，使得搜索天线主瓣接收雷达信号时，定向天线支路输出信号大于全向天线支路输出信号。当定向天线旁瓣或尾瓣接收雷达信号时，定向支路输出电平小于全向支路输出电平。利用逻辑判决电路，使得仅当定向天线支路输出信号大于全向天线支路时才有信号输出，这样就可保证只用主瓣测向。

由以上分析可知，搜索法测向的瞬时视野和角度分辨力都等于侦察天线波束宽度 θ_r，增大瞬时视野必然导致角度分辨力下降，即不能解决瞬时视野或测角范围与角度分辨力之间的矛盾。这一主要缺点限制了搜索法测向的应用范围。

3.2　全向比幅法测向

3.2.1　全向比幅法测向原理

由于搜索法测向的瞬时视野较窄，不能解决搜索概率和角度分辨力之间的矛盾，在现代电子对抗环境中，不能满足电子对抗支援侦察、雷达寻的和告警实时测量雷达信号入射方位的要求。因此，需要讨论各种非搜索法测向技术，在较宽的瞬时视野内实现对单个雷达脉冲入射方位的实时测量。

本节讨论全向比幅法测向技术[2]，其测向原理是用多个独立的、波束主瓣毗邻的天线覆盖 360°的方位，对同一雷达信号来说，总有一对相邻波束分别输出最强和次强信号，通过比较这对相邻波束输出信号包络幅度的相对大小，来确定雷达的方位。

这种测向技术可对单个雷达脉冲进行测向，因此是一种瞬时测向技术，又可称为全向比幅法单脉冲测向技术。通常在作战飞机和小型舰船上采用四天线全向比幅法单脉冲测向系统，而在重要的飞机和较大的舰船上常采用六天线或八天线全向比幅法测向系统。无论天线的多少，它们的工作原理均相似，差别在于测向精度和设备量随天线数目增加而提高。本节以四天线全向比幅法测向系统为例进行讨论。

3.2.2　全向比幅法测向系统的组成和工作过程

1. 全向比幅法测向系统组成

全向比幅法测向系统的原理框图[2]如图 3-3 所示。

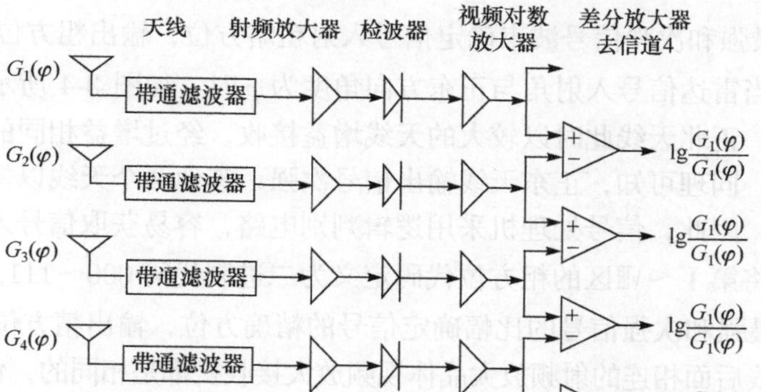

图 3-3　全向比幅法测向系统的原理框图

下面结合测向过程分析全向比幅法测向系统的各部分功能。

相邻天线轴线的夹角称为倾斜角 θ_S，通常使各天线之间的倾斜角 θ_S 相同，对于 m 个天线的全向比幅法测向系统，倾斜角为 $360°/m$。对于四天线系统，倾斜角为 90°。在毗邻天线正中间的角度是波束交叉点，通常波束交叉点的天线增益比最大增益最多低 3dB，以保证测向系统的灵敏度在波束交叉点不致下降太多，因此天线波束宽度 $\theta_{0.5}$ 在这种限制下正好和倾斜角相同。相邻天线波束交叉点与坐标原点的连线加上四个天线波束的轴线把 360°方位平面分成八个区域，四天线波束覆盖图如图 3-4 所示。

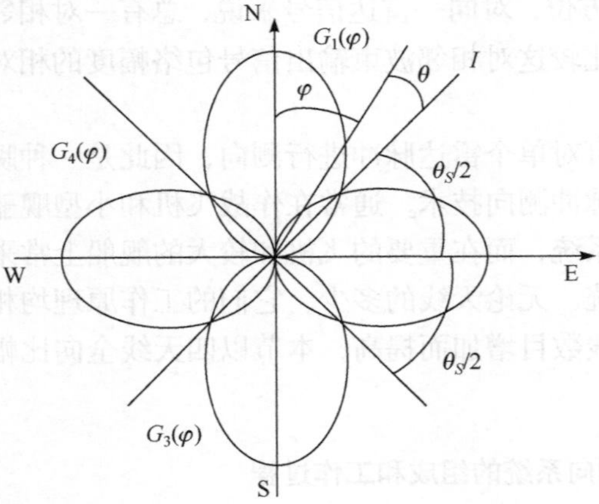

图 3-4　四天线波束覆盖图

2. 全向比幅法测向工作过程

(1) 由最强和次强信号波束确定信号入射粗略方位，输出粗方位码。

例如，当雷达信号入射角与正东方向角度为φ时，如图 3-4 所示，被四个天线同时接收。正北天线此时以较大的天线增益接收，经过增益相同的接收机后输出信号最强。同理可知，正东天线输出信号次强，其他两个天线以尾瓣接收，输出信号很小。因此，信号处理机采用逻辑判别电路，容易获取信号入射方位在第Ⅰ区。通常将第Ⅰ～Ⅷ区的粗方位代码定义为二进制代码 000～111。

(2) 由最强和次强信号的比幅确定信号的精确方位，输出精方位码。

每个天线后面相连的射频放大晶体视频放大接收机都是相同的，包括带通滤波器、射频放大器、检波器、视频对数放大器和减法器。每个接收机的视频放大输出都分别加到两个减法器中，以完成该天线支路输出信号与左右相邻天线支路输出信号的比幅运算。其中，最强和次强信号所对应支路减法器的输出由 A/D 变换电路给出精方位码。

设天线的方向图为高斯函数，即

$$G(\varphi) = \exp\left[-K\varphi^2 \Big/ \left(\frac{1}{2}\theta_{0.5}\right)^2\right] \tag{3-28}$$

式中，φ为信号入射方向与天线波束轴线的夹角；K为比例常数，常取 0.693。全向比幅法测向系统通常采用宽带螺旋天线，其方向图可由式(3-28)来近似。

由于正北、正东天线的轴线与雷达信号的入射方向夹角为 $\theta_S/2-\theta$ 和 $\theta_S/2+\theta$，因此在视频对数放大器的输出端，输出信号的功率分别为

$$\begin{cases} P_1 = 10\lg\left\{G_1 \exp\left[-\dfrac{K\left(\theta_S/2-\theta\right)^2}{\left(\theta_{0.5}/2\right)^2}\right]\right\} \\ P_2 = 10\lg\left\{G_2 \exp\left[-\dfrac{K\left(\theta_S/2+\theta\right)^2}{\left(\theta_{0.5}/2\right)^2}\right]\right\} \end{cases} \tag{3-29}$$

式中，G_1 和 G_2 分别为两个测向接收机的功率增益，通常它们都相等。因此，相减器 1 的输出功率比值 R 为

$$R = P_1 - P_2 = 10\lg\left\{\frac{G_1 \exp\left[-\dfrac{K\left(\theta_S/2-\theta\right)^2}{\left(\theta_{0.5}/2\right)^2}\right]}{G_2 \exp\left[-\dfrac{K\left(\theta_S/2+\theta\right)^2}{\left(\theta_{0.5}/2\right)^2}\right]}\right\} \tag{3-30}$$

将 K=0.693 代入式(3-30)化简后可得

$$\theta = \frac{\theta_{0.5}^2}{24\theta_S}R = \frac{\theta_{0.5}}{24}R \tag{3-31}$$

由式(3-31)可知，对功率比值 R 进行 A/D 变换后，由于 $\theta_{0.5}$ 是已知的，可以求出信号入射的 θ 值，也就是在粗方位码所规定的第Ⅰ区 45°范围内的精方位角或精方位码。粗、精方位码组合起来，就可以不模糊地得到信号的入射方位。

3.2.3　全向比幅法测向系统的性能指标

1. 测向范围和测向灵敏度

全向比幅法测向系统的瞬时视野是 360°，可以实现对单脉冲瞬时测向。

每个天线是独立的，即多个天线输出同一雷达的信号不能相加而取得高增益。更重要的是，每个天线波束很宽，天线增益不大，因此测向灵敏度不高。当取消了测向接收机的射频放大器后，测向灵敏度更低，通常此时只能对较强信号进行测向。

2. 测向误差

对于一个 4～8GHz 四天线测向系统，典型测向误差的均方根值为 10°～12°，对于六天线测向系统，典型测向误差的均方根值为 5°左右。引起测向误差的因素有系统测向误差和随机测向误差。

1) 系统测向误差

由式(3-31)可知，波束宽度的变化$\Delta\theta_{0.5}$、倾斜角的变化$\Delta\theta_S$和输出信号能量的变化ΔR都可能引起测角误差，影响的程度可用式(3-31)求全微分得出，即

$$\Delta\theta = \frac{\theta_{0.5}R}{12\theta_S}\Delta\theta_{0.5} + \frac{\theta_{0.5}^2}{24\theta_S}\Delta R - \frac{\theta_{0.5}^2 R}{24\theta_S^2}\Delta\theta_S \tag{3-32}$$

式(3-32)右端每项造成正或负的测角误差，但通常以每项误差的绝对值相加来估计最大测角误差。具体地说：①信号频率在宽频带内变化时，天线波束形状、宽度、增益都发生变化，导致每个天线有关参数都不一致，造成$\Delta\theta_{0.5}$、$\Delta\theta_S$、ΔR不为零。例如，天线波束宽度$\theta_{0.5}$在频率范围的低端、中心、高端处分别约为 110°、90°、70°，而各天线波束宽度随频率变化的规律不一定完全相同。②各接收机的增益随工作温度、输入信号功率大小而变化，造成功率比值不仅与信号入射角度有关，还与相邻支路接收机此刻的增益有关，即ΔR不为零。

2) 随机测向误差

随机测向误差主要由测向系统内部噪声引起。由于两个接收机内部噪声不能互相抵消，造成功率比值 R 的变化，引起测向误差。

设雷达信号从波束交叉点入射，噪声的影响使两支路输出信号的波形发生畸变，显然有：①两支路内部噪声越小，造成的测角误差越小；②天线波束宽度$\theta_{0.5}$变大时，同样大小的噪声会造成更大角度内输出信号的幅度畸变。因此，随机噪声引起的测向误差均方根值为

$$\sigma_\theta = \frac{\theta_{0.5}}{\sqrt{2(S/N)}} \tag{3-33}$$

全向比幅法单脉冲测向系统的优点是方位截获概率高、设备简单、重量轻，因而广泛应用于雷达寻的和告警系统。其主要缺点是该测向系统的测角误差较大，在各种测向技术中测向精度最低，用频率校正的方法可以减小一些测向误差。全向比幅法测向系统的测向误差随天线单元的增加而变小，但系统结构变得复杂。

3.3 小　结

本章重点介绍了幅度法测向的基本原理，主要包括搜索法测向与全向比幅法测向。搜索法测向仅用单个通道，利用天线的指向性进行搜索测向，设备较为简单；全向比幅法测向需要利用多个天线，并利用接收信号幅度的相对大小关系完成对信号波达方向的推理，能够实现单脉冲测角。本章介绍的测向方法虽然技术体制相对简单，但在实际中却有较多应用，是后续测向方法的基础。

参考文献

[1] 赵国庆.雷达对抗原理[M]. 2 版. 西安: 西安电子科技大学出版社, 2012.
[2] Wiley R G. 电子情报(ELINT)——雷达信号截获与分析[M]. 吕跃广, 等译. 北京: 电子工业出版社, 2008.

第 4 章　相位干涉仪测向

相位干涉仪测向是一类应用极为广泛的测向技术。本章主要介绍相位干涉仪的基本测向原理，包括单基线相位干涉仪、多基线相位干涉仪、全数字干涉仪及干涉仪测向的误差分析。

4.1　干涉仪原理

本节主要介绍单基线相位干涉仪、多基线相位干涉仪测量的基本原理及相位干涉仪测量的基本性能指标。

4.1.1　单基线相位干涉仪

1. 相位法测向的基本原理

单基线相位干涉仪通常由两个信道组成，如图 4-1 所示。此处单基线的含义是指两个接收天线之间的连线构成测向的基线，距离为 d。这两个接收天线的轴线方向(即波束最大值指向)通常是一致的，并且波束宽度是较宽的，有时可能就是半全向天线。

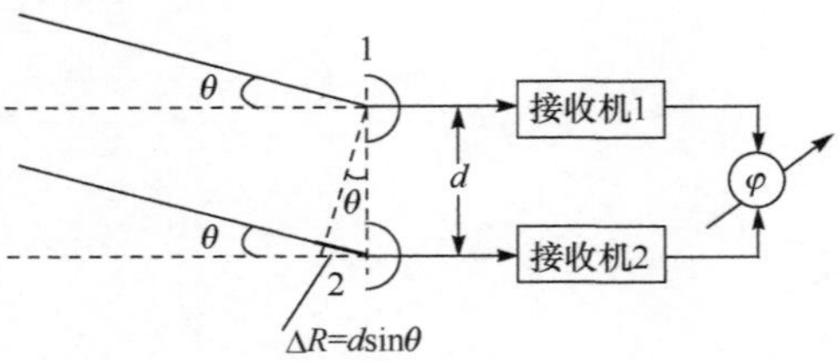

图 4-1　单基线相位干涉仪原理图

若辐射源方向与侦察天线轴线夹角为 θ，则其辐射的电磁波到达两个接收天线的距离差为ΔR，即$\Delta R = d\sin\theta$。相应的两天线输出信号之间的相位差 φ 为

$$\varphi = 2\pi\frac{\Delta R}{\lambda} = \frac{2\pi d\sin\theta}{\lambda} \tag{4-1}$$

式中，λ 为信号的波长。

从原理上讲，若两个接收机完全一致，则加到鉴相器时两信号的相位差还是 φ。在已知雷达信号频率 f ($\lambda = c/f$，c 为光速)时，利用鉴相器测出相位差 φ 后，就可以反推出入射角 θ 为

$$\theta = \arcsin\left(\frac{\varphi}{2\pi d/\lambda}\right) \tag{4-2}$$

相位干涉仪能实现单脉冲测向，故又称为相位单脉冲测向系统。

2. 单基线相位干涉仪的性能指标

1) 测向精度

根据相位差与入射角之间的关系，即式(4-2)，对入射角 θ 求全微分得

$$\Delta\theta = \frac{\frac{1}{2\pi d}(\lambda\Delta\varphi + \varphi\Delta\lambda)}{\sqrt{1-\left(\frac{\varphi}{2\pi d/\lambda}\right)^2}} \tag{4-3}$$

整理和化简后可得

$$\Delta\theta = \frac{\Delta\varphi}{\frac{2\pi d}{\lambda}\cos\theta} + \frac{\Delta\lambda}{\lambda}\tan\theta \tag{4-4}$$

由式(4-4)可得以下结论：

(1) 在测向精度 $\Delta\theta$ 的分析中，忽略了单基线长度 d 的误差 Δd 对测向精度的影响，而只考虑鉴相器精度 $\Delta\varphi$ 和信号频率相对误差 $\Delta\lambda/\lambda$ 对测向精度的影响。

(2) 测向误差与信号入射角 θ 有关。当雷达信号到达角与轴线一致时，测向误差最小；当雷达信号到达角与天线的基线一致时，由于 $\cos\theta=0$ 和 $\tan\theta=+\infty$，很小的 $\Delta\varphi$ 和 $\Delta\lambda$ 都将造成极大的测角误差，从而无法测向。因此，在保证测向精度的前提下，测向范围(即 θ 最大值)不宜过大，通常 $|\theta| \leqslant 60°$。

(3) 加大天线之间的距离 d 可提高测向精度。

测向系统的测向范围(或视角范围)由战术要求决定，因此不能用减小视角范围的方法来提高测向精度。与数字式瞬时测频接收机相同，鉴相器的鉴相误差 $\Delta\varphi$ 不能任意减小，通常为 10°～15°。因此，提高测向精度唯一可行的方法是增加两天线之间的距离 d。

2) 测向范围

两天线信号之间相位差φ是入射角θ的周期函数，即

$$\varphi = \frac{2\pi d}{\lambda}\sin\theta \tag{4-5}$$

假设 d 和λ两参数一定，若θ的变化范围过大，则将使φ的变化范围超过 2π，使得鉴相器输出相位差$\varphi' \neq \varphi$，即$\varphi = \varphi' + 2k\pi$，其中 k 为某一整数。由于出现测向模糊，不能分辨雷达信号的真正方向，因此难以实现测向。相位干涉仪是以轴线为对称轴，在它左右两边均能测向。因此，在视轴的右边，鉴相器输出最大相位差为π；在左边，鉴相器输出最大相位差为$-\pi$，即根据式(4-2)，有

$$\begin{cases} \theta_{\max} \Rightarrow \varphi = \pi \Rightarrow \theta_{\max} = \arcsin\left(\dfrac{\lambda}{2d}\right), \text{左边} \\ -\theta_{\max} \Rightarrow \varphi = -\pi \Rightarrow \theta_{\max} = \arcsin\left(\dfrac{-\lambda}{2d}\right), \text{右边} \end{cases} \tag{4-6}$$

因此，不模糊视角为

$$\theta_{u} = \left|\theta_{\max}\right| + \left|-\theta_{\max}\right| = 2\arcsin\left(\frac{\lambda}{2d}\right) \tag{4-7}$$

可见，要扩大干涉仪的视角，必须减小两天线之间的距离 d。

测向精度和测向范围两个指标对两天线之间距离 d 的要求正好相反，因此单基线相位干涉仪不能解决测角精度和测向范围之间的矛盾。采用多基线相位干涉仪可以解决这一矛盾。

4.1.2　多基线相位干涉仪

图 4-2 为双基线相位干涉仪原理框图，可以此来说明多基线相位干涉仪的工作原理。

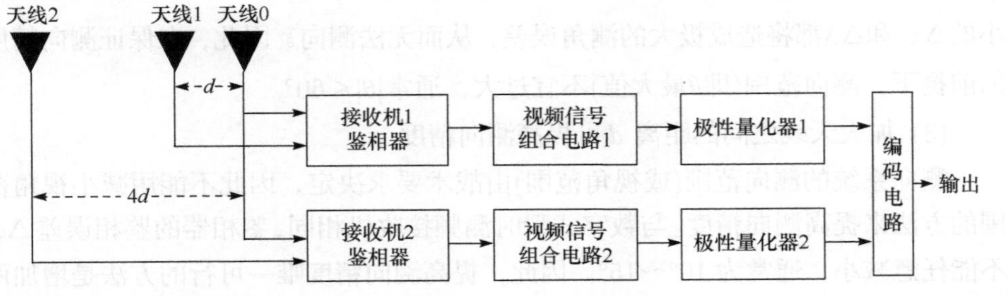

图 4-2　双基线相位干涉仪原理框图

三个天线位于同一直线上。天线 0 作为基准天线，它的输出信号同时加到接收机鉴相器 1 和 2 中。天线 1 与天线 0 距离为 d，它们的输出加到接收机 1。天线 0、天线 1 和后续电路构成了一个单基线相位干涉仪。天线 2 与天线 0 距离为 $4d$，它们的输出信号加到接收机 2 后，天线 0、天线 2 和后续电路也构成了一个单基线相位干涉仪。鉴相器 1 输出信号的相位差 $\varphi_1 = 2\pi\cdot\dfrac{d}{\lambda}\sin\theta = \varphi$，鉴相器 2 输出信号的相位差 $\varphi_2 = 2\pi\cdot\dfrac{4d}{\lambda}\sin\theta = 4\varphi$。若将鉴相器 1、2 的输出信号进行极性量化，量化比特数为 2，即只要 φ_1 的变化范围不超过 2π，就可从极性量化器 1 的输出码得知入射角的大致范围，此时在第一路干涉仪输出代码所划定的四个子方位范围内(对应鉴相器 2 的相位变化范围为 90°)，第二路干涉仪输出的方位代码又将此子方位范围分成四个更小的方位范围，长、短基线相位干涉仪分别给出相位码的低位码和高位码。因此，多基线相位干涉仪的不模糊视角由最短基线的干涉仪决定，而测角精度由最长基线相位干涉仪确定，即不模糊视角为

$$\theta_{\mathrm{u}} = 2\arcsin\left(\frac{\lambda}{2d}\right) \tag{4-8}$$

忽略雷达信号频率不稳后的测角精度为

$$\Delta\theta = \frac{\Delta\varphi}{2\pi\left(4d/\lambda\right)\cos\theta} \tag{4-9}$$

由式(4-8)、式(4-9)可见，双基线相位干涉仪可以通过缩短最短基线提高不模糊视角，通过延长最长基线提高测角精度，因此多基线相位干涉仪能够解决测角范围与测角精度之间的矛盾。

4.1.3　相位干涉仪的性能指标

1. 测向范围或瞬时视野

通常选取瞬时视野为 90°～120°，它是由短基线干涉仪确定的。通常相位干涉仪各天线的波束宽度为 90°～180°，从而保证接收瞬时视野内的雷达信号。实用的相位干涉仪测向系统由 3 组或 4 组多基线相位干涉仪组成，每组多基线相位干涉仪负责 360°圆周中 90°～120°的空间方位，从而实现对 360°方位内的瞬时单脉冲相位法测向。

2. 测角精度

干涉仪测角精度可高达 0.1°～3°，它是由最长基线相位干涉仪确定的。从轴向方向(θ=0°)入射的雷达信号，测角精度最高，而θ趋向瞬时视野的边缘时(θ→

$\theta_{\max}$)，测角精度降低。有些测向系统为了能在全空间得到高的测角精度，将相位干涉仪的天线设计成旋转式，通过旋转天线使得相关器输出信号的相位差 φ 为零，即始终保持天线阵视轴对准雷达所在的方位($\theta\approx0°$)，从而得到最高的测向精度。

3. 雷达信号载频 f 的测量问题

无论是单基线相位干涉仪还是多基线相位干涉仪，鉴相器只能测量各天线输出信号之间的相位差 φ，只有获取雷达信号载频，才能由式(4-2)解出雷达信号的入射角 θ。因此，实际的相位干涉仪测向系统必须解决雷达信号载频测量的任务。解决方法之一是采用额外的瞬时测频接收机，由瞬时测频接收机给相位干涉仪的入射角 θ 变换装置提供雷达信号的载频 f 或波长 λ。解决方法之二是相位干涉仪采用搜索式窄带超外差接收机，这种窄带超外差接收机不仅可以测量雷达信号的载频 f，提供给入射角 θ 变换装置，而且接收到雷达信号时，各种干扰信号大多不能进入窄带超外差接收机，减小同时到达的信号数量，使相位干涉仪中的鉴相器鉴相误差减小，降低测角数据的误差和出现错误的概率。

4.2　全数字干涉仪

全数字干涉仪将信号转换到频域求初相位，然后相减可得相位差，进而得到信号方位角。同时，载频也可以在频域求得，可以在频域中区分不同的信号，实现对多信号的测向，从而提高相位差测量精度。

全数字干涉仪通过离散傅里叶变换计算每个信道的初相位，相减后得到相位差。相位的精度与载频的精度有关，两信道频率差引起相同的初相位差，两者相减就可以得到准确的相位差。

1. 单位矩形窗的序列傅里叶变换

当序列 $w(n)$ 为矩形窗序列，即 $w(n)=1(0\leqslant n\leqslant N-1)$ 时，其序列傅里叶变换(sequence Fourier transform，SFT)为

$$\begin{aligned} W(\mathrm{e}^{\mathrm{j}\omega}) &= \sum_{n=0}^{N-1} w(n)\,\mathrm{e}^{-\mathrm{j}\omega n} = \sum_{n=0}^{N-1} \mathrm{e}^{-\mathrm{j}\omega n} \\ &= \frac{1-\mathrm{e}^{-\mathrm{j}\omega N}}{1-\mathrm{e}^{-\mathrm{j}\omega}} = \frac{\sin\left(\dfrac{\omega N}{2}\right)}{\sin\left(\dfrac{\omega}{2}\right)}\mathrm{e}^{-\mathrm{j}\frac{\omega(N-1)}{2}} \end{aligned} \tag{4-10}$$

2. 正弦波的序列傅里叶变换

设正弦序列为

$$x(n) = A_0 \cos(\omega_0 n + \theta_0) \tag{4-11}$$

采样点为 N 的正弦序列 $v(n)$ 为

$$v(n) = x(n)w(n) \tag{4-12}$$

由欧拉公式可得

$$v(n) = \frac{A_0}{2} w(n)\left(\mathrm{e}^{\mathrm{j}\theta_0}\mathrm{e}^{\mathrm{j}\omega_0 n} + \mathrm{e}^{-\mathrm{j}\theta_0}\mathrm{e}^{-\mathrm{j}\omega_0 n}\right) \tag{4-13}$$

则其序列傅里叶变换为

$$V(\mathrm{e}^{\mathrm{j}\omega}) = \frac{A_0}{2}\mathrm{e}^{\mathrm{j}\theta_0}W(\mathrm{e}^{\mathrm{j}(\omega-\omega_0)}) + \frac{A_0}{2}\mathrm{e}^{-\mathrm{j}\theta_0}W(\mathrm{e}^{\mathrm{j}(\omega+\omega_0)}) \tag{4-14}$$

忽略叠加因素，取其正半轴为

$$V^{+}(\mathrm{e}^{\mathrm{j}\omega}) = \frac{A_0}{2}\mathrm{e}^{\mathrm{j}\theta_0}\frac{\sin\left[\dfrac{(\omega-\omega_0)N}{2}\right]}{\sin\left(\dfrac{\omega-\omega_0}{2}\right)}\mathrm{e}^{-\mathrm{j}\frac{(\omega-\omega_0)(N-1)}{2}} \tag{4-15}$$

由式(4-15)可知，其离散傅里叶变换为

$$V^{+}(k) = \frac{A_0}{2}\mathrm{e}^{\mathrm{j}\theta_0}\frac{\sin\left[\pi(k-l_0)\right]}{\sin\left[\dfrac{\pi}{N}(k-l_0)\right]}\mathrm{e}^{-\mathrm{j}\pi(k-l_0)\frac{N-1}{N}} \tag{4-16}$$

式中

$$\omega = 2\pi\frac{k}{N}, \qquad \omega_0 = 2\pi f_0 = 2\pi\frac{l_0}{N} \tag{4-17}$$

3. 求相位差

信道 0 的序列 $x_0(n)$ 及其加窗离散傅里叶变换 $V_0{}^{+}(k)$ 为

$$x_0(n) = A_0 \cos(\omega_0 n + \theta_0)$$

$$V_0{}^{+}(k) = \frac{A_0}{2}\mathrm{e}^{\mathrm{j}\theta_0}\frac{\sin\left[\pi(k-l_0)\right]}{\sin\left[\dfrac{\pi}{N}(k-l_0)\right]}\mathrm{e}^{-\mathrm{j}\pi(k-l_0)\frac{N-1}{N}} \tag{4-18}$$

信道 1 的序列 $x_1(n)$ 及其加窗离散傅里叶变换 $V_1^+(k)$ 为

$$\begin{aligned} x_1(n) &= A_1\cos(\omega_0 n+\theta_1) \\ V_1^+(k) &= \frac{A_1}{2}\mathrm{e}^{\mathrm{j}\theta_1}\frac{\sin\left[\pi(k-l_0)\right]}{\sin\left[\dfrac{\pi}{N}(k-l_0)\right]}\mathrm{e}^{-\mathrm{j}\pi(k-l_0)\frac{N-1}{N}} \end{aligned} \tag{4-19}$$

相位差为

$$\Delta\theta=\theta_1-\theta_0 \tag{4-20}$$

如果测得频率的点为 l，那么测量得到的初相位分别为

$$\begin{aligned} \theta_0' &= \theta_0-\pi(l-l_0)\frac{N-1}{N} \\ \theta_1' &= \theta_1-\pi(l-l_0)\frac{N-1}{N} \end{aligned} \tag{4-21}$$

由式(4-21)可以看出，如果测得的频率是准确的，即 $l=l_0$，那么 $\theta_0'=\theta_0$，$\theta_1'=\theta_1$，这时误差为零，当然初相位差也是准确的。如果测得频率不是准确的，即 $l\neq l_0$，那么 $\theta_0'\neq\theta_0$，$\theta_1'\neq\theta_1$，这时测得的初相位有误差，两者的相位差为

$$\begin{aligned} \Delta\theta' &= \theta_1'-\theta_0' \\ &= \theta_1-\pi(l-l_0)\frac{N-1}{N}-\left[\theta_0-\pi(l-l_0)\frac{N-1}{N}\right] \\ &= \theta_1-\theta_0=\Delta\theta \end{aligned} \tag{4-22}$$

可见，初相位有相同的误差，但相位差反而是准确的。

例如，归一化频率为 0.12489149，一路信号的初相位为 3.1111°，另一路信号的初相位为 2.1111°。在不同信噪比条件下，由两路信号求得相位差及误差，如表 4-1 所示。

表 4-1　测相位差仿真结果

信噪比/dB	信号相位差/(°)	一路信号初相位/(°)	另一路信号初相位/(°)	测得相位差/(°)	相位差误差/(°)
10	1	−16.42	−19.41	2.99	1.99
20	1	−17.03	−18.28	1.25	2.54×10^{-1}
30	1	−16.84	−17.94	1.10	1.03×10^{-1}
40	1	−16.89	−17.91	1.019	1.88×10^{-2}
50	1	−16.89	−17.89	1.00	-5.08×10^{-4}

从以上实验数据可以看出，虽然由频率误差引起的初相位误差较大，但两路信号具有相同的初相位误差，因此两路信号的相位差并不受频率误差因素的影响，相位差基本上是准确的，其精度主要受噪声的影响。

4. 多信号测向

传统的干涉仪测向相位差由鉴相器求得，因此其对多信号分辨力差。全数字干涉仪转换到频域求初相位，然后相减得相位差，载频也可以在频域求得，可以在频域中区分不同的信号，从而实测对多信号的测向。

不失一般性，假设同时有两个正弦信号：

$$\begin{aligned}x(t) &= A_0\cos(\Omega_0 t+\theta_0)+A_1\cos(\Omega_1 t+\theta_1)\\ &= \frac{A_0}{2}\mathrm{e}^{\mathrm{j}\theta_0}\mathrm{e}^{\mathrm{j}\Omega_0 t}+\frac{A_0}{2}\mathrm{e}^{-\mathrm{j}\theta_0}\mathrm{e}^{-\mathrm{j}\Omega_0 t}+\frac{A_0}{2}\mathrm{e}^{\mathrm{j}\theta_1}\mathrm{e}^{\mathrm{j}\Omega_1 t}+\frac{A_0}{2}\mathrm{e}^{-\mathrm{j}\theta_1}\mathrm{e}^{-\mathrm{j}\Omega_1 t}\end{aligned} \tag{4-23}$$

对 $x(t)$ 进行傅里叶变换：

$$\begin{aligned}X(\omega) &= A_0\pi\mathrm{e}^{\mathrm{j}\theta_0}\delta(\omega-\Omega_0)+A_0\pi\mathrm{e}^{-\mathrm{j}\theta_0}\delta(\omega+\Omega_0)\\ &\quad +A_1\pi\mathrm{e}^{\mathrm{j}\theta_1}\delta(\omega-\Omega_1)+A_1\pi\mathrm{e}^{-\mathrm{j}\theta_1}\delta(\omega+\Omega_1)\end{aligned} \tag{4-24}$$

在 Ω_0 处的谱为

$$X(\Omega_0)=\frac{A_0}{2}\mathrm{e}^{\mathrm{j}\theta_0}\delta(\Omega_0-\Omega_0)=\frac{A_0}{2}\mathrm{e}^{\mathrm{j}\theta_0}\delta(0) \tag{4-25}$$

由式(4-24)和式(4-25)可以看出，Ω_0 处的相位就是信号 0 的初相位，Ω_1 处的相位就是信号 1 的初相位。因此，不同的信号可在频域分开，先求第一路信号的每个频点初相位，然后求另一路信号的每个频点初相位，相减求得各自的相位差。另外，载频也可以在频域求得，从而对多信号同时测向。

例如，对于归一化频率为 0.12489149 和 0.24989149 的两个正弦信号，一路信号的初相位分别为 3.11111°和 5.11111°，另一路信号的初相位为 2.11111°和 3.11111°。在不同信噪比条件下，由两路信号求得相位差和误差。仿真结果如表 4-2 所示。

表 4-2　多信号测得相位差仿真结果

信噪比/dB	输入信号相位差/(°)	测得相位差/(°)	相位差误差/(°)	输入信号相位差/(°)	测得相位差/(°)	相位差误差/(°)
10	1	0.92	-7.93×10^{-2}	2	0.85	−1.15
20	1	1.21	2.10×10^{-1}	2	2.54	5.44×10^{-1}
30	1	1.06	5.80×10^{-2}	2	1.83	-1.71×10^{-1}
40	1	1.03	3.16×10^{-2}	2	2.03	2.64×10^{-2}
50	1	1.00	-4.43×10^{-3}	2	2.00	-3.43×10^{-3}

由表 4-2 可以看出，全数字干涉仪对多信号有分辨力，可以在频域中分开多个信号，因此全数字干涉仪对多信号有分辨力，但加窗的影响会引起测向误差，特别是两个信号载频距离较近时误差会更大，窗的长度小时误差也会加大。

4.3 误 差 分 析

4.3.1 通道误差影响分析

接收机不可避免地存在通道的幅相误差，造成相位 ϕ 测量误差，从而造成系统性的测角误差。如果两个通道的相位不一致，为 β ，那么在不考虑信号噪声影响的条件下，两路信号的真实相位差为

$$\phi' = 2\pi D/\lambda\cos\theta + \beta \tag{4-26}$$

实际测量的角度为

$$\begin{aligned}\theta' &= \arccos\left(\frac{\phi'\lambda}{2\pi D}\right)\\ &= \arccos\left[\frac{(2\pi D/\lambda\cos\theta + \beta)\lambda}{2\pi D}\right]\\ &= \arccos\left(\cos\theta + \frac{\beta\lambda}{2\pi D}\right)\end{aligned} \tag{4-27}$$

根据泰勒公式，式(4-27)可以展开为

$$\theta' = \theta - \frac{\beta\lambda}{2\pi D\sin\theta} + o\left(\frac{\beta\lambda}{2\pi D}\right) \tag{4-28}$$

式中，$o(\cdot)$ 表示高阶无穷小量。若忽略高阶无穷小量，则可以得到系统的相位不一致导致的测角误差：

$$\Delta\theta = \frac{\beta\lambda}{2\pi D\sin\theta} \tag{4-29}$$

由式(4-29)可以看出，系统误差是角度测量的影响因素。显然，即使不考虑信号的噪声影响，也有固有的测角误差。当时 $D/\lambda = 0.5$ ，测角误差的影响如图 4-3 所示。

由图 4-3 可以看出，当考虑相位不一致性时，角度测量存在固有偏差，当

$D/\lambda = 0.5$时，即使是3°的相位不一致，也会在法线方向引起约1°的固有误差，且这种误差在偏离法线方向时，会有明显变大的趋势。

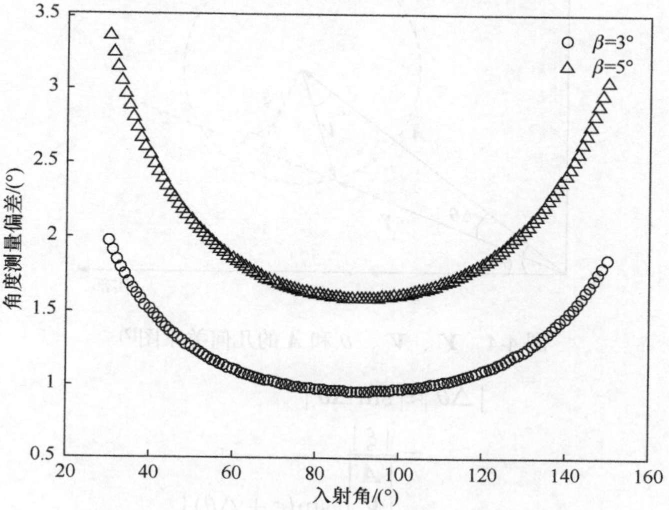

图 4-3　通道相位误差条件下的测角误差[1]

4.3.2　随机误差影响分析

本小节主要对干涉仪的测角误差进行分析，得到在一定的随机噪声条件下干涉仪的测角精度[1]。

1. 相位测量误差

对于一个受到加性高斯噪声影响的复信号：

$$\boldsymbol{Y} = \boldsymbol{A}\mathrm{e}^{\mathrm{j}\theta} + \boldsymbol{V} \tag{4-30}$$

式中，$\boldsymbol{V} \sim N(0,\sigma_v^2)$为高斯噪声；$\boldsymbol{A}$为信号的幅度；$\theta$为初始相位。利用$\boldsymbol{Y}$估计$\theta$的均方误差为

$$\sigma_\theta^2 = \frac{\sigma_v^2}{2|\boldsymbol{A}|^2} = \frac{1}{2\mathrm{SNR}_Y} \tag{4-31}$$

证明：$\boldsymbol{Y}$、$\boldsymbol{V}$、θ和$\boldsymbol{A}$的几何关系可以用图 4-4 表示。图 4-4 中，ε是向量$\boldsymbol{A}$与向量$\boldsymbol{V}$之间的夹角，线段ξ与$\boldsymbol{Y}$垂直。假设σ_v相比于$\boldsymbol{A}$较小，则可以得到

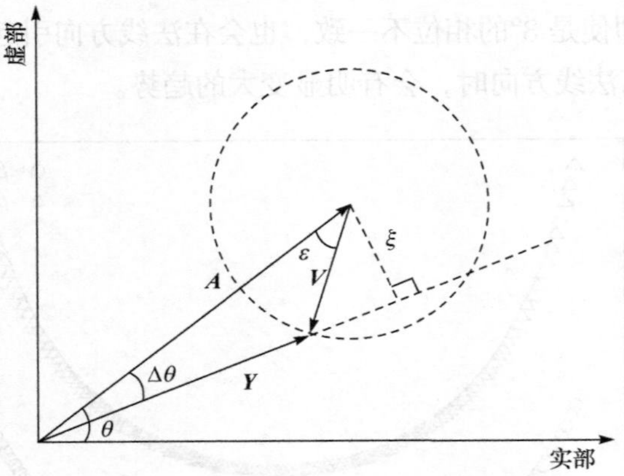

图 4-4　$\boldsymbol{Y}$、$\boldsymbol{V}$、θ 和 $\boldsymbol{A}$ 的几何关系图[2]

$$
\begin{aligned}
|\Delta\theta| &\approx |\sin\Delta\theta| \\
&= \frac{|\xi|}{|\boldsymbol{A}|} \\
&= \frac{|\boldsymbol{V}||\sin(\varepsilon+\Delta\theta)|}{|\boldsymbol{A}|} \\
&\approx \frac{|\boldsymbol{V}||\sin\varepsilon|}{|\boldsymbol{A}|}
\end{aligned} \tag{4-32}
$$

由此可知，θ 的估计误差为

$$
\begin{aligned}
E(\Delta\theta^2) &\cong E\left(\frac{|\boldsymbol{V}|^2|\sin\varepsilon|^2}{|\boldsymbol{A}|^2}\right) \\
&= \frac{E(|\boldsymbol{V}|^2)}{|\boldsymbol{A}|^2}\int_0^{2\pi}\sin^2\varepsilon \\
&= \frac{\sigma_v^2}{2|\boldsymbol{A}|^2}
\end{aligned} \tag{4-33}
$$

证毕。

2. 测角误差

根据相位干涉仪的测角步骤和原理，结合式(4-31)，可得两路复信号的初始相位测量误差为

$$
\sigma_{\varphi 1}^2 = \frac{1}{2N\cdot \mathrm{SNR}_1} \tag{4-34}
$$

$$\sigma_{\varphi 2}^2 = \frac{1}{2N \cdot \mathrm{SNR}_2} \tag{4-35}$$

式中，SNR_1、SNR_2 表示干涉仪两路接收信号的信噪比；N 表示数字干涉仪离散傅里叶变换的点数。由式(4-34)和式(4-35)可知，相位差的测量误差为

$$\begin{aligned} \sigma_{\varphi}^2 &= \sigma_{\varphi 1}^2 + \sigma_{\varphi 2}^2 \\ &= \frac{1}{2N \cdot \mathrm{SNR}_1} + \frac{1}{2N \cdot \mathrm{SNR}_2} \end{aligned} \tag{4-36}$$

根据式(4-4)，在不考虑频率测量误差的条件下，相位干涉仪的测角误差为

$$\sigma_{\theta}^2 = \frac{\sigma_{\varphi}^2}{\left[2\pi(d/\lambda)\cos\theta\right]^2} \tag{4-37}$$

在两路接收信号的信噪比均为 SNR 的条件下，其测角误差为

$$\sigma_{\theta}^2 = \frac{1}{N \cdot \mathrm{SNR} \cdot \left[2\pi(d/\lambda)\cos\theta\right]^2} \tag{4-38}$$

4.4 小　结

本章主要对相位干涉仪的测向方法进行了详细介绍，内容包括数字干涉仪测向的基本原则、全数字干涉仪测向的基本方法，最后分析了干涉仪测向的理论误差，包括通道误差的影响分析和随机误差的影响分析。本章的介绍为后续虚拟多普勒测向和阵列测向技术奠定了基础。

参 考 文 献

[1] Hu D X, Huang Z, Lu J. A direction finding method based on rotating interferometer and its performance analysis[J]. IEICE Transactions on Communications, 2015, E98.B(9): 1858-1864.

[2] Wiley R G. ELINT: The Interception and Analysis of Radar Signals[M]. Boston: Artech House, 2006.

第 5 章　旋转干涉仪测向

旋转干涉仪[1-4]是基本干涉仪的一种重要扩展，通常利用两个沿着中心旋转的天线完成测向。旋转干涉仪在转动的过程中，可以等效为多个基线长度对目标进行测向，因而容易实现解模糊，同时保证在长基线条件下对目标来波方向的测量精度。本章介绍旋转干涉仪的测向原理，针对连续通信信号和雷达脉冲信号分别提出对应的测向方法，并对其进行仿真分析。

5.1　基 本 模 型

旋转干涉仪通常利用两个沿着中心旋转的天线完成测向。旋转干涉仪模型建立的空间坐标系[4]如图 5-1 所示，坐标原点位于旋转干涉仪的中心，以旋转干涉仪基线初始时刻所在方向为 x 轴方向，以初始基线的法线方向为 y 轴方向，旋转平面为 xoy 平面，z 轴垂直于 xoy 平面。旋转干涉仪的旋转角速率为 w_r ，基线长度为 D ；入射信号的频率为 f ，所在方位角为 θ ，俯仰角为 φ 。

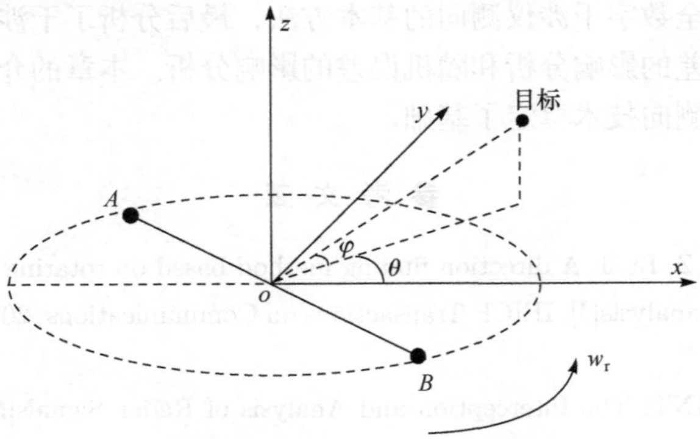

图 5-1　旋转干涉仪模型建立的空间坐标系

由于旋转干涉仪与电磁辐射源相距较远，可以认为来波为平行入射的电磁信号。相对于旋转中心 o，来波信号在旋转干涉仪两个天线上所形成的时延分别为

$$\tau_1(t) = 0.5D\cos\varphi\cos(w_\mathrm{r}t-\theta)\,/\,c \tag{5-1}$$

$$\tau_2(t) = 0.5D\cos\varphi\cos(w_r t + \pi - \theta) / c \tag{5-2}$$

式中，c 表示光速。旋转干涉仪两个天线的接收信号可以分别表示为

$$s_1(t) = \exp\{j2\pi f[t - \tau_1(t)] + p(t) + \psi_0\} \tag{5-3}$$

$$s_2(t) = \exp\{j2\pi f[t - \tau_2(t)] + p(t) + \psi_0\} \tag{5-4}$$

式中，$p(t)$ 为调制信号的相位；ψ_0 为接收信号的初相。

通过将两个天线的接收信号 $s_1(t)$ 和 $s_2(t)$ 做共轭相乘，可以构建得到一个新信号 $s(t)$：

$$s(t) = s_1^*(t)s_2(t) = \exp[j2\pi D\cos\varphi\cos(w_r t - \theta) / \lambda] \tag{5-5}$$

由此可知，干涉仪两个通道之间的相位差，即 $s(t)$ 的相位为

$$\phi(t) = 2\pi D\cos\varphi\cos(w_r t - \theta) / \lambda \tag{5-6}$$

由式(5-6)可以看出，方位角 θ 和 $\phi(t)$ 的初始相位有关，俯仰角 φ 和 $\phi(t)$ 的幅度有关。因此，θ 和 φ 的估计量分别为

$$\hat{\theta} = -\text{angle}(W(w_r)) \tag{5-7}$$

$$\hat{\varphi} = \arccos\left[\frac{|W(w_r)|\lambda}{\pi ND}\right] \tag{5-8}$$

式中，N 为采样位置的个数；$W(w_r)$ 是由 $\phi(t)$ 和 $\exp(-jw_r t)$ 的相关运算得到的，其形式为

$$\begin{aligned} W(w_r) &= \sum_{n=0}^{N-1}\phi(t_n)\exp(-jw_r nT_s) \\ &= \frac{N\pi D\cos\varphi}{\lambda}(\cos\theta - j\sin\theta) \\ &= A(\cos\theta - j\sin\theta) \end{aligned} \tag{5-9}$$

式中，T_s 为相邻采样位置的时间间隔。

利用式(5-7)和式(5-8)，可以得到对方位角和俯仰角的估计。在实际的信号处理过程中，还需要得到相位差序列 $\phi(t)$，如式(5-6)所示。然而，相位差序列的每一个值都可能超过 2π，此时会出现模糊问题。为了解决模糊问题，需要从连续信号和脉冲信号两种信号形式的角度出发，对解模糊和测向方法进行讨论。对于连续通信信号，可以通过信号采样频率的设置，保证相位差序列前后两个值之间的差距不超过 π，在此情况下，可以利用差分解模糊的方法进行解模糊处理。对于脉冲信号，如雷达脉冲，在实际中不能保证任意时刻都能采集到脉内信号。为了解决脉冲信号的模糊问题，还需要通过对边界条件的分析，在高重频和低重频两

种条件下，分别完成相位差序列的解模糊。

5.2　连续信号的测向方法

本节主要介绍旋转干涉仪对连续信号的测向方法，包括满足差分无模糊的信号采样率要求、数字积分法解模糊及测向性能的仿真分析。

5.2.1　采样频率的边界分析

式(5-6)中，$\phi(t)$是通过对连续通信信号进行正交接收、比较实部和虚部得到的，因此$\phi(t)$是取值为$0\sim2\pi$的模糊值。在进行相关运算之前，需要对$\phi(t)$进行解模糊处理。如果相邻的实际相位差变化小于π，那么可以很容易通过数字积分法对相位差进行解模糊。此时，需要满足

$$\begin{aligned}&\left|\phi(t_{n+1})-\phi(t_n)\right|\\&=\frac{2\pi D\cos\varphi}{\lambda}\left|\cos(w_{\mathrm{r}}t_{n+1}-\theta)-\cos(w_{\mathrm{r}}t_{n+1}-\theta)\right|\\&\leqslant\frac{2\pi D}{\lambda}\times1\times T_{\mathrm{s}}\left[\cos(w_{\mathrm{r}}t-\theta)\right]'_{\max}\\&\leqslant\frac{2\pi D}{\lambda}w_{\mathrm{r}}T_{\mathrm{s}}\leqslant\pi\end{aligned}\tag{5-10}$$

式中，T_{s}为采样间隔。通过对式(5-10)进行变换，可以得到

$$F_{\mathrm{s}}\geqslant\frac{4\pi DF_{\mathrm{r}}}{\lambda}\tag{5-11}$$

式中，$F_{\mathrm{r}}=w_{\mathrm{r}}/(2\pi)$为旋转干涉仪的旋转频率。

根据式(5-6)，采样频率需满足奈奎斯特采样定理，因此采样频率要大于两倍的旋转角频率，即满足

$$F_{\mathrm{s}}\geqslant2F_{\mathrm{r}}\tag{5-12}$$

综合式(5-11)和式(5-12)，可得采样频率要满足

$$F_{\mathrm{s}}\geqslant\max\left\{\frac{4\pi D}{\lambda}F_{\mathrm{r}},2F_{\mathrm{r}}\right\}\tag{5-13}$$

5.2.2　相位差解模糊

通信信号通常是连续信号，可以通过采样频率的设置，较为容易地满足式(5-13)

的要求，因此可以用数字积分法对相位差进行解模糊处理。

由式(5-6)可知，在旋转干涉仪转动的过程中，两个天线之间的相位差随之发生变化，且天线的旋转将会使相位差 $\phi(t)$ 按照正弦曲线变化。通过数字鉴相器的处理，相位差被限定在 $\left(-\pi,\pi\right)$ 的范围内。其相位差变化曲线如图 5-2 所示。因此，在一般情况下，利用鉴相器的输出得到的相位差存在模糊的问题，这需要用数字积分器对相位差进行处理，从而解除相位差的模糊[4]。

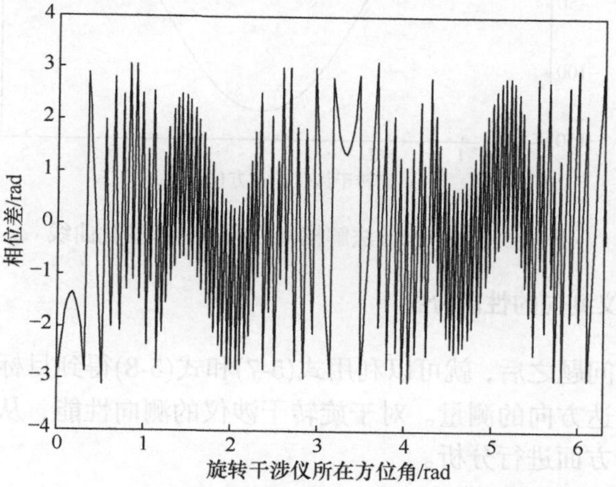

图 5-2　解模糊之前的相位差变化曲线

数字积分器解相位差模糊的公式为

$$
\phi_1 = \phi_1^*
$$

$$
\phi_n = \begin{cases} \phi_{n-1} + \phi_n^* - \phi_{n-1}^*, & \left|\phi_n^* - \phi_{n-1}^*\right| < -\pi \\ \phi_{n-1} + \phi_n^* - \phi_{n-1}^* + 2\pi, & \phi_n^* - \phi_{n-1}^* < -\pi \\ \phi_{n-1} + \phi_n^* - \phi_{n-1}^* - 2\pi, & \phi_n^* - \phi_{n-1}^* > \pi \end{cases} \tag{5-14}
$$

式中，ϕ^* 表示解模糊之前的相位；ϕ 表示解模糊之后的相位。假设在积分初始时刻的相位差为 $\phi_1 = \phi_1^*$，根据鉴相器输出的相位差，按照式(5-14)的运算规则进行累加计算，能够还原真实的相位差随天线旋转的变化曲线。

利用数字积分法，根据式(5-14)对通过鉴相器得到的存在模糊的相位差进行累加运算，从而还原出真实的相位差变化的曲线，如图 5-3 所示。通过观察图 5-3 可以看出，解模糊后的相位差是一条关于旋转干涉仪所在方位角的正弦曲线。

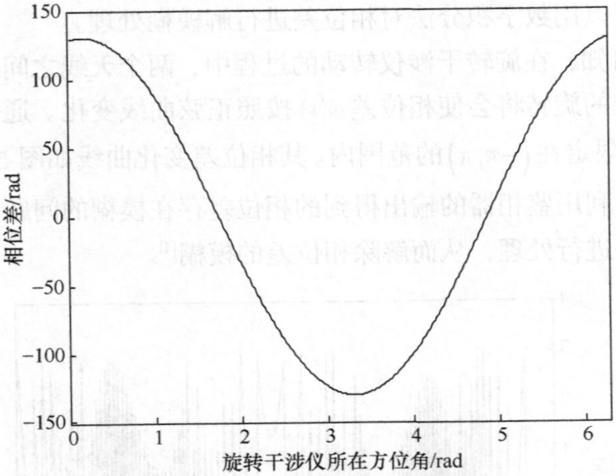

图 5-3　数字积分法解模糊后的相位差变化曲线

5.2.3　旋转干涉仪测向的性能分析

在解决模糊问题之后，就可以利用式(5-7)和式(5-8)得到目标的方位角和俯仰角，完成信号到达方向的测量。对于旋转干涉仪的测向性能，从干涉仪通道误差和均方误差两个方面进行分析。

1. 通道相位不一致的影响

与传统相位干涉仪不同，旋转干涉仪由通道相位不一致造成的系统误差可以降低，甚至消除。假设旋转干涉仪两通道之间不一致的相位为β，在计算$W(w_{\mathrm{r}})$的过程中，式(5-9)变为

$$\begin{aligned} W(w_{\mathrm{r}}) &= \sum_{n=0}^{N-1} (\phi(t_n)+\beta)\exp(-\mathrm{j} w_{\mathrm{r}} n T_{\mathrm{s}}) \\ &= A(\cos\theta - \mathrm{j}\sin\theta) + \Gamma \end{aligned} \tag{5-15}$$

式中，Γ可以表示为

$$\Gamma = \beta \frac{\sin(w_{\mathrm{r}} N T_{\mathrm{s}}/2)}{\sin(w_{\mathrm{r}} T_{\mathrm{s}}/2)} \exp\{-\mathrm{j}[w_{\mathrm{r}}(N-1)T_{\mathrm{s}}/2]\} \tag{5-16}$$

通过进一步推导可得方位角的系统误差满足

$$\theta_{\mathrm{s}} \leqslant \frac{\beta \sin(w_{\mathrm{r}} N T_{\mathrm{s}}/2)}{N\pi(D/\lambda)\sin(w_{\mathrm{r}} T_{\mathrm{s}}/2)\cos\varphi} \tag{5-17}$$

同样，可以推导得到俯仰角的系统误差满足

$$\varphi_{\mathrm{s}} \leqslant \frac{\beta \sin(w_{\mathrm{r}} N T_{\mathrm{s}} / 2)}{N\pi(D/\lambda)\sin(w_{\mathrm{r}} T_{\mathrm{s}}/2)\sin\varphi} \tag{5-18}$$

由式(5-17)和式(5-18)可以看出，当 $w_{\mathrm{r}} N T_{\mathrm{s}} = 2k\pi$ 时，θ_{s} 和 φ_{s} 两者同时为 0。也就是说，在旋转干涉仪旋转的圈数为整数圈的条件下，通道的相位不一致性对方位角和俯仰角的大小估计不会造成影响；否则通道的相位不一致会对测向结果造成影响，且 θ_{s} 和 φ_{s} 的大小与 $w_{\mathrm{r}} N T_{\mathrm{s}}$ 的大小成反比，即旋转圈数越多，角度的估计误差越小。在通道误差不能消除的条件下，与传统的相位干涉仪相比，旋转干涉仪测向系统误差将会更小，而且误差的大小与方位角本身无关。

2. 方位角估计的均方根误差

在解模糊分析中，假设接收信号不受噪声的影响。这一假设简化了算法的推理过程，但是在进行测向算法的性能分析时，需要考虑噪声带来的影响。假设接收的信号含有零均值的加性高斯白噪声，且 $s_1(t)$ 和 $s_2(t)$ 的信噪比分别为 SNR_1 和 SNR_2，那么 $s(t) = s_1^*(t) s_2(t)$ 的信噪比 $\mathrm{SNR}_{\mathrm{s}}$ 满足

$$\frac{1}{\mathrm{SNR}_{\mathrm{s}}} = \frac{1}{\mathrm{SNR}_1} + \frac{1}{\mathrm{SNR}_2} + \frac{1}{\mathrm{SNR}_1 \mathrm{SNR}_2} \tag{5-19}$$

$\phi(t)$ 表示 $s(t)$ 的相位，$\Delta\phi(t)$ 表示相位的误差。根据文献[4]，$\Delta\phi(t)$ 的方差为

$$\sigma^2_{\Delta\phi(t)} = \frac{1}{2\mathrm{SNR}_{\mathrm{s}}} \tag{5-20}$$

受 $\Delta\phi(t)$ 的影响，$W\left(w_{\mathrm{r}}\right)$ 可以重新表示为

$$\begin{aligned} W(w_{\mathrm{r}}) &= A(\cos\theta - \mathrm{j}\sin\theta) + \sum_{n=0}^{N-1} \Delta\phi(t_n) \exp(-\mathrm{j} w_{\mathrm{r}} n T_{\mathrm{s}}) \\ &= A(\cos\theta - \mathrm{j}\sin\theta) + V \end{aligned} \tag{5-21}$$

式中，$V = \sum_{n=0}^{N-1} \Delta\phi\left(t_n\right) \exp\left(-\mathrm{j} w_{\mathrm{r}} n T_{\mathrm{s}}\right)$ 为噪声，均值 $E[V] = 0$ 且

$$E\left[VV^*\right] = N\sigma^2_{\Delta\phi(t)} \tag{5-22}$$

根据文献[4]，可以推导得到 θ 的方差为

$$\begin{aligned} \sigma_\theta^2 &= \frac{1}{2\mathrm{SNR}_{W(w_{\mathrm{r}})}} = \frac{N\sigma^2_{\Delta\phi(t)}}{2A^2} \\ &= \frac{1}{N(2\pi D\cos\varphi/\lambda)^2}\left(\frac{1}{\mathrm{SNR}_1} + \frac{1}{\mathrm{SNR}_2} + \frac{1}{\mathrm{SNR}_1 \mathrm{SNR}_2}\right) \end{aligned} \tag{5-23}$$

3. 俯仰角估计的均方根误差

令 $W(w_r)=A$，则根据式(5-8)，借助微分的方法，可得俯仰角的均方根误差与方位角的均方根误差之间的关系为

$$\delta_\varphi = \left|\frac{\partial \varphi}{\partial A}\right| \delta_A = \frac{\delta_A}{N\pi D \sin\varphi / \lambda} \tag{5-24}$$

根据式(5-22)和文献[4]的推导，可得

$$\sigma_A^2 = \frac{1}{2} E\left[VV^*\right] = \frac{1}{2} N \sigma_{\Delta\phi(t)}^2 \tag{5-25}$$

综合式(5-20)、式(5-24)和式(5-25)，可得

$$\sigma_\varphi^2 = \frac{1}{N(2\pi D \sin\varphi / \lambda)^2}\left(\frac{1}{\mathrm{SNR}_1} + \frac{1}{\mathrm{SNR}_2} + \frac{1}{\mathrm{SNR}_1 \cdot \mathrm{SNR}_2}\right) \tag{5-26}$$

5.2.4 仿真结果及其分析

本小节通过仿真验证关于旋转干涉仪信号采样位置、采样频率的边界分析及数字积分法解相位差模糊的正确性，分析不同因素对旋转干涉仪测向性能的影响。

1. 采样频率的边界验证分析

本仿真验证关于采样频率边界条件分析的正确性及数字积分法解相位差模糊的可行性。

仿真中假设旋转干涉仪的直径 $D = 2\mathrm{m}$，信号频率 $f = 3.6\mathrm{GHz}$，旋转干涉仪旋转频率 $F_\mathrm{r} = 30\mathrm{Hz}$，来波方位角 $\theta = 10°$。

图 5-4 为在采样频率 $F_\mathrm{s} = 7.5\mathrm{kHz}$ 时，旋转干涉仪两通道的相位差 $\phi(t)$ 关于旋转干涉仪所在方位角的变化曲线，图 5-5 为对 $\phi(t)$ 做离散傅里叶变换后的频谱曲线。当 $F_\mathrm{s} = 7.5\mathrm{kHz}$ 时，采样频率低于前面分析的临界采样频率。可以看出，解模糊后的相位差 $\phi(t)$ 与旋转干涉仪方位角之间的对应关系不是一条正弦曲线，并且其频谱有许多分量。因此，对于低于临界采样频率的情况，数字积分法不能解相位差模糊。

图 5-6 和图 5-7 为在采样频率 $F_\mathrm{s} = 9.5\mathrm{kHz}$ 时，旋转干涉仪两通道的相位差 $\phi(t)$ 关于旋转干涉仪所在方位角的变化曲线和对它进行离散傅里叶变换后的频谱曲线。当 $F_\mathrm{s} = 9.5\mathrm{kHz}$ 时，信号采样频率满足前面分析的临界采样频率。在这种情况下，$\phi(t)$ 的形式是一条正弦曲线，通过观察频谱图发现它只有单一的频率成分，这与式(5-6)对应的曲线形式相符合，与理论推导的结果一致。因此，对于高于临界采样频率的情况，数字积分法适用于解相位差模糊。

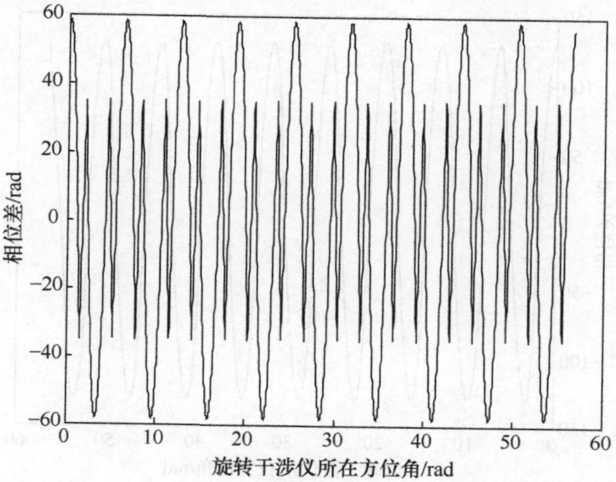

图 5-4　低于临界条件时解模糊结果

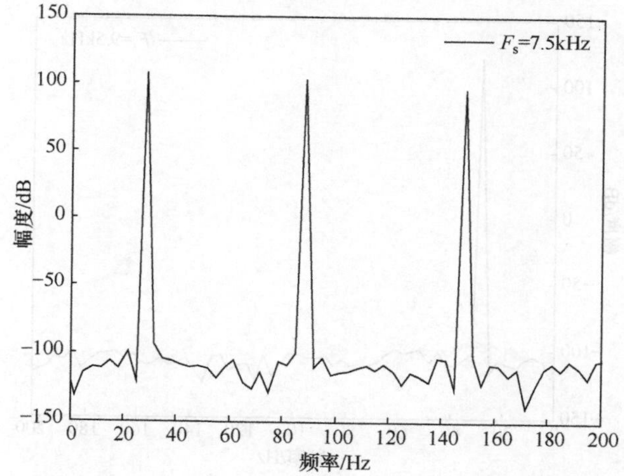

图 5-5　低于临界条件时解模糊相位差的频谱图

仿真结果表明，只有当采样频率大于最低采样频率时，才能完全消除相位差模糊，从而获得正弦函数形式的差分相位。

2. 旋转干涉仪测向性能分析

本仿真比较旋转干涉仪和传统相位干涉仪的测向性能对比。假设基线长度 $D=2\text{m}$ ，信号频率 $f=75\text{MHz}$ ，旋转频率 $F_{\text{r}}=30\text{Hz}$ ，方位角 $\theta=80°$ ，采样频率 $F_{\text{s}}=21.3\text{kHz}$ ，采样时间 $T=1\text{s}$ ，通过改变天线相位的大小，对比旋转干涉仪和传统相位干涉仪测向精度，仿真结果如表 5-1 所示。

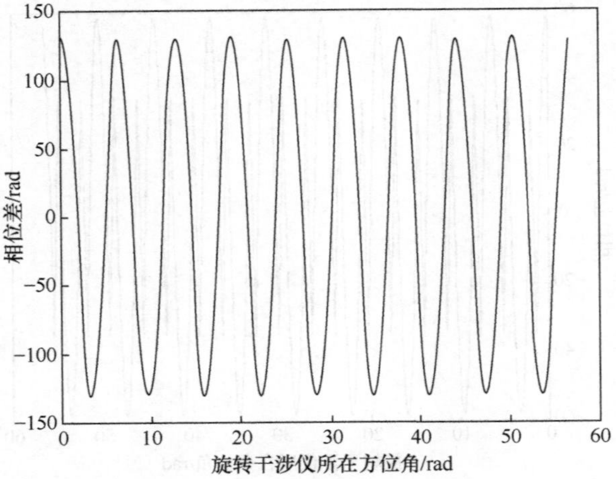

图 5-6 正确解模糊结果

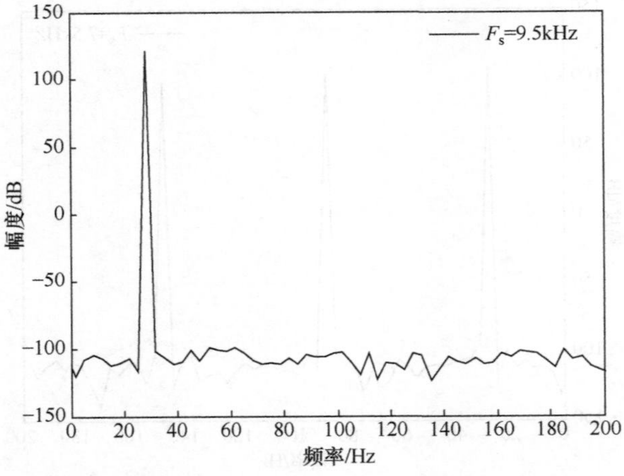

图 5-7 正确解模糊相位差的频谱图

表 5-1 波达方向估计的均方根误差

相位不一致性/(°)	传统相位干涉仪测向的均方根误差/(°)	旋转干涉仪测向的均方根误差/(°)
1	0.3237	0.0049
3	0.9713	0.0055
5	1.6205	0.0056

观察表 5-1 可以看出，传统相位干涉仪测向的均方根误差远大于旋转干涉仪。此外，传统相位干涉仪测向的均方根误差随通道不一致地变大而明显变大，而旋转干涉仪的测向均方根误差几乎保持不变。仿真结果表明，通道相位不一致对传统相位干涉仪的测向精度影响较大，而对旋转干涉仪的测向精度几乎没有影响。

3. 不同因素对旋转干涉仪测向性能的影响分析

式(5-23)和式(5-26)表明，对方位角和俯仰角的估计精度与信噪比 SNR、天线孔径 D/λ 和俯仰角 φ 有关。本节仿真验证式(5-23)和式(5-26)理论推导结果和实际仿真结果的一致性。

图 5-8 给出 $D/\lambda=2$ 和 $D/\lambda=0.5$ 时，对俯仰角估计的均方根误差随信噪比变化的理论和仿真曲线。从图中可以看出，高信噪比条件下，理论均方根误差与仿真的均方根误差较为吻合，而且 $D/\lambda=2$ 比 $D/\lambda=0.5$ 时的均方根误差小。

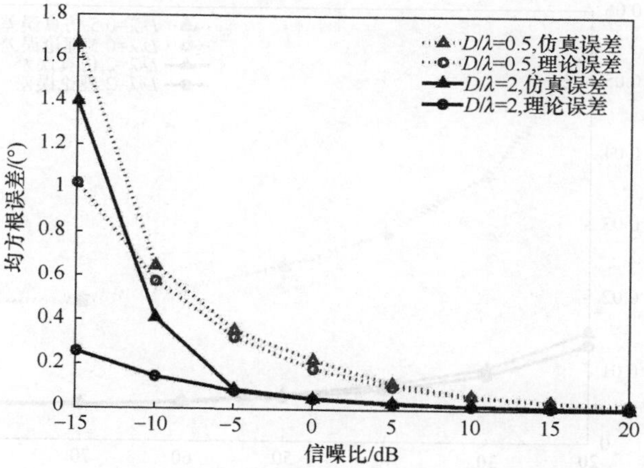

图 5-8　俯仰角的均方根误差跟随信噪比的变化曲线

图 5-9 给出 $D/\lambda=2$ 和 $D/\lambda=0.5$ 时，对方位角估计的均方根误差随俯仰角变化的理论和仿真曲线。从图中可以看出，均方根误差随着俯仰角的增大而变小，并且 $D/\lambda=2$ 比 $D/\lambda=0.5$ 时的均方根误差小。此外，理论上的均方根误差与仿真的均方根误差非常接近，证明了式(5-23)推导的合理性。

图 5-10 给出 $D/\lambda=2$ 和 $D/\lambda=0.5$ 时，对俯仰角估计的均方根误差随俯仰角变化的理论和仿真曲线。从图中可以看出，均方根误差的大小随着俯仰角的增大而变大，并且 $D/\lambda=2$ 比 $D/\lambda=0.5$ 时的均方根误差小。此外，理论均方根误差与仿真的均方根误差非常接近，证明了式(5-26)推导的合理性。

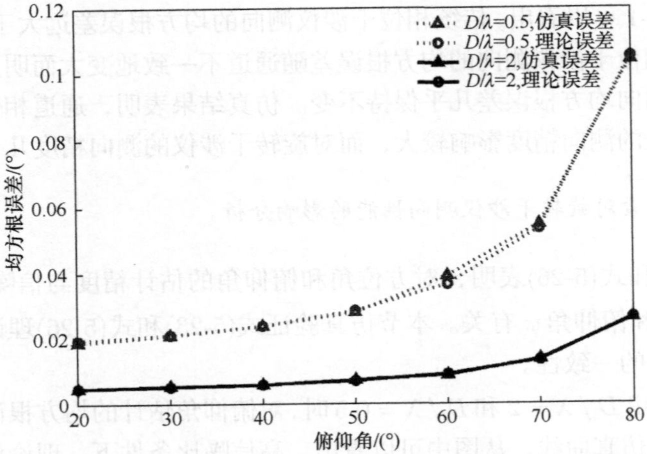

图 5-9　方位角的均方根误差随俯仰角的变化曲线

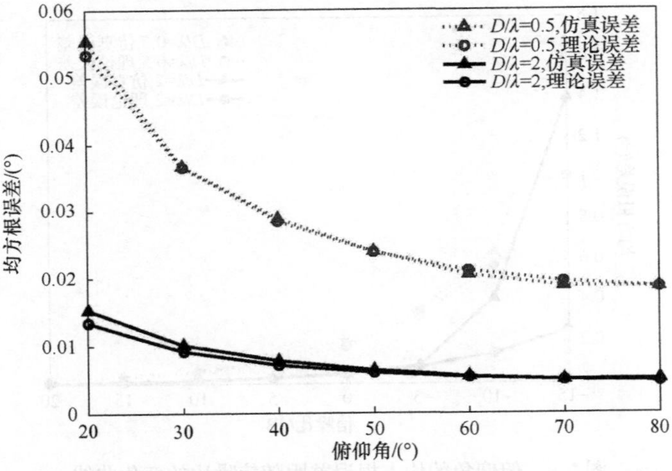

图 5-10　俯仰角的均方根误差随俯仰角的变化曲线

5.3　脉冲信号的测向方法

旋转干涉仪对脉冲信号和连续通信信号的测向存在一定的区别，原因在于：对于连续信号，可以较为容易地保证差分无模糊条件；对于以雷达为代表的脉冲信号，其差分无模糊条件难以保证。

本节针对长基线旋转干涉仪脉冲信号的测向问题，建立相应的数学模型，通过边界条件分析，将其分为高重频和低重频两种情况，分别讨论测向方法，实现脉冲信号的无模糊、高精度测向。

5.3.1　高重频与低重频边界

入射信号仿向角为θ，俯仰角为φ，假设旋转干涉仪的旋转角速率为w_{r}，基线长度为D；雷达脉冲信号的脉冲重复频率为F，脉冲宽度为τ，雷达脉冲到达的时间为$t_1,t_2,\cdots,t_N$。在与到达时间对应的时刻，旋转干涉仪基线所在的方位角为$\varepsilon_1,\varepsilon_2,\cdots,\varepsilon_N$，天线之间的相位差为$\phi_1,\phi_2,\cdots,\phi_N$，如图 5-11 所示。

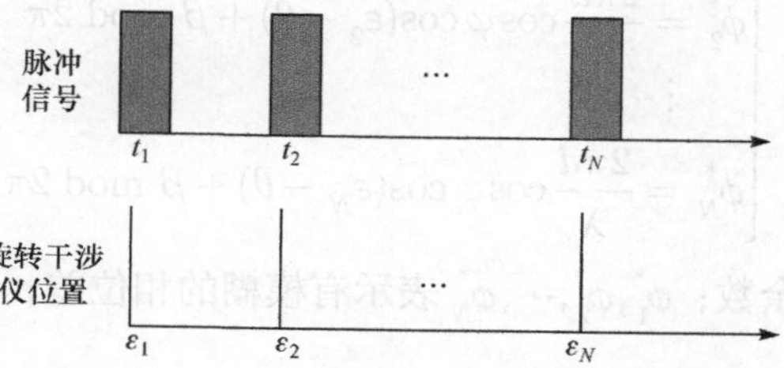

图 5-11　旋转干涉仪接收脉冲序列模型

当相邻的两个采样空间位置的相位差不大于π时，可以利用数字积分法去除相位差的模糊，从而得到旋转干涉仪两通道正确的相位差，即

$$\begin{aligned}\left|\phi_{i+1}-\phi_i\right| &\leqslant \frac{2\pi D}{\lambda}\cos\varphi\left|\cos(\varepsilon_{i+1}-\theta)-\cos(\varepsilon_i-\theta)\right| \\ &\leqslant \frac{4\pi D}{\lambda}\sin(\Delta\varepsilon)\leqslant\frac{4\pi D\Delta\varepsilon}{\lambda}\leqslant\pi\end{aligned} \tag{5-27}$$

式中，$\Delta\varepsilon$表示旋转干涉仪相邻采样空间位置的角度间隔，$\Delta\varepsilon$满足

$$\Delta\varepsilon\leqslant\frac{\lambda}{4D} \tag{5-28}$$

也即

$$\frac{w_{\mathrm{r}}}{F}\leqslant\frac{\lambda}{4D} \tag{5-29}$$

雷达脉冲信号的脉冲重复频率F需要满足

$$F\geqslant\frac{4Dw_{\mathrm{r}}}{\lambda} \tag{5-30}$$

此时，雷达脉冲重复频率相对较高，将其归为高重频的情况。相应地，不满足式(5-30)所述条件的，将其归为低重频的情况。显然，数字积分法实现过程较为简单，因此高重频条件下的复杂度低于低重频的情况。下面分别在高重频和低重频两种情况下对雷达脉冲信号的解模糊方法进行讨论。

5.3.2　高重频解相位差模糊

在每个雷达脉冲的采样时间内，可近似认为旋转干涉仪两天线所在的方位角保持不变。因此，在每个干涉仪位置对雷达脉冲信号的采样时间内，可以用传统的数字相位干涉仪方法测量得到相位差。若在观测的时间内收到了 N 个雷达脉冲信号，则每个脉冲对应的相位差分别为

$$\begin{cases} \phi_1^* = \dfrac{2\pi d}{\lambda}\cos\varphi\cos(\varepsilon_1-\theta)+\beta \bmod 2\pi \\ \phi_2^* = \dfrac{2\pi d}{\lambda}\cos\varphi\cos(\varepsilon_2-\theta)+\beta \bmod 2\pi \\ \vdots \\ \phi_N^* = \dfrac{2\pi d}{\lambda}\cos\varphi\cos(\varepsilon_N-\theta)+\beta \bmod 2\pi \end{cases} \tag{5-31}$$

式中，mod 表示取余数；$\phi_1^*,\phi_2^*,\cdots,\phi_N^*$ 表示有模糊的相位差；β 表示通道不一致的相位差。

在高重频条件下，相邻的相位差之差小于 π，因此可以用数字积分法的方式求解出真实相位差，计算公式如式(5-14)所示。

综上，旋转干涉仪对高重频条件下的雷达脉冲信号测向算法的步骤可以总结如下：

(1) 计算带有模糊的相位差序列 $\boldsymbol{\phi}^*=\begin{bmatrix}\phi_1^* & \phi_2^* & \cdots & \phi_N^*\end{bmatrix}^{\mathrm{T}}$。对于雷达脉冲观测的时间内收到的第 i 个脉冲信号，利用传统数字干涉仪方法计算 ϕ_i^*。

(2) 利用数字积分法解相位差模糊。根据式(5-14)，对 $\boldsymbol{\phi}^*$ 序列进行相位差解模糊处理，得到无模糊的相位差序列 $\boldsymbol{\phi}=\begin{bmatrix}\phi_1 & \phi_2 & \cdots & \phi_N\end{bmatrix}^{\mathrm{T}}$。

(3) 输出测向结果。根据式(5-9)求取相关系数；根据式(5-7)和式(5-8)给出方位角 θ 和俯仰角 ε。

5.3.3　低重频解相位差模糊

1. 模糊区间分析

低重频条件下，相邻的旋转干涉仪两通道的相位差之差超过 π，测量得到的相位差存在模糊，且不能用数字积分法解相位差模糊，也即对于任意的 $\varepsilon_i(i=1,2,\cdots,N)$，有

$$\phi_i=\phi_i^*+2n_i\pi=\frac{2\pi d}{\lambda}\cos\varphi\cos(\varepsilon_i-\theta)+\beta \tag{5-32}$$

式中，模糊数 n_i 的大小未知。显然，低重频条件下对雷达脉冲信号测向的复杂度

高于在高重频条件下的情况。

图 5-12 给出 $d=2\lambda$ 和 $d=10\lambda$ 两种情况下，无模糊和有模糊的相位差随着方位角和俯仰角取值的变化示意图。从图中可以看出，对于无模糊的情况，相位差形状是单峰的，相同的相位差在方位-俯仰平面的切面是单条曲线。对于有模糊的情况，相位差形状是多峰的，相同的相位差在方位-俯仰平面的切面是多条曲线，每个可能的模糊数均分别对应一条曲线。因此，基线长度越长，相位差可能的模糊数就越多，对应的模糊曲线也就越多。

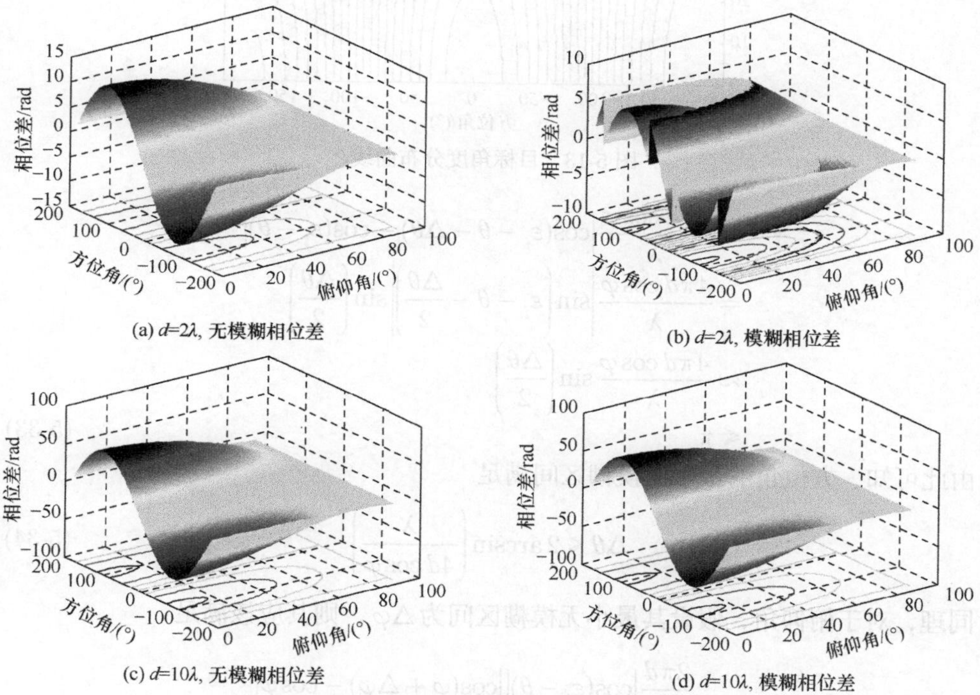

(a) d=2λ, 无模糊相位差　(b) d=2λ, 模糊相位差

(c) d=10λ, 无模糊相位差　(d) d=10λ, 模糊相位差

图 5-12　相位差模糊情况示意图

如图 5-13 所示，在 $d=10\lambda$ 、干涉仪所在方位角 $\varepsilon=0°$、目标所在方位角 $\theta=170°$ 、俯仰角为 $70°$ 的条件下，根据模糊的相位差，这里给出了所有可能的目标角度分布曲线。从图 5-13 中可以看出，可能的模糊数 $n=-9,-8,\cdots,10$ ，共 20 个，即对应图中的 20 条曲线。

虽然旋转干涉仪的相位差在整个方位-俯仰平面内是模糊的，但是对于每一个方位角-俯仰角组成的来波方向，也存在对应的最小无模糊区间。对于方位角，假设对应的最小无模糊区间为 $\Delta\theta$，则其应该满足

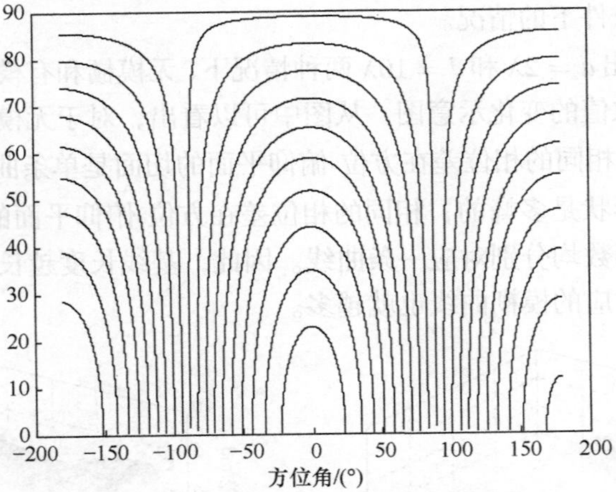

图 5-13　目标角度分布曲线

$$\begin{aligned}&\frac{2\pi d\cos\varphi}{\lambda}\left|\cos(\varepsilon_i-\theta-\Delta\theta)-\cos(\varepsilon_i-\theta)\right|\\&=\frac{4\pi d\cos\varphi}{\lambda}\left|\sin\left(\varepsilon_i-\theta-\frac{\Delta\theta}{2}\right)\right|\sin\left(\frac{\Delta\theta}{2}\right)\\&\approx\frac{4\pi d\cos\varphi}{\lambda}\sin\left(\frac{\Delta\theta}{2}\right)\\&\leqslant\pi\end{aligned}\tag{5-33}$$

由此可知，方位角的最小无模糊区间满足

$$\Delta\theta\leqslant 2\arcsin\left(\frac{\lambda}{4d\cos\varphi}\right)\tag{5-34}$$

同理，对于俯仰角，假设其最小无模糊区间为 $\Delta\varphi$，则其应该满足

$$\begin{aligned}&\frac{2\pi d}{\lambda}\left|\cos(\varepsilon_i-\theta)\right|\left|\cos(\varphi+\Delta\varphi)-\cos\varphi\right|\\&\approx\frac{4\pi d}{\lambda}\sin\left(\frac{\Delta\varphi}{2}\right)\\&\leqslant\pi\end{aligned}\tag{5-35}$$

由此可知，俯仰方向的最小无模糊区间满足

$$\Delta\varphi\leqslant 2\arcsin\left(\frac{\lambda}{4d}\right)\tag{5-36}$$

2. 相位差解模糊算法

对于 N 个脉冲的相位差，根据式(5-6)，可以得到由 N 个有模糊的方程构成的

方程组：

$$\begin{cases} \phi_1 = \phi_1^* + 2n_1\pi = \dfrac{2\pi d}{\lambda}\cos\varphi\cos(\varepsilon_1 - \theta) + \beta \\ \phi_2 = \phi_2^* + 2n_2\pi = \dfrac{2\pi d}{\lambda}\cos\varphi\cos(\varepsilon_2 - \theta) + \beta \\ \vdots \\ \phi_N = \phi_N^* + 2n_N\pi = \dfrac{2\pi d}{\lambda}\cos\varphi\cos(\varepsilon_N - \theta) + \beta \end{cases} \tag{5-37}$$

由于模糊数$\boldsymbol{n} = \begin{bmatrix} \boldsymbol{n}_1 & \boldsymbol{n}_2 & \cdots & \boldsymbol{n}_N \end{bmatrix}^{\mathrm{T}}$未知，求解方程组(5-37)是比较困难的，其关键在于求解模糊数$\boldsymbol{n}_1, \boldsymbol{n}_2, \cdots, \boldsymbol{n}_N$。此处采用多次测量的等相位差曲线相交的办法来求解上述方程组。由于真实的方位角和俯仰角必然在所有可能的等相位差曲线上，而虚假的方位角和俯仰角只会出现在个别等相位差曲线上，因此可以通过等相位差曲线相交的方法排除虚假的方位角和俯仰角，从而获得真实的方位角和俯仰角。

由于每个模糊的相位差$\phi_i^*(i=1,2,\cdots,N)$均对应多条等相位差曲线，要得到所有曲线对应的所有交点，将是非常复杂的。此外，由于对相位差测量存在误差，真实的方位角-俯仰角精确地通过所有的等相位差曲线几乎是不可能的。对此，本部分结合最小无模糊区间，采用等相位差曲线相交的方法，给出一种迭代求解相位差模糊的算法。算法实施的具体步骤如下：

(1) 当第 1 个雷达脉冲到达时，旋转干涉仪两天线所在的方位角记为ε_1，测量得到的带有模糊的相位差为ϕ_1^*，绘制出所有可能的等相位差曲线。

(2) 当第 2 个雷达脉冲到达时，旋转干涉仪所在的方位角为ε_2，测量得到的模糊相位差为ϕ_2^*，绘制出所有可能的等相位差曲线。求解所有的ϕ_1^*和ϕ_2^*对应的等相位差曲线的交点，并计算每个交点对应的无模糊区间。设交点集$\Phi = \{\chi_1, \chi_2, \cdots, \chi_M]\}$，无模糊区间集$\Psi = \{\rho_1, \rho_2, \cdots, \rho_M\}$，对于这些交点，$\phi_1$对应的模糊数$\boldsymbol{n}_1 = \begin{bmatrix} n_{11} & n_{12} & \cdots & n_{1M} \end{bmatrix}^{\mathrm{T}}$，$\phi_2$对应的模糊数$\boldsymbol{n}_2 = \begin{bmatrix} n_{21} & n_{22} & \cdots & n_{2M} \end{bmatrix}^{\mathrm{T}}$，其中，$M$表示交点集中交点的个数。

(3) 当第$i(i \geqslant 3)$个雷达脉冲到达时，旋转干涉仪所在的方位角为ε_i，测量得到的模糊相位差为ϕ_i^*，绘制出等相位差曲线；对于无模糊区间集Ψ中的每一个区间ρ_i，依次判断ϕ_i^*的等相位差曲线是否穿过ρ_i，若是，则保留ρ_i，若不是，则将ρ_i从Ψ中剔除；更新无模糊区间集Ψ，更新交点集元素个数 M，更新模糊数$\boldsymbol{n}_1, \boldsymbol{n}_2, \cdots, \boldsymbol{n}_i$。

(4) 依此类推，直到 Ψ 中元素个数 $M=1$，模糊去除。

下面给出一个解模糊的例子。假设 $d=5\lambda$，$\varepsilon=(10°,60°,110°,160°,210°,260°,310°,0°)$，目标所在的方位角 $\theta=70°$，俯仰角 $\varphi=50°$，在每个脉冲内，相位差的测量误差为1°，图 5-14 给出了本部分的解模糊过程。

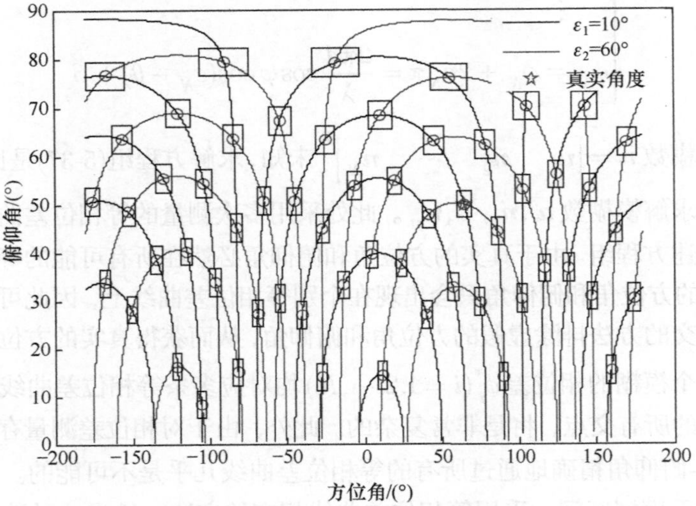

(a) ε_1=10°、ε_2=60°的所有曲线示意图

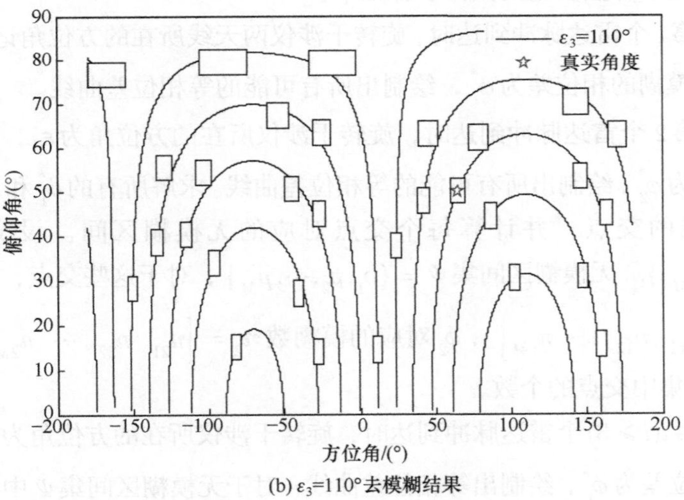

(b) ε_3=110°去模糊结果

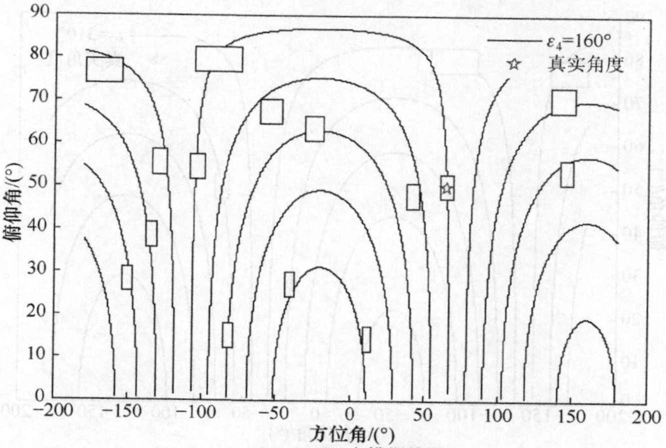

(c) ε_4=160°去模糊结果

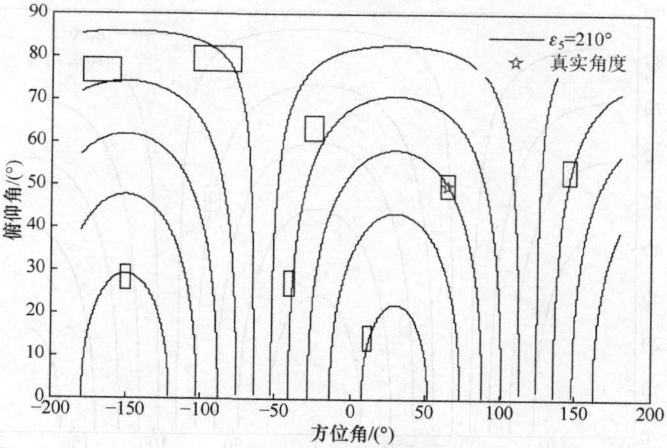

(d) ε_5=210°去模糊结果

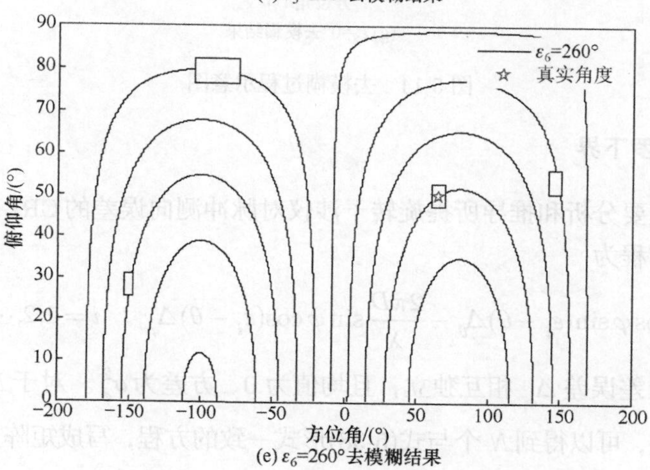

(e) ε_6=260°去模糊结果

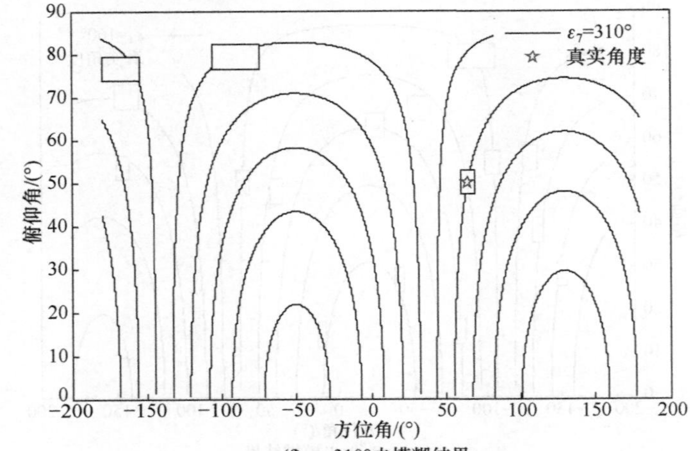

(f) ε_7=310°去模糊结果

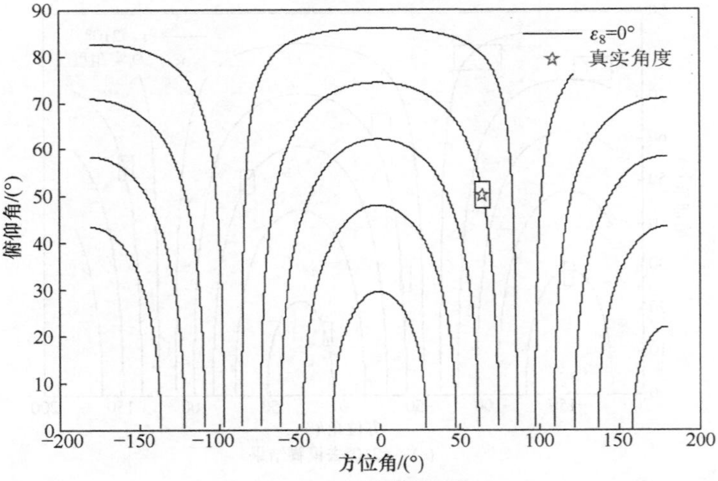

(g) ε_8=0°去模糊结果

图 5-14　去模糊过程示意图

5.3.4　克拉美罗下界

本小节主要分析和推导所提旋转干涉仪对脉冲测向误差的 CRLB 。由式(5-6)可得全微分方程为

$$\Delta_{\phi_i}=\frac{2\pi D}{\lambda}\cos\varphi\sin(\varepsilon_i-\theta)\Delta_\theta-\frac{2\pi D}{\lambda}\sin\varphi\cos(\varepsilon_i-\theta)\Delta_\varphi,\quad i=1,2,\cdots,N \tag{5-38}$$

假设每个相位差误差 Δ_{ϕ_i} 相互独立，且均值为 0、方差为 σ_ϕ^2 。对于 N 个采样位置对应的相位差，可以得到 N 个与式(5-38)形式一致的方程，写成矩阵方程的形式为

$$\begin{bmatrix} \Delta_{\phi_1} \\ \Delta_{\phi_2} \\ \vdots \\ \Delta_{\phi_N} \end{bmatrix} = \frac{2\pi D}{\lambda} \begin{bmatrix} \sin(\varepsilon_1 - \theta)\cos\varphi & \cos(\varepsilon_1 - \theta)\sin\varphi \\ \sin(\varepsilon_2 - \theta)\cos\varphi & \cos(\varepsilon_2 - \theta)\sin\varphi \\ \vdots & \vdots \\ \sin(\varepsilon_N - \theta)\cos\varphi & \cos(\varepsilon_N - \theta)\sin\varphi \end{bmatrix} \begin{bmatrix} \Delta_\theta \\ \Delta_\varphi \end{bmatrix} \tag{5-39}$$

根据式(5-39)，令

$$\boldsymbol{A} = \begin{bmatrix} \sin(\varepsilon_1 - \theta)\cos\varphi & \cos(\varepsilon_1 - \theta)\sin\varphi \\ \sin(\varepsilon_2 - \theta)\cos\varphi & \cos(\varepsilon_2 - \theta)\sin\varphi \\ \vdots & \vdots \\ \sin(\varepsilon_N - \theta)\cos\varphi & \cos(\varepsilon_N - \theta)\sin\varphi \end{bmatrix} \tag{5-40}$$

$$\boldsymbol{y} = \begin{bmatrix} \Delta_{\phi_1} & \Delta_{\phi_2} & \cdots & \Delta_{\phi_N} \end{bmatrix}^{\mathrm{T}}, \quad \boldsymbol{u} = \begin{bmatrix} \Delta_\theta & \Delta_\varphi \end{bmatrix}^{\mathrm{T}}$$

并且假设

$$\boldsymbol{A}^{\mathrm{T}}\boldsymbol{A} = \begin{bmatrix} A_{11} & A_{12} \\ A_{21} & A_{22} \end{bmatrix} \tag{5-41}$$

则根据式(5-41)的运算形式，并结合式(5-40)，可以推导得到

$$A_{11} = \sum_{i=1}^{N} \sin^2\left(\varepsilon_i - \theta\right)\cos^2\varphi \approx N\cos^2\varphi / 2 \tag{5-42}$$

$$A_{12} = \sum_{i=1}^{N} \sin\left(\varepsilon_i - \theta\right)\cos\varphi\cos\left(\varepsilon_i - \theta\right)\sin\varphi \approx 0 \tag{5-43}$$

$$A_{21} \approx A_{12} \approx 0 \tag{5-44}$$

$$A_{22} = \sum_{i=1}^{N} \cos^2\left(\varepsilon_i - \theta\right)\sin^2\varphi \approx N\sin^2\varphi / 2 \tag{5-45}$$

因此

$$E\left[\boldsymbol{u}^{\mathrm{T}}\boldsymbol{u}\right] = \sigma_\phi^2\left(\boldsymbol{A}^{\mathrm{T}}\boldsymbol{A}\right)^{-\mathrm{T}} \tag{5-46}$$

式中，σ_ϕ^2 为相位差的方差。根据文献[4]可得

$$\sigma_\phi^2 = \frac{1}{K \cdot \mathrm{SNR}} \tag{5-47}$$

式中，K 为每一个脉冲的采样数；SNR 为接收信号的信噪比。根据式(5-46)，方位角和俯仰角方差的 CRLB 分别为

$$\sigma_\theta^2 = \left(E[\boldsymbol{u}^{\mathrm{T}}\boldsymbol{u}]\right)_{1,1} = \frac{1}{\left(\dfrac{2\pi D}{\lambda}\right)^2 A_{11} \cdot K \cdot \mathrm{SNR}} = \frac{2}{\left(\dfrac{2\pi D}{\lambda}\right)^2 \cos^2\varphi \cdot NK \cdot \mathrm{SNR}} \tag{5-48}$$

$$\sigma_\varphi^2 = \left(E[\boldsymbol{u}^{\mathrm{T}}\boldsymbol{u}]\right)_{2,2} = \frac{1}{\left(\dfrac{2\pi D}{\lambda}\right)^2 A_{11} \cdot K \cdot \mathrm{SNR}} = \frac{2}{\left(\dfrac{2\pi D}{\lambda}\right)^2 \sin^2\varphi \cdot NK \cdot \mathrm{SNR}} \tag{5-49}$$

5.4 小　结

本章主要介绍了旋转干涉仪测向技术，建立了旋转干涉仪测向的数学模型，分析推导了测向的原理，针对雷达脉冲和通信信号分别提出相位差解模糊的算法，分析了测向性能。

参 考 文 献

[1] 祝俊, 李昀豪, 王军, 等. 被动雷达导引头旋转式相位干涉仪测向方法[J]. 太赫兹科学与电子信息学报, 2013, 11(3): 382-387.

[2] 宋朱刚, 陆安南. 双通道多普勒测向机研究[J]. 电子科技大学学报, 2006, 35(4): 478-480.

[3] 司伟建, 程伟. 旋转干涉仪解模糊方法研究及实现[J]. 弹箭与制导学报, 2010, 30(3): 199-202.

[4] Hu D X, Huang Z, Lu J. A direction finding method based on rotating interferometer and its performance analysis[J]. IEICE Transactions on Communications, 2015, E98.B(9): 1858-1864.

第 6 章　阵列空间谱测向技术

空间谱是一种重要的测向方法，近年来得到越来越多的应用。本章主要从阵列信号的处理模型、基于波束形成的波达方向估计、超分辨多重信号分类(multiple signal classification, MUSIC)谱估计、子空间旋转不变(estimating signal parameter via rotational invariance techniques, ESPRIT)谱估计、单通道空间谱估计等方面，对空间谱的测向技术[1-3]进行分析。

6.1　阵列信号数学模型

信号在无线信道的传输极其复杂，为空间谱估计建立严格的数学模型需要有物理环境的完整描述，这几乎不可能做到。为了得到一个比较实用的参数化模型，必须简化信号在无线信道中的传输条件。在描述阵列信号的数学模型时，通常做以下假设：

(1) 天线阵元均为全向天线，增益相等，阵元相互之间的互耦可忽略不计。

(2) 天线阵元的接收特性仅与其位置有关，而与其尺寸无关，即可认为天线是空间位置中的一个点。

(3) 天线阵元接收信号时所产生的噪声为加性高斯白噪声，各阵元上的噪声相互统计独立，且噪声与信号也是统计独立的。

(4) 空间源信号的传播介质是均匀且各向同性的，信号在介质中按直线传播。

(5) 天线阵列处在空间源信号的远场中，阵列接收的空间源信号可以认为是一束平行的平面波。

(6) 空间源信号到达阵列时，在各阵元之间的不同时延可以由阵列的几何结构及其来波方向确定。

(7) 空间信号源的数目小于阵元数目。

6.1.1　阵列天线方向向量

阵列天线方向向量是阵列信号中一个重要的基本概念。阵元间的延迟 τ 与信号频率 ω 决定了阵列的方向向量或阵列流型，而阵元间的延迟又由阵列的几何形

状与来波方向 θ 决定。这里分析不同阵形的延迟表达式及其方向向量。

1. 两阵元波程差

空间任意两阵元(阵元 1、阵元 2)间距为 d，来波方向(与两阵元法线夹角)为 θ，那么两阵元的来波距离差 Δr 为 $d\sin\theta$，如图 6-1 所示。

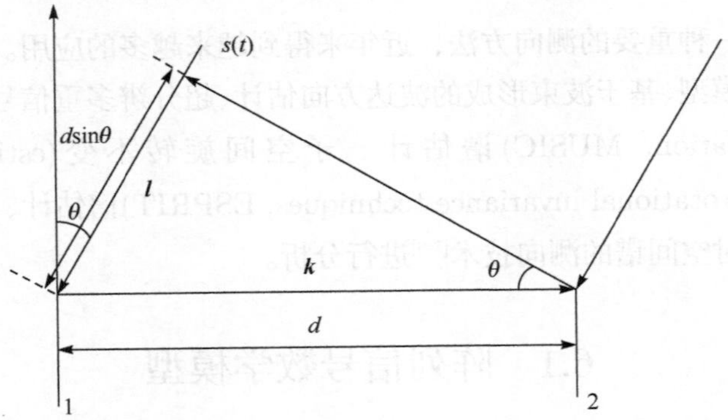

图 6-1　两阵元波程差

从图 6-1 中可以看出，波程差是天线基线向量 $\boldsymbol{k}$ (两天线连线)在来波方向单位向量 $\boldsymbol{l}$ 的投影大小。因此，波程差可以用两向量内积表示，即

$$\Delta r=\left\langle \boldsymbol{k},\boldsymbol{l}\right\rangle=\boldsymbol{k}^{\mathrm{T}}\boldsymbol{l} \tag{6-1}$$

式中，来波方向单位向量 $\boldsymbol{l}$ 为

$$\boldsymbol{l}=[\sin\theta \quad \cos\theta]^{\mathrm{T}} \tag{6-2}$$

两天线连线向量 $\boldsymbol{k}$ 为

$$\boldsymbol{k}=[d \quad 0]^{\mathrm{T}} \tag{6-3}$$

两阵元波程差 Δr 为

$$\begin{aligned}\Delta r&=\left\langle \boldsymbol{k},\boldsymbol{l}\right\rangle\\&=[d \quad 0]\begin{bmatrix}\sin\theta\\ \cos\theta\end{bmatrix}\\&=d\sin\theta\end{aligned} \tag{6-4}$$

2. 直线阵

设阵元的位置为 $x_k(k=1,2,\cdots,M)$，原点(阵元 1)为参考点，假设信号入射方位角为 $\theta_i(i=1,2,\cdots,P)$，方位角表示与 y 轴的夹角(即与直线阵法线的夹角)，如

图 6-2 所示，那么第 i 个信号单位方向向量 $\boldsymbol{l}_i$ 为

$$\boldsymbol{l}_i = [\sin\theta_i \quad \cos\theta_i]^{\mathrm{T}} \tag{6-5}$$

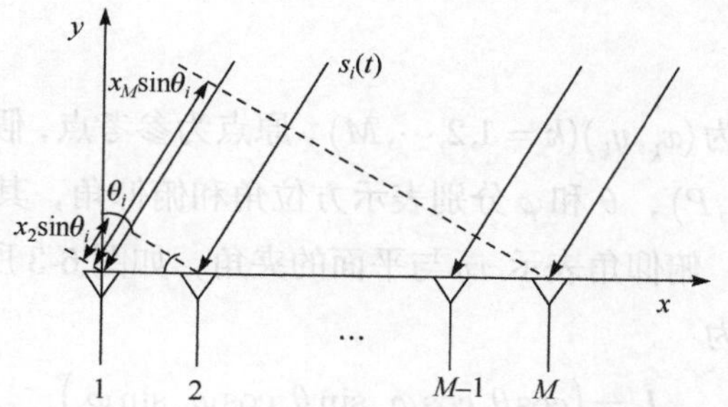

图 6-2　直线阵几何模型

阵元 k 与参考点连线向量(等于位置向量) $\boldsymbol{k}_k$ 为

$$\boldsymbol{k}_k = [x_k \quad 0]^{\mathrm{T}} \tag{6-6}$$

第 i 个信号阵元 k 与参考点波程差为

$$\begin{aligned}\Delta r_{ki} &= \left\langle \boldsymbol{k}_k, \boldsymbol{l}_i \right\rangle \\ &= [x_k \quad 0]\begin{bmatrix}\sin\theta_i \\ \cos\theta_i\end{bmatrix} \\ &= x_k \sin\theta_i\end{aligned} \tag{6-7}$$

时间差为

$$\begin{aligned}\tau_{ki} &= \frac{\Delta r_{ki}}{c} \\ &= \frac{1}{c} x_k \sin\theta_i\end{aligned} \tag{6-8}$$

根据线阵时差(6-8)，可得 M 个阵元排列在 x 轴上(不一定是均匀直线阵)的方向向量为

$$\boldsymbol{a}(\theta_i) = \begin{bmatrix}\exp\left[\mathrm{j}\omega_i \tau_1(\theta_i)\right] \\ \exp\left[\mathrm{j}\omega_i \tau_2(\theta_i)\right] \\ \vdots \\ \exp\left[\mathrm{j}\omega_i \tau_M(\theta_i)\right]\end{bmatrix} = \begin{bmatrix}\exp\left(\mathrm{j}\omega_i \dfrac{x_1 \sin\theta_i}{c}\right) \\ \exp\left(\mathrm{j}\omega_i \dfrac{x_2 \sin\theta_i}{c}\right) \\ \vdots \\ \exp\left(\mathrm{j}\omega_i \dfrac{x_M \sin\theta_i}{c}\right)\end{bmatrix} \tag{6-9}$$

当有 P 个信号同时入射，其方向角分别为 $\theta_1,\theta_2,\cdots,\theta_P$ 时，阵列的流型矩阵为

$$\boldsymbol{A}(\theta)=[\boldsymbol{a}(\theta_1) \quad \boldsymbol{a}(\theta_2) \quad \cdots \quad \boldsymbol{a}(\theta_P)] \tag{6-10}$$

3. 平面阵

设阵元的位置为 $(x_k,y_k)(k=1,2,\cdots,M)$，原点为参考点，假设信号入射角参数为 $(\theta_i,\varphi_i)(i=1,2,\cdots,P)$，$\theta$ 和 φ 分别表示方位角和俯仰角，其中方位角表示入射方向与 x 轴的夹角，俯仰角表示 xy 与平面的夹角，如图 6-3 所示，那么第 i 个信号单位方向向量 $\boldsymbol{l}_i$ 为

$$\boldsymbol{l}_i=\left(\cos\theta_i\cos\varphi_i,\sin\theta_i\cos\varphi_i,\sin\varphi_i\right) \tag{6-11}$$

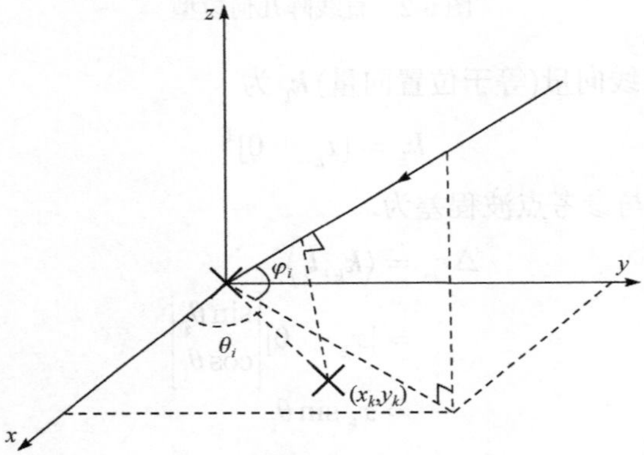

图 6-3 平面阵几何模型

阵元 k 与参考点连线向量 $\boldsymbol{k}_k$ 为

$$\boldsymbol{k}_k=(x_k,\ y_k,\ 0) \tag{6-12}$$

第 i 个信号到达大阵元 k 相对于参考点波程差为

$$\begin{aligned}\Delta r_{ki}&=\left\langle\boldsymbol{k}_k,\boldsymbol{l}_i\right\rangle\\&=[x_k \quad y_k \quad 0]\begin{bmatrix}\cos\theta_i\cos\varphi_i\\ \sin\theta_i\cos\varphi_i\\ \sin\varphi_i\end{bmatrix}\\&=x_k\cos\theta_i\cos\varphi_i+y_k\sin\theta_i\cos\varphi_i\end{aligned} \tag{6-13}$$

时间差为

$$\begin{aligned}\tau_{ki}&=\frac{\Delta r_{ki}}{c}\\&=\frac{1}{c}(x_k\cos\theta_i\cos\varphi_i+y_k\sin\theta_i\cos\varphi_i)\end{aligned} \tag{6-14}$$

那么方向向量 $\boldsymbol{a}(\theta_i)$ 为

$$\boldsymbol{a}(\theta_i)=\begin{bmatrix}\exp\left[\mathrm{j}\omega_i\tau_1(\theta_i)\right]\\ \exp\left[\mathrm{j}\omega_i\tau_2(\theta_i)\right]\\ \vdots\\ \exp\left[\mathrm{j}\omega_i\tau_M(\theta_i)\right]\end{bmatrix}=\begin{bmatrix}\exp\left(\mathrm{j}\omega_i\dfrac{x_1\cos\theta_i\cos\varphi_i+y_1\sin\theta_i\cos\varphi_i}{c}\right)\\ \exp\left(\mathrm{j}\omega_i\dfrac{x_2\cos\theta_i\cos\varphi_i+y_2\sin\theta_i\cos\varphi_i}{c}\right)\\ \vdots\\ \exp\left(\mathrm{j}\omega_i\dfrac{x_M\cos\theta_i\cos\varphi_i+y_M\sin\theta_i\cos\varphi_i}{c}\right)\end{bmatrix} \tag{6-15}$$

当有 P 个信号同时入射，其方向角分别为 $\theta_1,\theta_2,\cdots,\theta_P$ 时，阵列的流型矩阵为

$$\boldsymbol{A}(\theta)=[\boldsymbol{a}(\theta_1)\quad \boldsymbol{a}(\theta_2)\quad \cdots\quad \boldsymbol{a}(\theta_P)] \tag{6-16}$$

4. 均匀圆阵

以均匀圆阵的圆心为坐标原点，圆半径为 r，等间隔布阵，阵元顺序按照逆时针排序，以原点为参考点(无阵元，不是参考阵元)，所有阵元的波程差都与参考点比较，第一阵元与 x 轴夹角为 α，信号入射角参数为 $(\theta_i,\varphi_i)(i=1,2,\cdots,P)$，$\theta$ 和 φ 分别表示方位角和俯仰角，其中方位角表示入射方向与 x 轴的夹角，俯仰角表示入射方向与 xy 平面的夹角，如图 6-4 所示，那么第 i 个信号单位方向向量 $\boldsymbol{l}_i$ 为

$$\boldsymbol{l}_i=\left(\cos\theta_i\cos\varphi_i,\sin\theta_i\cos\varphi_i,\sin\varphi_i\right) \tag{6-17}$$

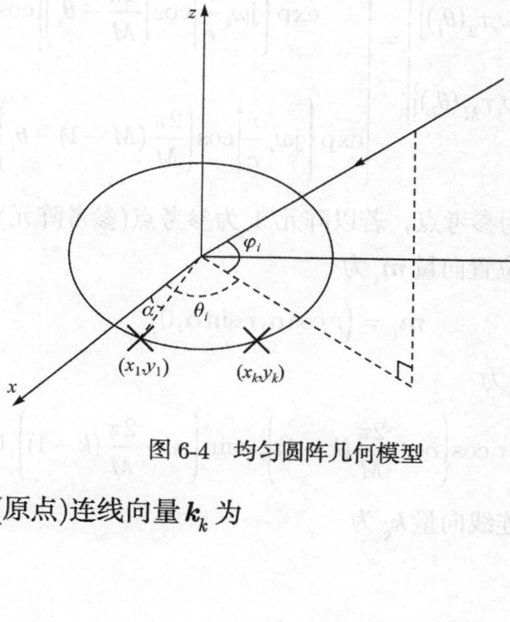

图 6-4　均匀圆阵几何模型

阵元 k 与参考点(原点)连线向量 $\boldsymbol{k}_k$ 为

$$\boldsymbol{k}_k=\left(r\cos\left(\alpha+\frac{2\pi}{M}(k-1)\right),r\sin\left(\alpha+\frac{2\pi}{M}(k-1)\right),0\right) \tag{6-18}$$

第 i 个信号阵元 k 与参考点波程差为

$$\begin{aligned}\Delta r_{ki}&=\left\langle \boldsymbol{k}_k,\boldsymbol{l}_i\right\rangle\\&=\left[r\cos\left(\alpha+\frac{2\pi}{M}(k-1)\right)\quad r\sin\left(\alpha+\frac{2\pi}{M}(k-1)\right)\quad 0\right]\begin{bmatrix}\cos\theta_i\cos\varphi_i\\\sin\theta_i\cos\varphi_i\\\sin\varphi_i\end{bmatrix}\\&=r\cos\varphi_i\left\{\cos\left[\alpha+\frac{2\pi}{M}(k-1)\right]\cos\theta_i+\sin\left[\alpha+\frac{2\pi}{M}(k-1)\right]\sin\theta_i\right\}\\&=r\cos\varphi_i\cos\left[\alpha+\frac{2\pi}{M}(k-1)-\theta_i\right]\end{aligned} \tag{6-19}$$

当 $\alpha=0$ 时，第 i 个空间信号在第 k 个阵元与参考点产生的时间差为

$$\begin{aligned}\tau_{ki}&=\frac{\Delta r_{ki}}{c}\\&=\frac{r}{c}\left\{\cos\left[\frac{2\pi}{M}(k-1)-\theta_i\right]\right\}\cos\varphi_i\end{aligned} \tag{6-20}$$

那么方向向量 $\boldsymbol{a}(\theta_i)$ 为

$$\boldsymbol{a}(\theta_i)=\begin{bmatrix}\exp\left[\mathrm{j}\omega_i\tau_1(\theta_i)\right]\\\exp\left[\mathrm{j}\omega_i\tau_2(\theta_i)\right]\\\vdots\\\exp\left[\mathrm{j}\omega_i\tau_M(\theta_i)\right]\end{bmatrix}=\begin{bmatrix}\exp\left\{\mathrm{j}\omega_i\dfrac{r}{c}\left[\cos(-\theta_i)\right]\cos\varphi_i\right\}\\\exp\left\{\mathrm{j}\omega_i\dfrac{r}{c}\left[\cos\left(\dfrac{2\pi}{M}-\theta_i\right)\right]\cos\varphi_i\right\}\\\vdots\\\exp\left\{\mathrm{j}\omega_i\dfrac{r}{c}\left[\cos\left(\dfrac{2\pi}{M}(M-1)-\theta_i\right)\right]\cos\varphi_i\right\}\end{bmatrix} \tag{6-21}$$

上面推导以原点为参考点，若以阵元 1 为参考点(参考阵元)，则波程差推导如下：参考阵元 1 的位置向量 $\boldsymbol{m}_1$ 为

$$\boldsymbol{m}_1=\left(r\cos\alpha,r\sin\alpha,0\right)$$

阵元 k 的位置向量 $\boldsymbol{m}_k$ 为

$$\boldsymbol{m}_k=\left(r\cos\left(\alpha+\frac{2\pi}{M}(k-1)\right),r\sin\left(\alpha+\frac{2\pi}{M}(k-1)\right),0\right)$$

阵元 k 与参考阵元 1 连线向量 $\boldsymbol{k}_k$ 为

$$\begin{aligned}\boldsymbol{k}_k &= \boldsymbol{m}_k - \boldsymbol{m}_1 \\ &= \left(r\cos\left(\alpha+\frac{2\pi}{M}(k-1)\right)-r\cos\alpha, r\sin\left(\alpha+\frac{2\pi}{M}(k-1)\right)-r\sin\alpha, 0\right)\end{aligned} \tag{6-22}$$

第 i 个信号阵元 k 与参考阵元 1 波程差为

$$\begin{aligned}\Delta r_{ki} &= \left\langle \boldsymbol{k}_k, \boldsymbol{l}_i \right\rangle \\ &= \left[r\cos\left(\alpha+\frac{2\pi}{M}(k-1)\right)-r\cos\alpha \quad r\sin\left(\alpha+\frac{2\pi}{M}(k-1)\right)-r\sin\alpha \quad 0\right] \\ &\quad \cdot\begin{bmatrix}\cos\theta_i\cos\varphi_i \\ \sin\theta_i\cos\varphi_i \\ \sin\varphi_i\end{bmatrix} \\ &= r\cos\varphi_i\left\{\begin{aligned}&\cos\left[\alpha+\frac{2\pi}{M}(k-1)\right]\cos\theta_i-\cos\alpha\cos\theta_i \\ &+\sin\left[\alpha+\frac{2\pi}{M}(k-1)\right]\sin\theta_i-\sin\alpha\sin\theta_i\end{aligned}\right\} \\ &= r\cos\varphi_i\left\{\cos\left[\alpha+\frac{2\pi}{M}(k-1)-\theta_i\right]-\cos\left(\alpha-\theta_i\right)\right\}_i\end{aligned} \tag{6-23}$$

当 $\alpha=0$ 时，第 i 个空间信号在第 k 个阵元与参考阵元 1 产生的时间差为

$$\begin{aligned}\tau_{ki} &= \frac{\Delta r_{ki}}{c} \\ &= \frac{r}{c}\left\{\cos\left[\frac{2\pi}{M}(k-1)-\theta_i\right]-\cos\theta_i\right\}\cos\varphi_i\end{aligned} \tag{6-24}$$

5. 立体阵

设阵元的位置为 (x_k, y_k, z_k) $(k=1,2,\cdots,M)$，原点为参考点，假设信号入射方位角和俯仰角为 (θ_i,φ_i) $(i=1,2,\cdots,P)$，如图 6-5 示，那么第 i 个信号单位方向向量 $\boldsymbol{l}_i$ 为

$$\boldsymbol{l}_i = \left(\cos\theta_i\cos\varphi_i, \sin\theta_i\cos\varphi_i, \sin\varphi_i\right) \tag{6-25}$$

阵元 k 与参考点连线向量 $\boldsymbol{k}_k$ (阵元 k 的位置向量)为

$$\boldsymbol{k}_k = (\, x_k, y_k, z_k) \tag{6-26}$$

第 i 个信号阵元 k 与参考点波程差为

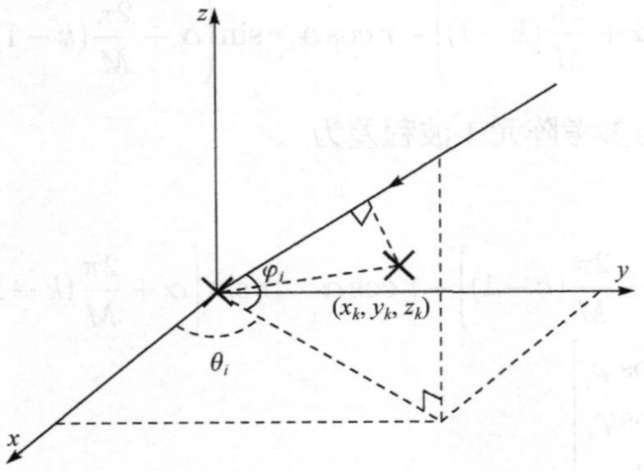

图 6-5 立体阵几何模型

$$
\begin{aligned}
\Delta r_{ki} &= \left\langle \boldsymbol{k}_k, \boldsymbol{l}_i \right\rangle \\
&= \begin{bmatrix} x_k & y_k & z_k \end{bmatrix} \begin{bmatrix} \cos\theta_i \cos\varphi_i \\ \sin\theta_i \cos\varphi_i \\ \sin\varphi_i \end{bmatrix} \\
&= x_k \cos\theta_i \cos\varphi_i + y_k \sin\theta_i \cos\varphi_i + z_k \sin\varphi_i
\end{aligned} \tag{6-27}
$$

时间差为

$$
\begin{aligned}
\tau_{ki} &= \frac{\Delta r_{ki}}{c} \\
&= \frac{1}{c}(x_k \cos\theta_i \cos\varphi_i + y_k \sin\theta_i \cos\varphi_i + z_k \sin\varphi_i)
\end{aligned} \tag{6-28}
$$

6.1.2 窄带信号模型

窄带信号模型要满足空域上的窄带与频域上的窄带。

1. 空域上的窄带

阵列空域上的窄带是指阵元之间的时间延迟可以用相位延迟替代。对于大时间尺度 T 的宽带信号(如带宽为 B 的线性调频，调频持续时间为 T)，只要阵元之间接收信号延迟时间 τ 足够短，就可认为其是载频不变的窄带信号，即小时间尺度 τ 上是窄带信号。也即，信号波前掠过阵列孔径所需的传播时间 τ 小于信号带宽的倒数 $1/B$，则为窄带信号，否则为宽带信号，即对于窄带信号而言，有

$$
\tau < d / c < 1 / B \tag{6-29}
$$

式中，c 为空间波的传播速度。这里的窄带仅是延迟时间内，信号频率变化小，并不表明信号本身是窄带信号。

2. 频域上的窄带

窄带信号与宽带信号是相对而言的。一般将满足相对带宽条件的信号统称为窄带信号，而不满足该条件的信号称为宽带信号。

设信号上限频率和下限频率分别为 f_H 与 f_L，那么信号的中心频率 f_0 为

$$f_0 = (f_H + f_L) / 2 \tag{6-30}$$

信号带宽 B 为

$$B = f_H - f_L \tag{6-31}$$

相对带宽 y 定义为

$$y = B / f_0 \tag{6-32}$$

当信号相对带宽满足式(6-33)时称为窄带信号：

$$y = B / f_0 \ll 1 \tag{6-33}$$

一般取 $B / f_0 < 0.01$。

可见，窄带的假设不仅取决于信号的相对带宽，还与相对于信号波长的阵元间距有关。

3. 窄带信号

当窄带信号模型满足空域上的窄带和频域上的窄带两个条件时，窄带信号近似模型归纳如下。当阵元接收一个中心频率为 f_0 的窄带信号 $s(t)$ 时，其表达式为

$$s(t) = u(t)\mathrm{e}^{\mathrm{j}[\omega_0 t + \phi(t)]} \tag{6-34}$$

式中，$\omega_0 = 2\pi f_0 = 2\pi c/\lambda_0$；$u(t)$ 为慢变化的幅度调制函数；$\phi(t)$ 为慢变化的相位调制函数。

在阵列信号处理中，人们感兴趣的是小的延迟对基带信号 $u(t)$ 及调相信号 $\phi(t)$ 的影响。当接收信号 $s(t)$ 延迟时间 τ 后，有

$$s(t-\tau) = u(t-\tau)\mathrm{e}^{\mathrm{j}[\omega_0 (t-\tau) + \phi(t-\tau)]} \tag{6-35}$$

当 $u(t)$ 的带宽 B 很小时(相对于中心频率 f_0)，可以认为 $u(t)$ 和 $\phi(t)$ 的变化较缓慢，当 τ 较小时($\tau < d / c < 1 / B$)，有

$$u(t-\tau) \approx u(t) \tag{6-36}$$

$$\phi(t-\tau) \approx \phi(t) \tag{6-37}$$

即

$$s(t-\tau) \approx u(t)\mathrm{e}^{\mathrm{j}[\omega_0(t-\tau)+\phi(t)]} = u(t)\mathrm{e}^{\mathrm{j}[\omega_0 t+\phi(t)]}\mathrm{e}^{-\mathrm{j}\omega_0\tau} = s(t)\mathrm{e}^{-\mathrm{j}\omega_0\tau} \tag{6-38}$$

式(6-38)表明：对于窄带信号 $s(t)$，当延迟远小于带宽的倒数时，延迟对信号的作用相当于信号发生与时间延迟线性相关的相移，而幅度的变化可以忽略不计。

6.1.3 窄带信号阵列接收模型

按前面的假设条件，考虑 P 个远场的窄带信号入射到空间某阵列上，该阵列天线由 M 个阵元组成，假设阵元数等于通道数，即各阵元接收到信号后经各自的传输通道送到处理器。

设参考点接收的第 i 个信号源 $s_i(t)$ 为

$$s_i(t) = u_i(t)\mathrm{e}^{\mathrm{j}[\omega_i t+\phi_i(t)]} \tag{6-39}$$

式中，$u_i(t)$ 为接收信号的幅度；$\phi_i(t)$ 为接收信号的相位；ω_i 为接收信号的频率。

第 k 个阵元接收的第 i 个信号为

$$s_i(t+\tau_k(\theta_i)) = u_i(t+\tau_k(\theta_i))\mathrm{e}^{\mathrm{j}\{\omega_i[t+\tau_k(\theta_i)]+\phi_i[t+\tau_k(\theta_i)]\}} \tag{6-40}$$

式中，$\tau_k(\theta_i)$ 为第 k 个阵元与参考点接收到第 i 个源信号之间的时间差，对于远场窄带信号而言，在同一时刻空间源信号在各阵元处的 $u_i(t)$ 和 $\phi_i(t)$ 均保持不变，仅有因空间源信号到达各阵元的波程差而引起的相位变化，信号包络相对于信号随时间的相位变化来说是慢变化的。因此，针对窄带信号源，得到如下等式：

$$\begin{cases} u_i(t+\tau_k(\theta_i)) \approx u_i(t) \\ \phi_i(t+\tau_k(\theta_i)) \approx \phi_i(t) \end{cases} \tag{6-41}$$

那么，式(6-40)近似为

$$\begin{aligned} s_i(t+\tau_k(\theta_i)) &\approx u_i(t)\mathrm{e}^{\mathrm{j}[\omega_i(t+\tau_k(\theta_i))+\phi_i(t)]} \\ &= u_i(t)\mathrm{e}^{\mathrm{j}[\omega_i t+\phi_i(t)]}\mathrm{e}^{\mathrm{j}\omega_i\tau_k(\theta_i)} \\ &= s_i(t)\mathrm{e}^{\mathrm{j}\omega_i\tau_k(\theta_i)} \end{aligned} \tag{6-42}$$

则第 k 个阵元接收的 P 个信号可以表示为

$$\begin{aligned} x_k(t) &= \sum_{i=1}^{P} g_{k,i}s_i(t+\tau_k(\theta_i)) + n_k(t) \\ &= \sum_{i=1}^{P} g_{k,i}s_i(t)\mathrm{e}^{\mathrm{j}\omega_i\tau_k(\theta_i)} + n_k(t), \quad k=1,2,\cdots,M \end{aligned} \tag{6-43}$$

式中，$g_{k,i}$ 为 k 阵元对第 i 个信号的增益；$\tau_k(\theta_i)$ 为第 i 个信号到达第 k 个阵元相对参考点的时延；$n_k(t)$ 为第 k 个阵元在 t 时刻的噪声。将 M 个阵元在特定时刻接收的信号排列成一个列向量，可得

$$\begin{bmatrix} x_1(t) \\ x_2(t) \\ \vdots \\ x_M(t) \end{bmatrix} = \begin{bmatrix} g_{11}\mathrm{e}^{\mathrm{j}\omega_1\tau_1(\theta_1)} & g_{12}\mathrm{e}^{\mathrm{j}\omega_2\tau_1(\theta_2)} & \cdots & g_{1P}\mathrm{e}^{\mathrm{j}\omega_P\tau_1(\theta_P)} \\ g_{21}\mathrm{e}^{\mathrm{j}\omega_1\tau_2(\theta_1)} & g_{22}\mathrm{e}^{\mathrm{j}\omega_2\tau_2(\theta_2)} & \cdots & g_{2P}\mathrm{e}^{\mathrm{j}\omega_P\tau_2(\theta_P)} \\ \vdots & & & \vdots \\ g_{M1}\mathrm{e}^{\mathrm{j}\omega_1\tau_M(\theta_1)} & g_{M2}\mathrm{e}^{\mathrm{j}\omega_2\tau_M(\theta_2)} & \cdots & g_{MP}\mathrm{e}^{\mathrm{j}\omega_P\tau_M(\theta_P)} \end{bmatrix} \begin{bmatrix} s_1(t) \\ s_2(t) \\ \vdots \\ s_P(t) \end{bmatrix} + \begin{bmatrix} n_1(t) \\ n_2(t) \\ \vdots \\ n_M(t) \end{bmatrix} \tag{6-44}$$

在理想情况下，忽略阵列中各阵元的通道不一致、互耦等因素的影响，并将式(6-44)中的各增益 g 归一化为 1，则式(6-44)简化为

$$\begin{bmatrix} x_1(t) \\ x_2(t) \\ \vdots \\ x_M(t) \end{bmatrix} = \begin{bmatrix} \mathrm{e}^{\mathrm{j}\omega_1\tau_1(\theta_1)} & \mathrm{e}^{\mathrm{j}\omega_2\tau_1(\theta_2)} & \cdots & \mathrm{e}^{\mathrm{j}\omega_P\tau_1(\theta_P)} \\ \mathrm{e}^{\mathrm{j}\omega_1\tau_2(\theta_1)} & \mathrm{e}^{\mathrm{j}\omega_2\tau_2(\theta_2)} & \cdots & \mathrm{e}^{\mathrm{j}\omega_P\tau_2(\theta_P)} \\ \vdots & \vdots & & \vdots \\ \mathrm{e}^{\mathrm{j}\omega_1\tau_M(\theta_1)} & \mathrm{e}^{\mathrm{j}\omega_2\tau_M(\theta_2)} & \cdots & \mathrm{e}^{\mathrm{j}\omega_P\tau_M(\theta_P)} \end{bmatrix} \begin{bmatrix} s_1(t) \\ s_2(t) \\ \vdots \\ s_P(t) \end{bmatrix} + \begin{bmatrix} n_1(t) \\ n_2(t) \\ \vdots \\ n_M(t) \end{bmatrix} \tag{6-45}$$

式(6-43)简化为

$$\begin{aligned} x_k(t) &= \sum_{i=1}^{P} s_i(t+\tau_k(\theta_i)) + n_k(t) \\ &= \sum_{i=1}^{P} s_i(t)\mathrm{e}^{\mathrm{j}\omega_i\tau_k(\theta_i)} + n_k(t), \quad k = 1,2,\cdots,M \end{aligned} \tag{6-46}$$

将式(6-45)写成如下矢量形式：

$$\boldsymbol{x}(t) = \boldsymbol{A}\boldsymbol{s}(t) + \boldsymbol{n}(t) \tag{6-47}$$

式中，$\boldsymbol{x}(t)$ 为阵列的 $M\times 1$ 快拍数据矢量：

$$\boldsymbol{x}(t) = \begin{bmatrix} x_1(t) & x_2(t) & \cdots & x_M(t) \end{bmatrix}^{\mathrm{T}} \tag{6-48}$$

$\boldsymbol{s}(t)$ 为空间信号的 $P\times 1$ 矢量：

$$\boldsymbol{s}(t) = \begin{bmatrix} s_1(t) & s_2(t) & \cdots & s_P(t) \end{bmatrix}^{\mathrm{T}} \tag{6-49}$$

$\boldsymbol{n}(t)$ 为阵列的 $M\times 1$ 噪声矢量：

$$\boldsymbol{n}(t) = \begin{bmatrix} n_1(t) & n_2(t) & \cdots & n_M(t) \end{bmatrix}^{\mathrm{T}} \tag{6-50}$$

矩阵 $\boldsymbol{A}$ 为阵列方向向量的集合，又称为阵列流型，其元素向量 $\boldsymbol{a}(\theta_i)$ 称为第 i 个源信号的方向向量(也称为舵向量)：

$$\boldsymbol{A}=[\boldsymbol{a}(\theta_1)\quad \boldsymbol{a}(\theta_2)\quad \cdots\quad \boldsymbol{a}(\theta_P)]_{M\times P} \tag{6-51}$$

$$\boldsymbol{a}(\theta_i)=\begin{bmatrix}\exp[\mathrm{j}\omega_i\tau_1(\theta_i)]\\ \exp[\mathrm{j}\omega_i\tau_2(\theta_i)]\\ \vdots\\ \exp[\mathrm{j}\omega_i\tau_M(\theta_i)]\end{bmatrix} \tag{6-52}$$

式中，$\omega_i=2\pi f_i=2\pi c/\lambda_i$，$c$ 为光速，λ_i 为波长。

6.1.4　相干信号模型

在实际环境中相干信号源是普遍存在的，如信号传输过程中的多径现象、敌方有意设置的电磁干扰等。针对两个平稳信号 $s_i(t)$ 和 $s_k(t)$，定义其相关系数为

$$\rho_{ik}=\frac{E[s_i(t)s_k^*(t)]}{\sqrt{E[|s_i(t)|^2]E[|s_k(t)|^2]}} \tag{6-53}$$

由 Schwartz 不等式可知 $|\rho_{ik}|\leqslant 1$，信号之间的相关性定义为

$$\begin{cases}\rho_{ik}=0, & s_i(t)\text{和}s_j(t)\text{不相关}\\ 0<|\rho_{ik}|<1, & s_i(t)\text{和}s_j(t)\text{相关}\\ |\rho_{ik}|=1, & s_i(t)\text{和}s_j(t)\text{相干}\end{cases} \tag{6-54}$$

因此，当信号相干时，信号之间只差一个复常数，假设有 P 个相干信号源，则有

$$s_i(t)=\alpha_i s_0(t),\quad i=1,2,\cdots,P \tag{6-55}$$

式中，$s_0(t)$ 称为生成信号源。它生成了入射到阵列上的 n 个相干信号源。对于相干信号源而言，其阵列输出模型可表示为

$$\boldsymbol{x}(t)=\boldsymbol{A}\boldsymbol{s}(t)+\boldsymbol{n}(t)=\boldsymbol{A}\boldsymbol{\rho}s_0(t)+\boldsymbol{n}(t) \tag{6-56}$$

式中，$\boldsymbol{\rho}=(\alpha_1,\alpha_2,\cdots,\alpha_P)^{\mathrm{T}}$ 是由一系列复常数组成的矢量。

6.1.5　加性高斯噪声模型

假设接收到的加性噪声为平稳、零均值的高斯白噪声，方差均为 σ^2，且各阵元上的噪声相互统计独立。

由式(6-50)可知，噪声向量 $\boldsymbol{n}(t)$ 为

$$\boldsymbol{n}(t)=\begin{bmatrix}n_1(t) & n_2(t) & \cdots & n_M(t)\end{bmatrix}^{\mathrm{T}} \tag{6-57}$$

则加性噪声矢量 $\boldsymbol{n}(t)$ 满足

$$\begin{cases} E[n_i(t)n_j^*(t)] = 0, & i \neq j \\ E[n_i(t)n_j^*(t)] = \sigma^2, & i = j \end{cases} \tag{6-58}$$

那么其二阶矩为

$$\begin{aligned} R_n &= E\left[\boldsymbol{n}(t)\boldsymbol{n}^{\mathrm{H}}(t)\right] \\ &= E\left[\begin{bmatrix} n_1(t) \\ n_2(t) \\ \vdots \\ n_M(t) \end{bmatrix}\begin{bmatrix} n_1^*(t) & n_2^*(t) & \cdots & n_M^*(t) \end{bmatrix}\right] \\ &= \begin{bmatrix} r_{n_1n_1} & r_{n_1n_2} & \cdots & r_{n_1n_M} \\ r_{n_2n_1} & r_{n_2n_2} & \cdots & r_{n_2n_M} \\ \vdots & \vdots & & \vdots \\ r_{n_Mn_1} & r_{n_Mn_2} & \cdots & r_{n_Mn_M} \end{bmatrix} = \sigma^2\boldsymbol{I} \end{aligned} \tag{6-59}$$

式中，$\boldsymbol{I}$ 表示单位阵。

另外，假定噪声与信号也是统计独立的，即

$$E[s_i(t)n_j^*(t)] = 0, \quad i=1,2,\cdots,P; \quad j=1,2,\cdots,M \tag{6-60}$$

式中，P 为信号源个数；M 为阵元个数。

除白噪声以外的噪声都可以看成不同类型的色噪声。本书采用的色噪声模型为

$$E[n_i(t)n_k^{\mathrm{H}}(t)] = \sigma_n^2\rho^{|i-k|}\exp\left[\mathrm{j}(i-k)\frac{\pi}{2}\right] \tag{6-61}$$

式中，$n_i(t)$ 为第 i 个阵元上的噪声；ρ 为空间色噪声的噪声相关度，$0 \leqslant \rho \leqslant 1$。由式(6-61)可以看出，当 $\rho = 0$ 时，空间色噪声为白噪声，即噪声空间不相关；ρ 越大，噪声空间相关度越大。

由式(6-58)和式(6-61)可以看出，空间色噪声使得噪声协方差矩阵不再是对角矩阵，而变成普通的矩阵。

6.1.6 接收信号向量协方差矩阵

协方差矩阵反映的是随机向量中随机变量之间的相关性(二阶统计特性)，如果随机向量的不同分量之间的相关性很小，那么所得的协方差矩阵几乎是一个对角矩阵。

窄带信号阵列接收快拍数据向量(随机向量) $\boldsymbol{x}(t)$ 为

$$\boldsymbol{x}(t)=\boldsymbol{A}\boldsymbol{s}(t)+\boldsymbol{n}(t) \tag{6-62}$$

其协方差矩阵为

$$\begin{aligned}\boldsymbol{R}_x&=E[\boldsymbol{x}\boldsymbol{x}^{\mathrm{H}}]=E\Big[\big(\boldsymbol{A}\boldsymbol{s}(t)+\boldsymbol{n}(t)\big)\big(\boldsymbol{s}^{\mathrm{H}}(t)\boldsymbol{A}^{\mathrm{H}}+\boldsymbol{n}^{\mathrm{H}}(t)\big)\Big]\\&=E\Big[\boldsymbol{A}\boldsymbol{s}(t)\boldsymbol{s}^{\mathrm{H}}(t)\boldsymbol{A}^{\mathrm{H}}\Big]+E\Big[\boldsymbol{n}(t)\boldsymbol{n}^{\mathrm{H}}(t)\Big]+E\Big[\boldsymbol{A}\boldsymbol{s}(t)\boldsymbol{n}^{\mathrm{H}}(t)\Big]+E\Big[\boldsymbol{n}(t)\boldsymbol{s}^{\mathrm{H}}(t)\boldsymbol{A}^{\mathrm{H}}\Big]\end{aligned} \tag{6-63}$$

因为噪声与信号是统计独立的，所以有

$$E[s_i(t)n_j^*(t)]=0,\quad i=1,2,\cdots,P;\ j=1,2,\cdots,M \tag{6-64}$$

可得 $\boldsymbol{R}_x$ 为

$$\begin{aligned}\boldsymbol{R}_x&=E\Big[\boldsymbol{A}\boldsymbol{s}(t)\boldsymbol{s}^{\mathrm{H}}(t)\boldsymbol{A}^{\mathrm{H}}\Big]+E\Big[\boldsymbol{n}(t)\boldsymbol{n}^{\mathrm{H}}(t)\Big]\\&=\boldsymbol{A}E[\boldsymbol{s}(t)\boldsymbol{s}^{\mathrm{H}}(t)]\boldsymbol{A}^{\mathrm{H}}+E[\boldsymbol{n}(t)\boldsymbol{n}^{\mathrm{H}}(t)]=\boldsymbol{A}\boldsymbol{R}_{\mathrm{s}}\boldsymbol{A}^{\mathrm{H}}+\boldsymbol{R}_N\end{aligned} \tag{6-65}$$

式中，$E[\cdot]$ 为数学期望；上标“H”表示复共轭转置运算；$\boldsymbol{R}_{\mathrm{s}}$ 和 $\boldsymbol{R}_N$ 分别为信号协方差矩阵和噪声协方差矩阵，均为 Hermitian 矩阵。对于空间理想的白噪声且其噪声功率为 σ^2，有

$$\boldsymbol{R}_x=\boldsymbol{A}\boldsymbol{R}_{\mathrm{s}}\boldsymbol{A}^{\mathrm{H}}+\sigma^2\boldsymbol{I} \tag{6-66}$$

$\boldsymbol{x}(t)$ 的协方差矩阵 $\boldsymbol{R}_x$ 反映了 M 个随机变量(M 个阵元的数据)的相关程度。协方差对角线上的元素反映的是方差(假设信号均值为 0)，也就是交流功率。

6.1.7 协方差矩阵特征值分解

在矩阵理论中，对特征值与特征向量的描述如下：

$$\boldsymbol{R}_x\boldsymbol{u}_i=\lambda_i\boldsymbol{u}_i,\quad i=1,2,\cdots,M \tag{6-67}$$

如果特征值按照降序排列，即

$$\lambda_1>\lambda_2>\lambda_3>\cdots>\lambda_M \tag{6-68}$$

那么

$$\lambda_1=\lambda_{\max} \tag{6-69}$$

特征向量组成矩阵

$$\boldsymbol{U}=[\boldsymbol{u}_1\ \ \boldsymbol{u}_2\ \ \cdots\ \ \boldsymbol{u}_M] \tag{6-70}$$

因此有

$$\boldsymbol{R}_x\boldsymbol{U} = \boldsymbol{R}_x[\boldsymbol{u}_1 \quad \boldsymbol{u}_2 \quad \cdots \quad \boldsymbol{u}_M] = [\lambda_1\boldsymbol{u}_1 \quad \lambda_2\boldsymbol{u}_2 \quad \cdots \quad \lambda_M\boldsymbol{u}_M]$$
$$= [\boldsymbol{u}_1 \quad \boldsymbol{u}_2 \quad \cdots \quad \boldsymbol{u}_M]\begin{bmatrix} \lambda_1 & 0 & \cdots & 0 \\ 0 & \lambda_2 & \cdots & 0 \\ \vdots & \vdots & & \vdots \\ 0 & 0 & \cdots & \lambda_m \end{bmatrix} = \boldsymbol{U\Lambda} \tag{6-71}$$

式中，$\boldsymbol{\Lambda}$ 为矩阵 $\boldsymbol{R}_x$ 特征值降序排列构成的对角阵，即

$$\boldsymbol{\Lambda} = \operatorname{diag}[\lambda_1 \quad \lambda_2 \quad \cdots \quad \lambda_m] = \begin{bmatrix} \lambda_1 & & & \\ & \lambda_2 & & \\ & & \ddots & \\ & & & \lambda_M \end{bmatrix} \tag{6-72}$$

$\boldsymbol{U}$ 为正交矩阵，即

$$\begin{cases} \boldsymbol{u}_i^{\mathrm{H}}\boldsymbol{u}_j = 1, & i = j \\ \boldsymbol{u}_i^{\mathrm{H}}\boldsymbol{u}_j = 0, & i \neq j \\ \boldsymbol{U}^{\mathrm{H}}\boldsymbol{U} = I \\ \boldsymbol{U}^{\mathrm{H}} = \boldsymbol{U}^{-1} \end{cases} \tag{6-73}$$

由式(6-73)可知，特征向量构成一个向量分解的正交基。式(6-71)两边右乘 $\boldsymbol{U}^{\mathrm{H}}$ 得

$$\boldsymbol{R}_x = \boldsymbol{U\Lambda U}^{\mathrm{H}} = \sum_{i=1}^{m}\lambda_i\boldsymbol{u}_i\boldsymbol{u}_i^{\mathrm{H}} \tag{6-74}$$

此即谱分解定理。

6.1.8　接收信号向量在特征向量上投影

由式(6-67)特征值的定义可知

$$\boldsymbol{R}_x\boldsymbol{u}_i = \lambda_i\boldsymbol{u}_i, \quad i = 1,2,\cdots,M \tag{6-75}$$

式(6-67)两边左乘 $\boldsymbol{u}_i^{\mathrm{H}}$ 得

$$\boldsymbol{u}_i^{\mathrm{H}}\boldsymbol{R}_x\boldsymbol{u}_i = \lambda_i\boldsymbol{u}_i^{\mathrm{H}}\boldsymbol{u}_i, \quad i = 1,2,\cdots,M \tag{6-76}$$

由式(6-73)可知，特征向量是单位向量，故式(6-76)可写成

$$\lambda_i = \boldsymbol{u}_i^{\mathrm{H}}\boldsymbol{R}_x\boldsymbol{u}_i, \quad i = 1,2,\cdots,M \tag{6-77}$$

另外，接收信号向量在其特征向量 $\boldsymbol{u}_i$ 投影的功率 $E\left[\left|\left\langle \boldsymbol{u}_i, \boldsymbol{x}(t)\right\rangle\right|^2\right]$ 为

$$\begin{aligned}
&E\left[\left|\left\langle \boldsymbol{u}_i, \boldsymbol{x}(t)\right\rangle\right|^2\right] \\
&= E[\boldsymbol{u}_i{}^{\mathrm{H}}\boldsymbol{x}(t)\boldsymbol{x}(t)^{\mathrm{H}}\boldsymbol{u}_i] \\
&= \boldsymbol{u}_i{}^{\mathrm{H}}E[\boldsymbol{x}(t)\boldsymbol{x}(t)^{\mathrm{H}}]\boldsymbol{u}_i \\
&= \boldsymbol{u}_i{}^{\mathrm{H}}\boldsymbol{R}_x\boldsymbol{u}_i
\end{aligned} \tag{6-78}$$

将式(6-77)代入式(6-78)，得

$$E\left[\left|\left\langle \boldsymbol{x}(t), \boldsymbol{u}_i\right\rangle\right|^2\right] = \boldsymbol{u}_i{}^{\mathrm{H}}\boldsymbol{R}_x\boldsymbol{u}_i = \lambda_i \tag{6-79}$$

因此，特征值λ_i是接收信号向量$\boldsymbol{x}(t)$在其特征向量$\boldsymbol{u}_i$投影的能量。

6.2 基于波束形成的波达方向估计

波束形成与空间谱估计关系密切，可以用波束形成方法进行空间谱估计。例如，用一个窄波束对整个空域进行扫描，进而得到波达方向。

6.2.1 常规波束形成方法

常规波束形成(classical beam forming, CBF)是用方向向量作为阵列权值向量，扫描整个方位的方向向量，其输出的幅度与方位关系得到空间幅度谱，输出的平均功率即空间功率谱。常规波束形成方法分辨率较低，但同时具有运算量低、稳健性高、不需要目标信号先验知识等优点，因而得到广泛运用。

1. 基于波束形成的空间谱估计原理

阵列加权相加输出为

$$y(t) = \left\langle \boldsymbol{w}, \boldsymbol{x}(t)\right\rangle \tag{6-80}$$

在波束形成中，为了接收某一方向θ_0的信号$s_0(t)$，抑制其他方向信号，也就是形成指向θ_0的主波束，需要找一个权值向量$\boldsymbol{w}$，使波束指向θ_0，从而加权后相加为此方向期望信号$s_0(t)$，而抑制其他信号。

当找到满足条件的权值$\boldsymbol{w}$后，可以得到波束指向θ_0时的输出功率，即

$$\begin{aligned}
P(\boldsymbol{w}) &= E\left[\left|\boldsymbol{y}(t)\right|^2\right] = E[\boldsymbol{y}(t)\boldsymbol{y}^{\mathrm{H}}(t)] \\
&= E\left[\boldsymbol{w}^{\mathrm{H}}\boldsymbol{x}(t)\left(\boldsymbol{w}^{\mathrm{H}}\boldsymbol{x}(t)\right)^{\mathrm{H}}\right] \\
&= \boldsymbol{w}^{\mathrm{H}}\boldsymbol{R}_x\boldsymbol{w}
\end{aligned} \tag{6-81}$$

$\boldsymbol{w}$是指向θ_0的权值，因此一定与方向θ_0相关，式(6-81)变为

$$P(\theta_0)=\boldsymbol{w}^{\mathrm{H}}(\theta_0)\boldsymbol{R}_x\boldsymbol{w}(\theta_0) \tag{6-82}$$

在方向上搜索的过程中构建空间功率谱，即

$$P(\theta)=\boldsymbol{w}^{\mathrm{H}}(\theta)\boldsymbol{R}_x\boldsymbol{w}(\theta) \tag{6-83}$$

2. 常规波束形成的空间谱估计

在常规波束形成器中取 $\boldsymbol{w}=\boldsymbol{a}(\theta_0)$，由式(6-83)得到常规波束形成时的空间功率谱为

$$P(\theta)=\boldsymbol{a}^{\mathrm{H}}(\theta)\boldsymbol{R}_x\boldsymbol{a}(\theta) \tag{6-84}$$

3. 协方差矩阵的估计

需要说明的是，在空间谱估计技术的具体应用中，数据协方差矩阵用采样协方差矩阵$\boldsymbol{R}_x$代替，即

$$\hat{\boldsymbol{R}}_x=\frac{1}{L}\sum_{i=1}^{L}x\left(iT_{\mathrm{s}}\right)x^{\mathrm{H}}\left(iT_{\mathrm{s}}\right) \tag{6-85}$$

式中，L为数据的快拍数；T_{s}为采样周期。

空间功率谱可表示为

$$\hat{P}(\theta)=\boldsymbol{a}^{\mathrm{H}}(\theta)\ \hat{\boldsymbol{R}}_x\boldsymbol{a}(\theta) \tag{6-86}$$

4. 接收信号随机向量在方向向量上的投影

$\boldsymbol{x}(t)$是随机变量，其在方向向量$\boldsymbol{a}(\theta)$的投影$A_x(\theta)$也是随机变量，即

$$X(\theta)=\left\langle \boldsymbol{a}(\theta),\boldsymbol{x}(t)\right\rangle \tag{6-87}$$

投影能量为

$$\begin{aligned}P_x^{\ 2}&=E\left[\left|X(\theta)\right|^2\right]\\&=E[\boldsymbol{a}(\theta)^{\mathrm{H}}\boldsymbol{x}(t)\boldsymbol{x}(t)^{\mathrm{H}}\boldsymbol{a}(\theta)]\\&=\boldsymbol{a}(\theta)^{\mathrm{H}}E[\boldsymbol{x}(t)\boldsymbol{x}(t)^{\mathrm{H}}]\boldsymbol{a}(\theta)\\&=\boldsymbol{a}(\theta)^{\mathrm{H}}\boldsymbol{R}_x\boldsymbol{a}(\theta)\end{aligned} \tag{6-88}$$

式(6-88)与常规波束形成的空间功率谱相同。空间功率谱也可以理解为：接收信号向量在各个方向向量投影的二阶矩即在各个方向向量投影的能量，构成空间功率谱。信号向量本身是由多个信号方向向量组成的，因此在相应信号方向向量投影会出现峰值，投影能量峰值的方向即空间信号方向。

6.2.2　最小方差波束形成方法

由式(6-47)阵列信号接收模型可知：

$$\boldsymbol{x}(t)=\boldsymbol{a}(\theta_0)s_0(t)+\boldsymbol{n}(t) \tag{6-89}$$

在波束形成中，寻找加权向量 $\boldsymbol{w}$，从阵列快拍 $\boldsymbol{x}(t)$ 中恢复出信号 $s_0(t)$：

$$\hat{s}_0(t)=\left\langle \boldsymbol{w},\boldsymbol{x}(t)\right\rangle=\left\langle \boldsymbol{w},\boldsymbol{a}(\theta_0)s_0(t)+\boldsymbol{n}(t)\right\rangle=\boldsymbol{w}^{\mathrm{H}}\boldsymbol{a}(\theta_0)s_0(t)+\boldsymbol{w}^{\mathrm{H}}\boldsymbol{n}(t) \tag{6-90}$$

由式(6-90)可以看出，当 $\boldsymbol{w}^{\mathrm{H}}\boldsymbol{a}(\theta_0)=1$ 时，可以恢复出信号 $s_0(t)$：

$$\hat{s}_0(t)=s_0(t)+\boldsymbol{w}^{\mathrm{H}}\boldsymbol{n}(t) \tag{6-91}$$

其均值为

$$\begin{aligned}E\left[\hat{s}_0(t)\right]&=E\left[s_0(t)\right]+\boldsymbol{w}^{\mathrm{H}}E\left[\boldsymbol{n}(t)\right]\\&=s_0(t)\end{aligned} \tag{6-92}$$

依据式(6-92)，当式(6-93)成立时，对信号的估计是无偏估计，即

$$\boldsymbol{w}^{\mathrm{H}}\boldsymbol{a}(\theta_0)=1 \tag{6-93}$$

其估计方差为

$$\begin{aligned}E\left[\left|\hat{s}_0(t)-E[\hat{s}_0(t)]\right|^2\right]&=E\left[\left|\hat{s}_0(t)\right|^2\right]-\left|E\left[\hat{s}_0(t)\right]\right|^2\\&=E\left[\left|\hat{s}_0(t)\right|^2\right]-\left|s_0(t)\right|^2\end{aligned} \tag{6-94}$$

由估计理论可知，估计方差最小的估计为最优估计，即

$$\min_{\boldsymbol{w}}E\left[\left|\hat{s}_0(t)-E[\hat{s}_0(t)]\right|^2\right] \tag{6-95}$$

由式(6-94)可以看出，式(6-95)可等效为

$$\min_{\boldsymbol{w}}E\left[\left|\hat{s}_0(t)\right|^2\right]=\min_{\boldsymbol{w}}E\left[\boldsymbol{w}^{\mathrm{H}}\boldsymbol{x}(t)\boldsymbol{x}^{\mathrm{H}}(t)\boldsymbol{w}\right]=\min_{\boldsymbol{w}}\boldsymbol{w}^{\mathrm{H}}\boldsymbol{R}_x\boldsymbol{w} \tag{6-96}$$

信号的无偏估计条件式(6-93)及估计方差最小条件式(6-96)总结如下：

$$\begin{cases}\min\limits_{\boldsymbol{w}}\boldsymbol{w}^{\mathrm{H}}\boldsymbol{R}_x\boldsymbol{w}\\\boldsymbol{w}^{\mathrm{H}}\boldsymbol{a}(\theta_0)=1\end{cases} \tag{6-97}$$

式(6-97)也可以解释为：保证来自某个确定方向 θ_0 的信号能被正确接收，而其他入射方向的信号或干扰被完全抑制。式(6-97)可以用拉格朗日乘数法求解，对于条件下求极值可以用拉格朗日乘数法。构造目标函数：

$$L(\boldsymbol{w})=\frac{1}{2}\boldsymbol{w}^{\mathrm{H}}\boldsymbol{R}_x\boldsymbol{w}-\lambda\left[\boldsymbol{w}^{\mathrm{H}}\boldsymbol{a}(\theta_0)-1\right] \tag{6-98}$$

对式(6-98)中 $\boldsymbol{w}$ 求导，并令其为零，由矩阵求导公式 $\frac{\mathrm{d}(\boldsymbol{x}^{\mathrm{T}}\boldsymbol{A}\boldsymbol{x})}{\mathrm{d}\boldsymbol{x}}=2\boldsymbol{A}\boldsymbol{x}$ 、$\frac{\mathrm{d}(\boldsymbol{x}^{\mathrm{T}}\boldsymbol{A}\boldsymbol{y})}{\mathrm{d}\boldsymbol{x}}=\boldsymbol{A}\boldsymbol{y}$ 、$\frac{\mathrm{d}(\boldsymbol{x}^{\mathrm{T}}\boldsymbol{A}\boldsymbol{x})}{\mathrm{d}\boldsymbol{x}}=2\boldsymbol{A}\boldsymbol{x}$ 得

$$\boldsymbol{R}_x\boldsymbol{w}-\lambda\boldsymbol{a}(\theta_0)=0 \tag{6-99}$$

则最优权为

$$\boldsymbol{w}=\lambda\boldsymbol{R}_x^{-1}\boldsymbol{a}(\theta_0) \tag{6-100}$$

两边同时乘以 $\boldsymbol{a}^{\mathrm{H}}(\theta_0)$，可得

$$\boldsymbol{a}^{\mathrm{H}}(\theta_0)\boldsymbol{w}=\lambda\boldsymbol{a}^{\mathrm{H}}(\theta_0)\boldsymbol{R}_x^{-1}\boldsymbol{a}(\theta_0) \tag{6-101}$$

再利用 $\boldsymbol{w}^{\mathrm{H}}\boldsymbol{a}(\theta_0)=\boldsymbol{a}^{\mathrm{H}}(\theta_0)\boldsymbol{w}=1$，可得

$$\lambda=\frac{1}{\boldsymbol{a}^{\mathrm{H}}(\theta_0)\boldsymbol{R}_x^{-1}\boldsymbol{a}(\theta_0)} \tag{6-102}$$

则最优权为

$$\boldsymbol{w}_{\mathrm{opt}}=\frac{\boldsymbol{R}_x^{-1}\boldsymbol{a}(\theta_0)}{\boldsymbol{a}^{\mathrm{H}}(\theta_0)\boldsymbol{R}_x^{-1}\boldsymbol{a}(\theta_0)} \tag{6-103}$$

进而阵列的输出功率为

$$\begin{aligned}P(\theta_0)&=\boldsymbol{w}_{\mathrm{opt}}^{\mathrm{H}}\boldsymbol{R}_x\boldsymbol{w}_{\mathrm{opt}}\\&=\frac{\boldsymbol{a}^{\mathrm{H}}(\theta_0)(\boldsymbol{R}_x^{-1})^{\mathrm{H}}}{\boldsymbol{a}^{\mathrm{H}}(\theta_0)(\boldsymbol{R}_x^{-1})^{\mathrm{H}}\boldsymbol{a}(\theta_0)}\boldsymbol{R}_x\frac{\boldsymbol{R}_x^{-1}\boldsymbol{a}(\theta_0)}{\boldsymbol{a}^{\mathrm{H}}(\theta_0)\boldsymbol{R}_x^{-1}\boldsymbol{a}(\theta_0)}\\&=\frac{1}{\boldsymbol{a}^{\mathrm{H}}(\theta_0)\boldsymbol{R}_x^{-1}\boldsymbol{a}(\theta_0)}\end{aligned} \tag{6-104}$$

因不知道来波方向，故可对整个方向进行扫描，得到谱线，谱线峰值对应方向为来波方向，即

$$P(\theta)=\frac{1}{\boldsymbol{a}^{\mathrm{H}}(\theta)\boldsymbol{R}_x^{-1}\boldsymbol{a}(\theta)} \tag{6-105}$$

6.2.3　分辨力对比分析

作如下假定：$d/\lambda=1/2$，阵元数为 32，有三个正弦信号，信噪比为 10dB，

方位角分别为 20°、23.5°、35°。针对 1024 次快拍数据，图 6-6 给出了基于常规波束形成的空间功率谱，图 6-7 给出了基于最小方差法波束形成的空间功率谱。

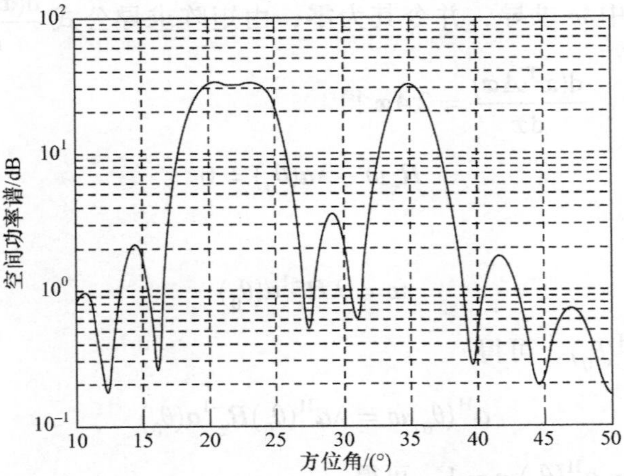

图 6-6　基于常规波束形成的空间功率谱

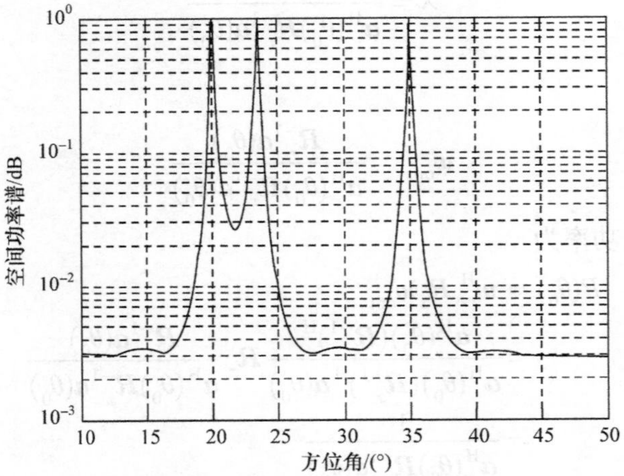

图 6-7　基于最小方差法波束形成的空间功率谱

从图 6-6 和图 6-7 中可以看出，基于常规波束形成的空间功率谱中已区分不开方位角为 20°与 23.5°的两个信号，而基于最小方差法波束形成的空间功率谱可以区分方位角为 20°和 23.5°的两个信号。因为基于最小方差法的波束形成方法对信号估计的均方误差最小，构造的空间功率谱就更准确，分辨率高于基于常规波束形成的方法。

6.3　MUSIC 谱估计

MUSIC 算法是 Schmidt 于 1979 年提出的，该算法是空间谱估计理论体系中的标志性算法，它开创了空间谱估计算法研究的新时代，促进了特征结构类算法的兴起和发展。MUSIC 算法的基本思想是：首先将阵列输出数据的协方差矩阵进行特征分解，得到与信号分量相对应的信号子空间和与信号分量正交的噪声子空间，然后利用这两个空间的正交性来估计信号的入射方向、极化信息及信号强度等参数。

6.3.1　信号方向向量与特征向量的关系

方向向量与特征向量有着特殊的关系。

已知阵列快拍信号 $\boldsymbol{x}(t)$ 的协方差矩阵为

$$\boldsymbol{R}_x = \boldsymbol{A}\boldsymbol{R}_{\mathrm{s}}\boldsymbol{A}^{\mathrm{H}} + \sigma^2\boldsymbol{I} \tag{6-106}$$

式(6-106)两边同时左乘特征向量矩阵 $\boldsymbol{U}^{\mathrm{H}}$，右乘 $\boldsymbol{U}$，得

$$\boldsymbol{U}^{\mathrm{H}}\boldsymbol{R}_x\boldsymbol{U} = \boldsymbol{U}^{\mathrm{H}}(\boldsymbol{A}\boldsymbol{R}_{\mathrm{s}}\boldsymbol{A}^{\mathrm{H}} + \sigma^2\boldsymbol{I})\boldsymbol{U} \tag{6-107}$$

由式(6-71)可知

$$\boldsymbol{R}_x\boldsymbol{U} = \boldsymbol{U}\boldsymbol{\Lambda} \tag{6-108}$$

两边左乘 $\boldsymbol{U}^{\mathrm{H}}$ 得

$$\boldsymbol{U}^{\mathrm{H}}\boldsymbol{R}_x\boldsymbol{U} = \boldsymbol{\Lambda} \tag{6-109}$$

将式(6-109)代入式(6-107)，得

$$\mathrm{L} = \boldsymbol{U}^{\mathrm{T}}\boldsymbol{A}\boldsymbol{R}_{\mathrm{s}}\boldsymbol{A}^{\mathrm{H}}\boldsymbol{U} + \sigma^2\boldsymbol{I} \tag{6-110}$$

式(6-110)的矩阵维数为

$$\mathrm{L}_{(M\times M)} = \boldsymbol{U}^{\mathrm{T}}_{(M\times M)}\boldsymbol{A}_{(M\times P)}\boldsymbol{R}_{\mathrm{s}(P\times P)}\boldsymbol{A}^{\mathrm{H}}_{(P\times M)}\boldsymbol{U}_{(M\times M)} + \sigma^2\boldsymbol{I}_{(M\times M)} \tag{6-111}$$

式中，M 为阵元个数；P 为信号个数。设 Q=M–P 为阵元个数减去信号个数。把特征向量矩阵分解为前 P 个特征向量矩阵 $\boldsymbol{U}_{\mathrm{s}(M\times P)}$ 与后 Q 个特征向量矩阵 $\boldsymbol{U}_{\mathrm{n}(M\times Q)}$，即

$$\boldsymbol{U}_{(M\times M)} = \left[\boldsymbol{U}_{\mathrm{s}(M\times P)} \quad \boldsymbol{U}_{\mathrm{n}(M\times Q)}\right] \tag{6-112}$$

将式(6-112)代入式(6-111)变换后得

$$
\boldsymbol{\Lambda}_{(M\times M)}=\begin{bmatrix}\boldsymbol{U}_{\mathrm{s}(P\times M)}^{\mathrm{H}}\\ \boldsymbol{U}_{\mathrm{n}(Q\times M)}^{\mathrm{H}}\end{bmatrix}\boldsymbol{A}_{(M\times P)}\boldsymbol{R}_{\mathrm{s}(P\times P)}\boldsymbol{A}_{(P\times M)}^{\mathrm{H}}\begin{bmatrix}\boldsymbol{U}_{\mathrm{s}(M\times P)} & \boldsymbol{U}_{\mathrm{n}(M\times Q)}\end{bmatrix}+\sigma^2\boldsymbol{I}_{(M\times M)}
$$
$$
=\begin{bmatrix}\boldsymbol{U}_{\mathrm{s}(P\times M)}^{\mathrm{H}}\boldsymbol{A}_{(M\times P)}\boldsymbol{R}_{\mathrm{s}(P\times P)}\boldsymbol{A}_{(P\times M)}^{\mathrm{H}}\boldsymbol{U}_{\mathrm{s}(M\times P)} & \boldsymbol{U}_{\mathrm{s}(P\times M)}^{\mathrm{H}}\boldsymbol{A}_{(M\times P)}\boldsymbol{R}_{\mathrm{s}(P\times P)}\boldsymbol{A}_{(P\times M)}^{\mathrm{H}}\boldsymbol{U}_{\mathrm{n}(M\times Q)}\\ \boldsymbol{U}_{\mathrm{n}(Q\times M)}^{\mathrm{H}}\boldsymbol{A}_{(M\times P)}\boldsymbol{R}_{\mathrm{s}(P\times P)}\boldsymbol{A}_{(P\times M)}^{\mathrm{H}}\boldsymbol{U}_{\mathrm{s}(M\times P)} & \boldsymbol{U}_{\mathrm{n}(Q\times M)}^{\mathrm{H}}\boldsymbol{A}_{(M\times P)}\boldsymbol{R}_{\mathrm{s}(P\times P)}\boldsymbol{A}_{(P\times M)}^{\mathrm{H}}\boldsymbol{U}_{\mathrm{n}(M\times Q)}\end{bmatrix}
$$
$$
+\sigma^2\boldsymbol{I}_{(M\times M)} \tag{6-113}
$$

因为式(6-113)是对角阵，所以非对角线的值为零，即

$$
\boldsymbol{U}_{\mathrm{s}(P\times M)}^{\mathrm{H}}\boldsymbol{A}_{(M\times P)}\boldsymbol{R}_{\mathrm{s}(P\times P)}\boldsymbol{A}_{(P\times M)}^{\mathrm{H}}\boldsymbol{U}_{\mathrm{n}(M\times Q)}=\boldsymbol{0}_{(P\times Q)} \tag{6-114}
$$

$$
\boldsymbol{U}_{\mathrm{n}(Q\times M)}^{\mathrm{H}}\boldsymbol{A}_{(M\times P)}\boldsymbol{R}_{\mathrm{s}(P\times P)}\boldsymbol{A}_{(P\times M)}^{\mathrm{H}}\boldsymbol{U}_{\mathrm{s}(M\times P)}=\boldsymbol{0}_{(Q\times P)} \tag{6-115}
$$

式(6-114)为零矩阵时，需要

$$
\boldsymbol{U}_{\mathrm{s}(P\times M)}^{\mathrm{H}}\boldsymbol{A}_{(M\times P)}=\boldsymbol{0}_{(P\times P)} \tag{6-116}
$$

或

$$
\boldsymbol{A}_{(P\times M)}^{\mathrm{H}}\boldsymbol{U}_{\mathrm{n}(M\times Q)}=\boldsymbol{0}_{(P\times Q)} \tag{6-117}
$$

1. 信号方向向量与特征向量之间的关系

当式(6-116)成立时，式(6-113)中对角线的值满足

$$
\boldsymbol{U}_{\mathrm{s}(P\times M)}^{\mathrm{H}}\boldsymbol{A}_{(M\times P)}\boldsymbol{R}_{\mathrm{s}(P\times P)}\boldsymbol{A}_{(P\times M)}^{\mathrm{H}}\boldsymbol{U}_{\mathrm{s}(M\times P)}=\boldsymbol{0} \tag{6-118}
$$

那么第一个值 λ_1 最小，这和式(6-69)假定第一个特征值最大相矛盾，因此只能是式(6-117)成立。式(6-117)表明，信号方向向量与 $Q=M-P$ 个小特征值对应的特征向量正交。

2. 特征值关系

当式(6-117)成立时，式(6-113)简化为

$$
\boldsymbol{\Lambda}_{(M\times M)}=\begin{bmatrix}\boldsymbol{U}_{\mathrm{s}(P\times M)}^{\mathrm{H}}\boldsymbol{A}_{(M\times P)}\boldsymbol{R}_{\mathrm{s}(P\times P)}\boldsymbol{A}_{(P\times M)}^{\mathrm{H}}\boldsymbol{U}_{\mathrm{s}(M\times P)} & \boldsymbol{0}\\ \boldsymbol{0} & \boldsymbol{0}\end{bmatrix}+\sigma^2\boldsymbol{I}_{(M\times M)} \tag{6-119}
$$

由式(6-119)可以得出最小特征值为噪声的方差是

$$
\lambda_1 \geqslant \lambda_2 \geqslant \cdots \geqslant \lambda_P > \lambda_{P+1}=\lambda_{P+2}=\cdots=\lambda_M=\sigma^2 \tag{6-120}
$$

此时有

$$\boldsymbol{\Lambda}_{(M\times M)}=\begin{bmatrix}\lambda_1 & & & \\ & \lambda_2 & & \\ & & \ddots & \\ & & & \sigma^2\end{bmatrix}$$
$$\mathrm{diag}(\lambda_1,\lambda_2,\cdots,\lambda_P)=\begin{bmatrix}\boldsymbol{\Sigma}_{\mathrm{s}} & \mathbf{0}\\ \mathbf{0} & \sigma^2\boldsymbol{I}\end{bmatrix} \tag{6-121}$$

6.3.2　信号子空间与噪声子空间

式(6-112)把特征向量矩阵分解为前 P 个特征向量矩阵 $\boldsymbol{U}_{\mathrm{s}}$ 与后 Q 个特征向量矩阵 $\boldsymbol{U}_{\mathrm{n}}$，其中

$$\boldsymbol{U}_{\mathrm{s}}=\begin{bmatrix}\boldsymbol{u}_1 & \boldsymbol{u}_2 & \cdots & \boldsymbol{u}_P\end{bmatrix} \tag{6-122}$$

$$\boldsymbol{U}_{\mathrm{n}}=\begin{bmatrix}\boldsymbol{u}_{P+1} & \boldsymbol{u}_{P+2} & \cdots & \boldsymbol{u}_M\end{bmatrix} \tag{6-123}$$

由前 P 个大特征值对应特征向量 $\boldsymbol{U}_{\mathrm{s}}$ 组成信号特征向量，由后 M–P 个小特征值对应特征向量 $\boldsymbol{U}_{\mathrm{n}}$ 组成噪声特征向量。

将式(6-74)进一步写成如下形式：

$$\begin{aligned}\boldsymbol{R}_x&=\sum_{i=1}^{P}\lambda_i\boldsymbol{u}_i\boldsymbol{u}_i^{\mathrm{H}}+\sum_{j=P+1}^{M}\lambda_j\boldsymbol{u}_j\boldsymbol{u}_j^{\mathrm{H}}\\&=[\boldsymbol{U}_{\mathrm{s}}\quad\boldsymbol{U}_{\mathrm{n}}]\mathbf{L}[\boldsymbol{U}_{\mathrm{s}}\quad\boldsymbol{U}_{\mathrm{n}}]^{\mathrm{H}}\end{aligned} \tag{6-124}$$

在线性代数中，给定一组向量 $\boldsymbol{x}_1,\boldsymbol{x}_2,\cdots,\boldsymbol{x}_P$，这些向量张成的子空间为

$$\mathrm{span}\left\{\boldsymbol{x}_1,\boldsymbol{x}_2,\cdots,\boldsymbol{x}_P\right\}=\left\{\sum_{i=1}^{P}\beta_i\boldsymbol{x}_i,\,\beta_i\in C\right\} \tag{6-125}$$

一般把前 P 个大特征值对应特征向量张成 $\mathrm{span}\left\{\boldsymbol{u}_1,\boldsymbol{u}_2,\cdots,\boldsymbol{u}_P\right\}$ 的空间称为信号子空间，把后 M–P 个小特征值对应特征向量张成 $\mathrm{span}\left\{\boldsymbol{u}_{P+1},\boldsymbol{u}_{P+2},\cdots,\boldsymbol{u}_M\right\}$ 的空间称为噪声子空间。

下面给出信号源相互独立条件下，关于特征子空间的若干性质，为后续的空间谱估计理论和算法做准备。

性质 6.1　信号子空间 $\boldsymbol{U}_{\mathrm{s}}$ 与噪声子空间 $\boldsymbol{U}_{\mathrm{n}}$ 正交：

$$\mathrm{span}\left\{\boldsymbol{u}_1,\boldsymbol{u}_2,\cdots,\boldsymbol{u}_P\right\}\perp\mathrm{span}\left\{\boldsymbol{u}_{P+1},\boldsymbol{u}_{P+2},\cdots,\boldsymbol{u}_M\right\} \tag{6-126}$$

由特征向量性质式(6-73)可知 $\boldsymbol{U}$ 是正交矩阵，因此信号子空间与噪声子空间

正交。把 $\boldsymbol{U}$ 正交分解为

$$\begin{aligned}\boldsymbol{U}\boldsymbol{U}^{\mathrm{H}} &= \begin{bmatrix}\boldsymbol{U}_{\mathrm{s}} & \boldsymbol{U}_{\mathrm{n}}\end{bmatrix}\begin{bmatrix}\boldsymbol{U}_{\mathrm{s}}^{\mathrm{H}} \\ \boldsymbol{U}_{\mathrm{n}}^{\mathrm{H}}\end{bmatrix} \\ &= \boldsymbol{U}_{\mathrm{s}}\boldsymbol{U}_{\mathrm{s}}^{\mathrm{H}} + \boldsymbol{U}_{\mathrm{n}}\boldsymbol{U}_{\mathrm{n}}^{\mathrm{H}} = \boldsymbol{I}\end{aligned} \tag{6-127}$$

那么

$$\boldsymbol{U}_{\mathrm{s}}\boldsymbol{U}_{\mathrm{s}}^{\mathrm{H}} = \boldsymbol{I} - \boldsymbol{U}_{\mathrm{n}}\boldsymbol{U}_{\mathrm{n}}^{\mathrm{H}} \tag{6-128}$$

$$\boldsymbol{U}_{\mathrm{n}}\boldsymbol{U}_{\mathrm{n}}^{\mathrm{H}} = \boldsymbol{I} - \boldsymbol{U}_{\mathrm{s}}\boldsymbol{U}_{\mathrm{s}}^{\mathrm{H}} \tag{6-129}$$

性质 6.2 方向向量 $\boldsymbol{A}$ 与噪声子空间 $\boldsymbol{U}_{\mathrm{n}}$ 正交：

$$\boldsymbol{A}^{\mathrm{H}}\boldsymbol{u}_i = \boldsymbol{0}, \quad i = P+1, P+2, \cdots, M \tag{6-130}$$

即

$$\boldsymbol{A}_{(P\times M)}^{\mathrm{H}}\boldsymbol{U}_{\mathrm{n}(M\times Q)} = \boldsymbol{0}_{(P\times Q)} \tag{6-131}$$

性质 6.3 协方差矩阵的大特征值对应的特征矢量张成的空间与入射信号的导向矢量张成的空间是同一个空间，即

$$\mathrm{span}\{\boldsymbol{u}_1, \boldsymbol{u}_2, \cdots, \boldsymbol{u}_P\} = \mathrm{span}\{\boldsymbol{a}_1, \boldsymbol{a}_2, \cdots, \boldsymbol{a}_P\} \tag{6-132}$$

证明 在无噪环境下，阵列接收信号变为

$$\boldsymbol{x}_{\mathrm{s}}(t) = \boldsymbol{A}\boldsymbol{s}(t) \tag{6-133}$$

式中，$\boldsymbol{x}_{\mathrm{s}}(t)$ 为阵列的 $M\times 1$ 快拍数据向量，即

$$\boldsymbol{x}_{\mathrm{s}}(t) = \begin{bmatrix} x_1(t) \\ x_2(t) \\ \vdots \\ x_M(t) \end{bmatrix} \tag{6-134}$$

$$\boldsymbol{x}_{\mathrm{s}}(t) = \boldsymbol{A}\boldsymbol{s}(t) = \sum_{i=1}^{P} s_i(t)\boldsymbol{a}_i \tag{6-135}$$

$\boldsymbol{x}_{\mathrm{s}}(t)$ 为方向向量 $\{\boldsymbol{a}_1, \boldsymbol{a}_2, \cdots, \boldsymbol{a}_P\}$ 的线性组合，按照线性代数理论，方向向量 $\{\boldsymbol{a}_1, \boldsymbol{a}_2, \cdots, \boldsymbol{a}_P\}$ 所有线性组合的集合称为向量组合张成的子空间：

$$\boldsymbol{x}_{\mathrm{s}}(t) \in \{\boldsymbol{a}_1, \boldsymbol{a}_2, \cdots, \boldsymbol{a}_P\} = \left\{\sum_{i=1}^{P} \beta_i \boldsymbol{a}_i,\ \beta_i \in C\right\} \tag{6-136}$$

其张成的空间为无噪声的信号空间，因此称为信号子空间 $\boldsymbol{U}_{\mathrm{s}}$。

无噪声信号向量 $\boldsymbol{x}_{\mathrm{s}}(t)$ 的协方差矩阵为

$$\boldsymbol{R}_{X_{\mathrm{s}}(M\times M)}=\boldsymbol{A}_{(M\times P)}\boldsymbol{R}_{\mathrm{s}(P\times P)}\boldsymbol{A}^{\mathrm{H}}_{(P\times M)} \tag{6-137}$$

式(6-137)的秩为 $\mathrm{rank}(\boldsymbol{R}_{X_{\mathrm{s}}(M\times M)})=\mathrm{rank}(\boldsymbol{R}_{\mathrm{s}(P\times P)})=P$。

另外，式(6-119)右边为对角阵，因此左边也为对角阵。即

$$\boldsymbol{\varLambda}_{(P\times P)}=\boldsymbol{U}^{\mathrm{H}}_{\mathrm{s}(P\times M)}\boldsymbol{A}_{(M\times P)}\boldsymbol{R}_{\mathrm{s}(P\times P)}\boldsymbol{A}^{\mathrm{H}}_{(P\times M)}\boldsymbol{U}_{\mathrm{s}(M\times P)} \tag{6-138}$$

将式(6-137)代入式(6-138)，得到

$$\boldsymbol{\varLambda}_{(P\times P)}=\boldsymbol{U}^{\mathrm{H}}_{\mathrm{s}(P\times M)}\boldsymbol{R}_{X_{\mathrm{s}}(M\times M)}\boldsymbol{U}_{\mathrm{s}(M\times P)} \tag{6-139}$$

在式(6-139)两边右乘 $\boldsymbol{U}_{\mathrm{s}(M\times P)}$，变换得

$$\boldsymbol{R}_{X_{\mathrm{s}}(M\times M)}\boldsymbol{U}_{\mathrm{s}(M\times P)}=\boldsymbol{U}_{\mathrm{s}(M\times P)}\boldsymbol{\varLambda}_{(P\times P)} \tag{6-140}$$

即

$$\boldsymbol{R}_{X_{\mathrm{s}}(M\times M)}\boldsymbol{u}_i=\lambda_i\boldsymbol{u}_i,\quad i=1,2,\cdots,P \tag{6-141}$$

$\boldsymbol{R}_{X_{\mathrm{s}}(M\times M)}$ 的秩为 P，式(6-141)表明 $\boldsymbol{U}_{\mathrm{s}(M\times P)}$ 是信号 $\boldsymbol{x}_{\mathrm{s}}(t)$ 协方差矩阵 $\boldsymbol{R}_{X_{\mathrm{s}}(M\times M)}$ 的特征向量矩阵，特征向量矩阵 $\boldsymbol{U}_{\mathrm{s}(M\times P)}$ 是信号 $\boldsymbol{x}_{\mathrm{s}}(t)$ 空间的正交基，即可以用 $\boldsymbol{u}_1,\boldsymbol{u}_2,\cdots,\boldsymbol{u}_P$ 的线性组合表示信号 $\boldsymbol{x}_{\mathrm{s}}(t)$：

$$\boldsymbol{x}_{\mathrm{s}}(t)\in\mathrm{span}\left\{\boldsymbol{u}_1,\boldsymbol{u}_2,\cdots,\boldsymbol{u}_P\right\}=\left\{\sum_{i=1}^{P}\beta_i\boldsymbol{u}_i,\ \beta_i\in C\right\} \tag{6-142}$$

因此前 P 个大特征值对应特征向量 $\boldsymbol{u}_1,\boldsymbol{u}_2,\cdots,\boldsymbol{u}_P$ 张成 $\mathrm{span}\left\{\boldsymbol{u}_1,\boldsymbol{u}_2,\cdots,\boldsymbol{u}_P\right\}$ 的空间也称为信号子空间 $\boldsymbol{u}_{\mathrm{s}}$。

由式(6-136)与式(6-142)可知，协方差矩阵的大特征值对应的特征矢量张成的空间与入射信号的导向矢量张成的空间是同一个空间，也即信号子空间。

在实际计算中，对 $\boldsymbol{R}_x$ 进行特征值分解可以计算得到信号子空间 $\hat{\boldsymbol{U}}_{\mathrm{s}}$、噪声子空间 $\boldsymbol{U}_{\mathrm{n}}$ 和由特征值构成的对角矩阵 $\boldsymbol{\varLambda}$。

6.3.3 MUSIC 算法的基本原理

窄带远场信号的阵列输出数学模型为

$$\boldsymbol{x}(t)=\boldsymbol{A}\boldsymbol{s}(t)+\boldsymbol{n}(t) \tag{6-143}$$

在实际应用中得到的数据是在有限时间范围内的有限次快拍，假定在这段有

限的时间内空间信号源的方向不发生变化，且认为空间信号是一个平稳随机过程，其统计特性不随时间而变化。同时，还满足以下条件：

(1) 阵元数 M 要大于阵列可能接收到的同频空间信号的个数。

(2) 对应于不同的信号入射角 $\theta_i\ (i=1,2,\cdots,N)$，信号的导向矢量 $\boldsymbol{a}(\theta_i)$ 是线性独立的。

(3) 阵列加性噪声 $N(t)$ 为统计独立的高斯白噪声，方差为 σ^2。

(4) 空间信号源向量 $\boldsymbol{s}(t)$ 的协方差矩阵 $\boldsymbol{R}_{\rm s}=E[\boldsymbol{s}(t)\boldsymbol{s}^{\rm H}(t)]$ 是非奇异的正定 Hermitian 矩阵，即各空间信号源是不相干的，且与阵列加性噪声不相干。

此时，由于信号与噪声相互独立，数据协方差矩阵可分解为与信号、噪声相关的两部分，即阵列的协方差矩阵为

$$\boldsymbol{R}_x=\boldsymbol{A}\boldsymbol{R}_{\rm s}\boldsymbol{A}^{\rm H}+\sigma^2\boldsymbol{I} \tag{6-144}$$

对 $\boldsymbol{R}_x$ 进行特征分解：

$$\boldsymbol{R}_x=\boldsymbol{U}\boldsymbol{\varLambda}\boldsymbol{U}^{\rm H}=\sum_{i=1}^{m}\lambda_i\boldsymbol{u}_i\boldsymbol{u}_i^{\rm T} \tag{6-145}$$

由特征值和特征向量的定义可知

$$\boldsymbol{R}_x\boldsymbol{u}_i=\lambda_i\boldsymbol{u}_i,\quad i=1,2,\cdots,M \tag{6-146}$$

矩阵 $\boldsymbol{R}_x$ 是正定 Hermitian 矩阵，因此其特征值均为正实数。将 $\boldsymbol{R}_x$ 的特征值按大小顺序排列，可得 $\lambda_1\geqslant\lambda_2\geqslant\cdots\geqslant\lambda_P>\lambda_{P+1}=\cdots=\lambda_M=\sigma^2$。前 P 个特征值与信号有关，其数值大于 σ^2，这 P 个较大特征值 $\lambda_1,\lambda_2,\cdots,\lambda_P$ 对应的特征向量构成信号子空间 $\boldsymbol{U}_{\rm s}=[\boldsymbol{u}_1\ \ \boldsymbol{u}_2\ \ \cdots\ \ \boldsymbol{u}_P]$，$M$–$P$ 个较小特征值 $\lambda_{P+1},\lambda_{P+2},\cdots,\lambda_M$ 对应的特征向量构成噪声子空间 $\boldsymbol{U}_{\rm n}=[\boldsymbol{u}_{P+1}\ \ \boldsymbol{u}_{P+2}\ \ \cdots\ \ \boldsymbol{u}_M]$。

在分析信号方向向量与特征向量关系中，式(6-117)中信号方向向量与噪声子空间正交，即

$$\boldsymbol{A}^{\rm H}_{(P\times M)}\boldsymbol{U}_{{\rm n}(M\times Q)}=\boldsymbol{0}_{(P\times Q)}$$

展开为

$$\boldsymbol{A}^{\rm H}\boldsymbol{u}_i=\boldsymbol{0},\quad i=P+1,P+2,\cdots,M \tag{6-147}$$

及

$$\boldsymbol{a}_j^{\rm H}\boldsymbol{U}_N=\boldsymbol{0},\quad j=1,2,\cdots,P \tag{6-148}$$

考虑到实际接收数据矩阵是时间有限长的，数据协方差矩阵的估计为

$$\hat{\boldsymbol{R}}_x = \frac{1}{L}\sum_{i=1}^{L}\boldsymbol{x}\boldsymbol{x}^{\mathrm{H}} \tag{6-149}$$

对 $\hat{\boldsymbol{R}}_x$ 进行特征值分解，可以计算得到信号子空间 $\hat{\boldsymbol{U}}_{\mathrm{s}}$ 、噪声子空间 $\hat{\boldsymbol{U}}_{\mathrm{n}}$ 和由特征值构成的对角矩阵 $\boldsymbol{\Lambda}$ 。式(6-148)改写成标量形式，即

$$\boldsymbol{a}_j^{\mathrm{H}}\boldsymbol{U}_{\mathrm{n}}\boldsymbol{U}_{\mathrm{n}}^{\mathrm{H}}\boldsymbol{a}_j = \boldsymbol{0}, \quad j = 1,2,\cdots,P \tag{6-150}$$

实际上，求波达方向是通过最小优化搜索实现的，即

$$\theta_{\mathrm{MUSIC}} = \arg_{\theta}\{\min(\boldsymbol{a}^{\mathrm{H}}(\theta)\hat{\boldsymbol{U}}_{\mathrm{n}}\hat{\boldsymbol{U}}_{\mathrm{n}}^{\mathrm{H}}\boldsymbol{a}(\theta))\} \tag{6-151}$$

习惯上，人们构造类似功率谱函数，利用搜索最大值替代搜索最小值：

$$P_{\mathrm{MUSIC}} = \frac{1}{\boldsymbol{a}^{\mathrm{H}}(\theta)\hat{\boldsymbol{U}}_{\mathrm{n}}\hat{\boldsymbol{U}}_{\mathrm{n}}^{\mathrm{H}}\boldsymbol{a}(\theta)} \tag{6-152}$$

按方位角度 θ 进行搜索，式(6-152)取得峰值的 $\theta_1,\theta_2,\cdots,\theta_N$ 就是 N 个信号源的波达方向估计值。

也可以采用信号子空间方法构造空间谱函数：

$$P_{\mathrm{MUSIC}} = \frac{1}{\boldsymbol{a}^{\mathrm{H}}(\theta)(\boldsymbol{I}-\hat{\boldsymbol{U}}_{\mathrm{s}}\hat{\boldsymbol{U}}_{\mathrm{s}}^{\mathrm{H}})\boldsymbol{a}(\theta)} \tag{6-153}$$

阵列的输出实际上是在空间不同位置上的阵元对空间信号的采样，建立阵列信号模型后，可以对这种空间采样得到的空域信号进行空域谱分析。就像对时域信号进行频谱分析一样，频谱分析的目的是得到时域信号在不同频率上信号能量的分布情况，而空域谱分析是为了得到在空间不同方向上信号能量的分布情况。根据上面的分析，这里给出 MUSIC 算法的计算步骤：

(1) 根据式(6-149)计算阵列输出数据矩阵的协方差矩阵 $\hat{\boldsymbol{R}}_x$ 。

(2) 对 $\hat{\boldsymbol{R}}_x$ 进行特征值分解，并根据特征值进行信号源数目判断。

(3) 求出信号子空间 $\hat{\boldsymbol{U}}_{\mathrm{s}}$ 和噪声子空间 $\hat{\boldsymbol{U}}_{\mathrm{n}}$ 。

(4) 根据式(6-152)进行谱峰搜索，找出极大值点对应的角度就是空间信号源入射方向。

MUSIC 算法在特定条件下具有很高的分辨力、估计精度及稳健性，在 MUSIC 算法的基础上，加权 MUSIC 算法、求根 MUSIC 算法等 MUSIC 算法的推广形式相继被提出。在此不再赘述，感兴趣的读者可以参阅相关文献。

6.3.4　分辨力对比分析

作以下假定：$d/\lambda = 1/2$，阵元数为 32，有三个正弦信号，信噪比为 10dB，方位角分别是20°、21.5°、35°。针对 1024 次快拍数据，图 6-8 给出了基于最小方差法波束形成的空间谱，图 6-9 给出了基于 MUSIC 算法的空间谱。

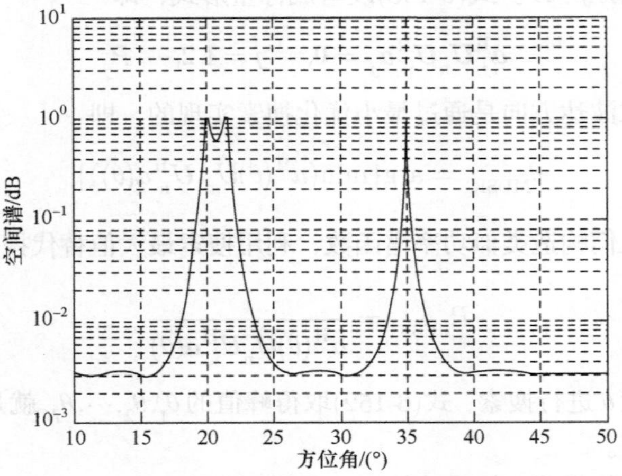

图 6-8　基于最小方差法波束形成的空间谱

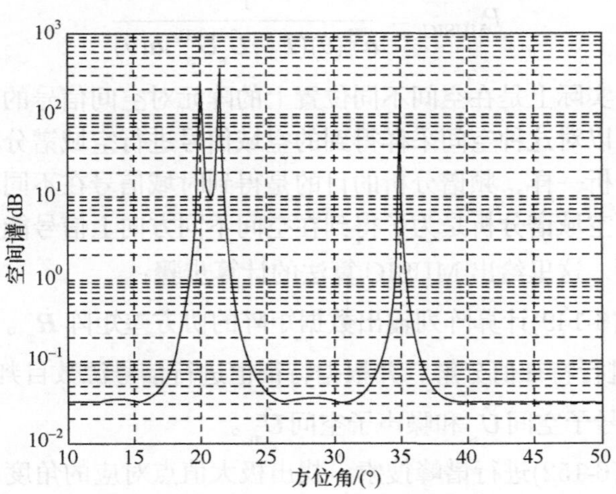

图 6-9　基于 MUSIC 算法的空间谱

从图 6-8 和图 6-9 可以看出，基于最小方差法波束形成的空间谱中已分不开 20°与 21.5°的两个信号，而基于 MUSIC 算法的空间谱中可以分开两个信号。因为基于 MUSIC 算法的空间谱利用信号子空间与噪声子空间正交特性构造出“针状”空间谱峰，从而大大提高算法的分辨力。

6.4　ESPRIT 谱估计

ESPRIT 算法是另一种基于子空间技术的波达方向估计算法。虽然 ESPRIT 算法与 MUSIC 算法一样也需要对阵列接收数据的协方差矩阵进行特征分解，但两者存在明显不同，MUSIC 算法是利用噪声子空间与导向矢量的正交性，而 ESPRIT 算法是利用信号子空间的旋转不变特性，因此 ESRPIT 算法与 MUSIC 算法可以看成是特征结构类算法中一对互补的算法。与 MUSIC 算法相比，ESPRIT 算法的优点是避免了 MUSIC 算法中的二维谱峰搜索过程，它可以直接给出参数估计的闭式解,运算量小,但是该算法要求阵列的几何结构存在不变性。这个不变性可以通过两种手段获得：一是阵列本身存在两个或两个以上相同的子阵；二是利用某些变换得到两个或两个以上相同的子阵。下面介绍 ESPRIT 算法的基本原理。

ESPRIT 算法的特点在于，阵列分解为两个完全相同的子阵，两个子阵每两个相对应的阵元有相同的平移，如图 6-10 所示。

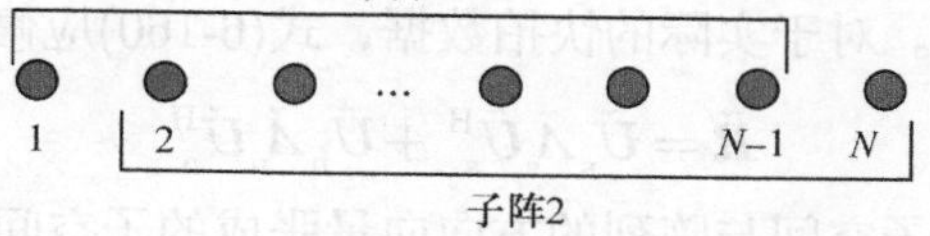

图 6-10　ESPRIT 算法子阵结构示意图

ESPRIT 算法利用子阵之间的旋转不变性实现波达方向估计，因此该算法最基本的假设是存在两个完全相同的子阵，子阵的阵元数均设为 m ，且这两个子阵的间距 $\varDelta$ 已知。由于两个子阵的结构完全相同，对于同一个信号而言，两个子阵的输出只有一个相位差 $\phi_i(i=1,2,\cdots,K)$ ，其中 K 为信源数。假设子阵 1 的接收数据为 $\boldsymbol{X}_1$ ，子阵 2 的接收数据为 $\boldsymbol{X}_2$，由前述的接收数据模型可知：

$$\boldsymbol{X}_1=\left(\boldsymbol{a}(\theta_1),\boldsymbol{a}(\theta_2),\cdots,\boldsymbol{a}(\theta_K)\right)\boldsymbol{S}+\boldsymbol{N}_1=\boldsymbol{A}_1(\theta)\boldsymbol{S}+\boldsymbol{N}_1 \tag{6-154}$$

$$\boldsymbol{X}_2=\left(\boldsymbol{a}(\theta_1)\mathrm{e}^{\mathrm{j}\phi_1},\boldsymbol{a}(\theta_2)\mathrm{e}^{\mathrm{j}\phi_2},\cdots,\boldsymbol{a}(\theta_K)\mathrm{e}^{\mathrm{j}\phi_K}\right)\boldsymbol{S}+\boldsymbol{N}_2=\boldsymbol{A}_2(\theta)\boldsymbol{S}+\boldsymbol{N}_2 \tag{6-155}$$

式中，$\boldsymbol{S}$ 表示信号；$\boldsymbol{N}_1$ 和 $\boldsymbol{N}_2$ 表示噪声；子阵 1 的阵列流型矩阵为 $\boldsymbol{A}_1=\boldsymbol{A}$ ；子阵 2 的阵列流型矩阵为 $\boldsymbol{A}_2=\boldsymbol{A\Phi}$ ，且有

$$\boldsymbol{\Phi}=\operatorname{diag}\left(\mathrm{e}^{\mathrm{j}\phi_1},\mathrm{e}^{\mathrm{j}\phi_2},\cdots,\mathrm{e}^{\mathrm{j}\phi_K}\right) \tag{6-156}$$

$$\phi_i=(2\pi d\sin\theta_i)/\lambda \tag{6-157}$$

由式(6-156)可见，对角矩阵$\boldsymbol{\Phi}$中含有各信号到达角参数，因此只需求得$\boldsymbol{\Phi}$对应的表达式，即可直接计算出信号波达方向。观察式(6-154)和式(6-155)的关系，将这两个子阵的模型合并，可得

$$\boldsymbol{X}=\begin{bmatrix}\boldsymbol{X}_1\\ \boldsymbol{X}_2\end{bmatrix}=\begin{bmatrix}\boldsymbol{A}\\ \boldsymbol{A\Phi}\end{bmatrix}\boldsymbol{S}+\begin{bmatrix}\boldsymbol{N}_1\\ \boldsymbol{N}_2\end{bmatrix}=\bar{\boldsymbol{A}}\boldsymbol{S}+\boldsymbol{N} \tag{6-158}$$

在理想条件下，可得式(6-158)的协方差矩阵为

$$\boldsymbol{R}=E[\boldsymbol{X}\boldsymbol{X}^{\mathrm{H}}]=\bar{\boldsymbol{A}}\boldsymbol{R}_{\mathrm{s}}\bar{\boldsymbol{A}}^{\mathrm{H}}+\boldsymbol{R}_{\mathrm{n}} \tag{6-159}$$

对其进行特征分解，可得

$$\boldsymbol{R}=\sum_{i=1}^{2m}\lambda_i\boldsymbol{e}_i\boldsymbol{e}_i^{\mathrm{H}}=\boldsymbol{U}_{\mathrm{s}}\boldsymbol{\Lambda}_{\mathrm{s}}\boldsymbol{U}_{\mathrm{s}}^{\mathrm{H}}+\boldsymbol{U}_{\mathrm{n}}\boldsymbol{\Lambda}_{\mathrm{n}}\boldsymbol{U}_{\mathrm{n}}^{\mathrm{H}} \tag{6-160}$$

式(6-160)中得到的特征值具有如下关系：

$$\lambda_1\geqslant\lambda_2\geqslant\cdots\geqslant\lambda_K>\lambda_{K+1}=\lambda_{K+2}=\cdots=\lambda_{2m} \tag{6-161}$$

$\boldsymbol{U}_{\mathrm{s}}$为大特征值对应的特征矢量张成的信号子空间，$\boldsymbol{U}_{\mathrm{n}}$为小特征值对应的特征矢量张成的噪声子空间。对于实际的快拍数据，式(6-160)应修正如下：

$$\tilde{\boldsymbol{R}}=\tilde{\boldsymbol{U}}_{\mathrm{s}}\tilde{\boldsymbol{\Lambda}}_{\mathrm{s}}\tilde{\boldsymbol{U}}_{\mathrm{s}}^{\mathrm{H}}+\tilde{\boldsymbol{U}}_{\mathrm{n}}\tilde{\boldsymbol{\Lambda}}_{\mathrm{n}}\tilde{\boldsymbol{U}}_{\mathrm{n}}^{\mathrm{H}} \tag{6-162}$$

如前所述，信号子空间与阵列的方向向量张成的子空间为同一个子空间，因而可得

$$\operatorname{span}\{\boldsymbol{U}_{\mathrm{s}}\}=\operatorname{span}\begin{bmatrix}\boldsymbol{U}_{\mathrm{s1}}\\ \boldsymbol{U}_{\mathrm{s2}}\end{bmatrix}=\operatorname{span}\{\bar{\boldsymbol{A}}(\theta)\} \tag{6-163}$$

式中，$\boldsymbol{U}_{\mathrm{s1}}$和$\boldsymbol{U}_{\mathrm{s2}}$分别为子阵 1 和子阵 2 的接收数据的信号子空间，此时存在唯一的非奇异矩阵$\boldsymbol{T}$，使得式(6-164)成立：

$$\boldsymbol{U}_{\mathrm{s}}=\begin{bmatrix}\boldsymbol{U}_{\mathrm{s1}}\\ \boldsymbol{U}_{\mathrm{s2}}\end{bmatrix}=\begin{bmatrix}\boldsymbol{AT}\\ \boldsymbol{A\Phi T}\end{bmatrix} \tag{6-164}$$

由此可见，由子阵 1 的大特征矢量张成的信号子空间$\boldsymbol{U}_{\mathrm{s1}}$、由子阵 2 的大特征矢量$\boldsymbol{U}_{\mathrm{s2}}$张成的信号子空间与阵列流型$\boldsymbol{A}$张成的信号子空间是相同的，即

$$\operatorname{span}\{\boldsymbol{U}_{\mathrm{s1}}\}=\operatorname{span}\{\boldsymbol{A}(\theta)\}=\operatorname{span}\{\boldsymbol{U}_{\mathrm{s2}}\} \tag{6-165}$$

两个子阵的阵列流型的关系为

$$\boldsymbol{A}_2 = \boldsymbol{A}_1 \boldsymbol{\Phi} \tag{6-166}$$

式(6-166)反映了两个子阵的阵列流型矩阵之间的旋转不变性。由式(6-164)可知，两个子阵的信号子空间的关系如下：

$$\boldsymbol{U}_{\mathrm{s}2} = \boldsymbol{U}_{\mathrm{s}1} \boldsymbol{T}^{-1} \boldsymbol{\Phi} \boldsymbol{T} = \boldsymbol{U}_{\mathrm{s}1} \boldsymbol{\Psi} \tag{6-167}$$

式(6-167)反映了两个子阵的阵列接收数据的信号子空间的旋转不变性。

若阵列流型矩阵 $\boldsymbol{A}$ 是满秩矩阵，则由式(6-167)可得

$$\boldsymbol{\Phi} = \boldsymbol{T} \boldsymbol{\Psi} \boldsymbol{T}^{-1} \tag{6-168}$$

式(6-168)中矩阵 $\boldsymbol{\Psi}$ 的特征值组成的对角阵一定等于矩阵 $\boldsymbol{\Phi}$，而矩阵 $\boldsymbol{T}$ 的各列就是矩阵 $\boldsymbol{\Psi}$ 的特征矢量。因此，只要得到了表示旋转不变关系的矩阵 $\boldsymbol{\Psi}$，就可以直接通过式(6-158)得到信号的入射角度。由以上分析可知，ESPRIT 算法的核心任务是构造矩阵 $\boldsymbol{\Psi}$。目前，构建 $\boldsymbol{\Psi}$ 的常用方法有最小二乘法、总体最小二乘法和结构最小二乘法等。

6.5　阵列单通道测向技术

基于多接收机系统的方位超分辨方法在实际中获得了良好的效果，但也暴露了一些缺点，主要表现为：随着阵元数的增加，接收机的数目也会增加，系统硬件的造价将会变得十分昂贵。单通道接收机系统由于只有一个接收机，与多接收机系统相比，在系统价格和复杂性方面具有显著的优势。本节以高分辨空间谱估计为背景，讨论一种利用单通道接收机实现方位超分辨估计的方法。

6.5.1　单通道信号模型

如图 6-11 所示，单通道接收机通过射频开关，依次对各个天线感应的信号进行采样，A/D 转换器的采样间隔时间为 t_{s}，采样速率保持不变。为了使推导简单，先假设入射信号只有一个，故采样信号 $x(nt_{\mathrm{s}})$ 可以表示为

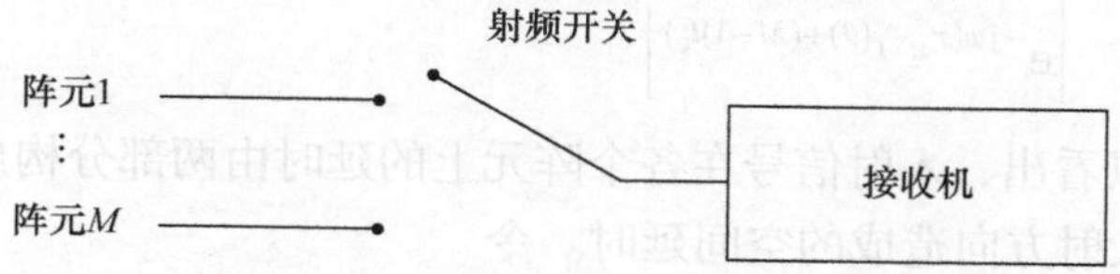

图 6-11　单通道信号接收模型

$$x(nt_{\mathrm{s}}) = \alpha_i(\theta) s(nt_{\mathrm{s}} - \tau_i(\theta)) + v(nt_{\mathrm{s}}), \quad n = 1,2,3,\cdots \tag{6-169}$$

式中，$i=n \bmod M$，M 为天线的个数；$\left\{\alpha_i(\theta)\right\}_{i=0}^{M-1}$ 表示 i 个天线的响应，$\left\{\tau_i(\theta)\right\}_{i=0}^{M-1}$ 表示 M 个天线的延时；$s(t_s)$和$v(t_s)$分别表示入射信号和接收机噪声。在无噪声的情况下，输出信号为

$$\begin{gathered}\{x_0(0),x_1(t_s),\cdots,x_{N-1}((M-1)t_s),x_0(Mt_s),\\ x_1((M+1)t_s),\cdots,x_{N-1}((2M-1)t_s),\cdots\}\end{gathered} \tag{6-170}$$

即

$$\begin{aligned}&\{\alpha_0(\theta)s(-\tau_0(\theta)),\alpha_1(\theta)s(t_s-\tau_1(\theta)),\cdots,\alpha_{M-1}(\theta)s((M-1)t_s-\tau_{M-1}(\theta))\alpha_0(\theta)\\ &\cdot s(Mt_s-\tau_0(\theta)),\alpha_1(\theta)s((M+1)t_s-\tau_1(\theta)),\cdots,\alpha_{M-1}(\theta)s((2M-1)t_s-\tau_{M-1}(\theta))\cdots\}\end{aligned} \tag{6-171}$$

现暂时不考虑各个天线在采样时间上的不一致性，将采样序列按照每一次轮采作为一列的方式，直接写为矩阵的形式：

$$\boldsymbol{X}=\begin{bmatrix} x(0) & x(t_s) & \cdots & x((M-1)t_s) \\ x(Mt_s) & x((M+1)t_s) & \cdots & x((2M-1)t_s) \\ \vdots & \vdots & & \vdots \\ x((N-1)Mt_s) & x((NM-M+1)t_s) & \cdots & x((NM-1)t_s) \end{bmatrix}^{\mathrm{T}} \tag{6-172}$$

式中，N 表示采样的轮数，即在每个通道上的采样次数；$N\times M$ 为接收机总的采样点数。假设所有天线的幅频响应一致，即 $\alpha_i(\theta)=1,\quad \forall i=0,1,2,\cdots,M-1$，且入射信号是窄带信号，中心角频率为 w，则

$$\alpha_i(\theta)s(t-\tau_i(\theta))=\mathrm{e}^{-\mathrm{j}w\tau_i(\theta)}s(t) \tag{6-173}$$

根据式(6-173)，信号矩阵 $\boldsymbol{X}$ 可以表示为

$$\boldsymbol{X}=\begin{bmatrix} \mathrm{e}^{-\mathrm{j}w\tau_0(\theta)} \\ \mathrm{e}^{-\mathrm{j}w(\tau_1(\theta)+t_s)} \\ \vdots \\ \mathrm{e}^{-\mathrm{j}w(\tau_{M-1}(\theta)+(M-1)t_s)} \end{bmatrix}\begin{bmatrix} s(0) & s(Mt_s) & \cdots & s((N-1)Mt_s) \end{bmatrix} \tag{6-174}$$

由式(6-174)可以看出，入射信号在各个阵元上的延时由两部分构成，即轮采造成的时间延时和入射方向造成的空间延时。令

$$T_s=Mt_s \tag{6-175}$$

将式(6-175)代入式(6-174)，将两种延时分开，则式(6-174)可以写为

$$
\begin{aligned}
\boldsymbol{X} &= \begin{bmatrix} \mathrm{e}^{-\mathrm{j}w\tau_0(\theta)} \\ \mathrm{e}^{-\mathrm{j}w(\tau_1(\theta)+t_{\mathrm{s}})} \\ \vdots \\ \mathrm{e}^{-\mathrm{j}w(\tau_{M-1}(\theta)+(M-1)t_{\mathrm{s}})} \end{bmatrix} \begin{bmatrix} s(0) & s(Mt_{\mathrm{s}}) & \cdots & s((N-1)Mt_{\mathrm{s}}) \end{bmatrix} \\
&= \boldsymbol{\Phi} \begin{bmatrix} \mathrm{e}^{-\mathrm{j}w\tau_0(\theta)} \\ \mathrm{e}^{-\mathrm{j}w\tau_1(\theta)} \\ \vdots \\ \mathrm{e}^{-\mathrm{j}w\tau_{M-1}(\theta)} \end{bmatrix} \begin{bmatrix} s(0) & s(T_{\mathrm{s}}) & \cdots & s((N-1)T_{\mathrm{s}}) \end{bmatrix} \\
&= \boldsymbol{\Phi a}(\theta)\boldsymbol{s}
\end{aligned} \tag{6-176}
$$

式中，$\boldsymbol{a}(\theta)=[\mathrm{e}^{-\mathrm{j}w\tau_0(\theta)} \quad \mathrm{e}^{-\mathrm{j}w\tau_1(\theta)} \quad \cdots \quad \mathrm{e}^{-\mathrm{j}w\tau_{M-1}(\theta)}]^{\mathrm{T}}$ 为导向矢量；$\boldsymbol{\Phi}=\mathrm{diag}(1, \mathrm{e}^{-\mathrm{j}wt_{\mathrm{s}}},\cdots,\mathrm{e}^{-\mathrm{j}w(M-1)t_{\mathrm{s}}})$ 为轮采造成的延时矩阵；$\boldsymbol{s}=[s(0) \quad s(T_{\mathrm{s}}) \quad \cdots \quad s((M-1)T_{\mathrm{s}})]$ 为入射信号。

为了使模型更具一般性，现在考虑 P 个窄带远场信号入射到 M 个阵元的均匀直线阵列上的情况：

$$
\begin{aligned}
\boldsymbol{X} &= \sum_{k=1}^{P} \boldsymbol{\Phi a}(\theta_k)\boldsymbol{s}_k \\
&= \boldsymbol{\Phi A}(\theta)\boldsymbol{S}
\end{aligned} \tag{6-177}
$$

式中，$\boldsymbol{A}(\theta)=[\boldsymbol{a}(\theta_1) \quad \boldsymbol{a}(\theta_2) \quad \cdots \quad \boldsymbol{a}(\theta_P)]$ 为方向矩阵；$\boldsymbol{a}(\theta_k)=[\mathrm{e}^{-\mathrm{j}w\tau_0(\theta_k)} \quad \mathrm{e}^{-\mathrm{j}w\tau_1(\theta_k)} \quad \cdots \quad \mathrm{e}^{-\mathrm{j}w\tau_{N-1}(\theta_k)}]^{\mathrm{T}}$；$\boldsymbol{S}=[\boldsymbol{s}_1^{\mathrm{T}} \quad \boldsymbol{s}_2^{\mathrm{T}} \quad \cdots \quad \boldsymbol{s}_P^{\mathrm{T}}]^{\mathrm{T}}$ 是入射信号。考虑到接收机噪声的影响，接收信号是入射信号和接收机噪声之和，即

$$
\boldsymbol{X}=\boldsymbol{\Phi A}(\theta)\boldsymbol{S}+\boldsymbol{N} \tag{6-178}
$$

式中，$\boldsymbol{N}$ 为高斯白噪声序列。

6.5.2　高分辨波达方向估计

6.5.1 节建立了单通道轮采技术的数学方程，本节将从该方程出发，讨论高分辨波达方向估计方法。

比较单通道采集模型的方程(6-178)与多通道采集的数学模型，可以看出，单通道采集模型的数学方程仅比多通道的多一项 $\boldsymbol{\Phi}$，令 $\boldsymbol{A}^{*}(\theta)=\boldsymbol{\Phi A}(\theta)$，则方程(6-178)可以写为

$$
\boldsymbol{X}=\boldsymbol{A}^{*}(\theta)\boldsymbol{S}+\boldsymbol{N} \tag{6-179}
$$

由式(6-179)可以看出，虽然单通道轮采的结构中只有一个 A/D 转换器，但是它却可以化为与多通道相似的数据模型，只是方向矩阵 $\boldsymbol{A}^*(\theta)$ 有所区别，需要在原来方向矩阵的基础上做一些变化，变化后的形式与多通道的情况极为相似。此外，需要注意的是，对于单通道信号采集而言，虽然 A/D 转换器的采样间隔时间是 t_s，但是对于入射信号而言，它的采样间隔时间却变成 $T_s = Nt_s$。综上所述，只要在搜索时用变换后的方向矢量进行搜索，就可以利用常规的 MUSIC 空间谱估计方法对波达方向进行高分辨、高精度的估计。

$$\begin{aligned} &P_{\text{MUSIC}}(\theta) = 1 / \boldsymbol{a}^*(\theta)^{\text{H}} \boldsymbol{U}_n \boldsymbol{U}_n^{\text{H}} \boldsymbol{a}^*(\theta) \\ &\boldsymbol{a}^*(\theta) = \boldsymbol{\Phi} \boldsymbol{a}(\theta) \end{aligned} \tag{6-180}$$

具体步骤如下：

(1) 计算数据协方差矩阵 $\hat{\boldsymbol{R}} = \dfrac{1}{N}\boldsymbol{X}\boldsymbol{X}^{\text{H}}$。

(2) 对 $\hat{\boldsymbol{R}}$ 进行特征值分解。

(3) 估计信号源个数。

(4) 计算噪声子空间。

(5) 利用修正后的导向矢量 $\boldsymbol{a}^*(\theta)$ 进行空间谱估计。

从以上讨论可知，单通道轮采的数学模型与普通的多通道采样技术的数学模型极其相似，它们的区别只是单通道轮采的模型中多了一个修正矩阵 $\boldsymbol{\Phi}$。下面对修正矩阵 $\boldsymbol{\Phi}$ 做一些讨论。

对 $\boldsymbol{\Phi}$ 的表达式做必要的化简：

$$\begin{aligned} \boldsymbol{\Phi} &= \text{diag}(1, \text{e}^{-\text{j}wt_s}, \cdots, \text{e}^{-\text{j}w(N-1)t_s}) \\ &= \text{diag}(1, \text{e}^{-\text{j}2\pi f_0/F}, \cdots, \text{e}^{-\text{j}2\pi f_0/F}) \end{aligned} \tag{6-181}$$

式中，f_0 为信号的中心频率；F 为 A/D 转换器的采样频率；$\boldsymbol{\Phi}$ 表示轮流采样对数据造成的相位滞后。

(1) 当 f_0 / F 为整数时，$\boldsymbol{\Phi} = \text{diag}(1,1,\cdots,1)$，此时，$\boldsymbol{\Phi}$ 可以忽略。

(2) 当 f_0 / F 不为整数时，$\boldsymbol{\Phi} \neq \text{diag}(1,1,\cdots,1)$，此时 $\boldsymbol{\Phi}$ 会对波达方向的估计造成影响，不能忽略。

6.5.3 仿真分析

1. 导向矢量的修正对波达方向估计的影响

考虑一个阵元数为 16 的均匀线性阵列，阵元间距 $d = \lambda / 2$；三个功率相等的同频信号源分别来自−15°、5°和 27°方向，中心频率 $f_0 = 23\text{MHz}$；A/D 采样的速率 $F = 15\text{MHz}$；快拍数为 256(M=256)。采用 MUSIC 算法，对导向矢量做不同的修正，得到不同信噪比下的空间谱。

由图 6-12 和图 6-13 可以看出，不论是在高信噪比条件下，还是在低信噪比条件下，如果不对导向矢量做必要的修正，那么不能得到正确的空间谱，从而不能得到正确的波达方向估计。经过修正的导向矢量能够得到正确的波达方向估计，并且同常规的多通道系统一样，高信噪比条件下得到的空间谱优于低信噪比条件下的空间谱。

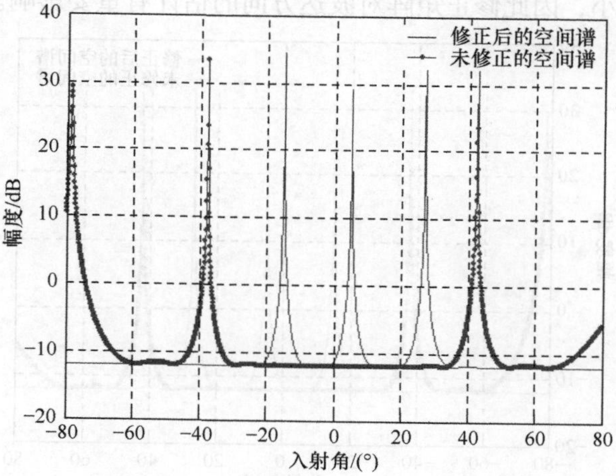

图 6-12 信噪比为 30dB 的谱估计

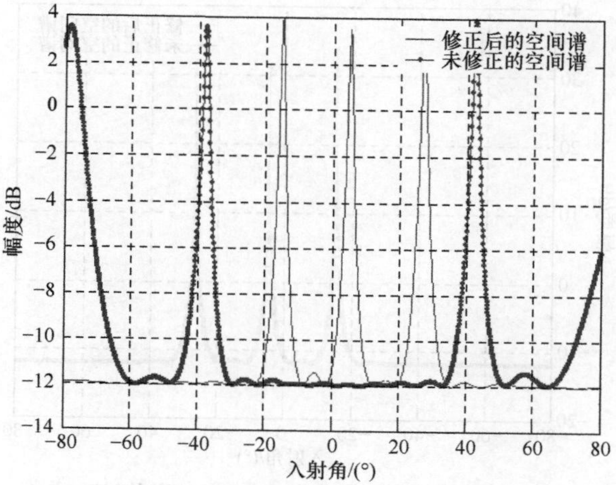

图 6-13 信噪比为−3dB 的谱估计

2. 采样速率对波达方向估计的影响

考虑一个阵元数为 16 的均匀线性阵列，阵元间距 $d=\lambda/2$；三个功率相等的同频信号源分别来自−15°、5°和 27°方向，中心频率 $f_0=30\text{MHz}$；快拍数为 256(M=256)；信噪比为 30dB。采用 MUSIC 算法，在不同的采样速率下，得到估计的空间谱。

在图 6-14 中，f_0/F 不为整数，因此修正矩阵不能忽略；在图 6-15 中，f_0/F 是整数，因此修正矩阵是单位矩阵，修正前后的空间谱是重合的。实际上，f_0/F 是整数的概率很小，因此修正矩阵对波达方向的估计有重要影响。

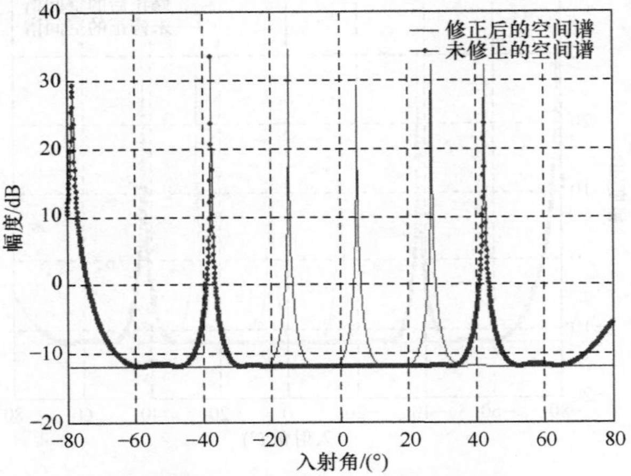

图 6-14　采样速率为 14MHz 的谱估计

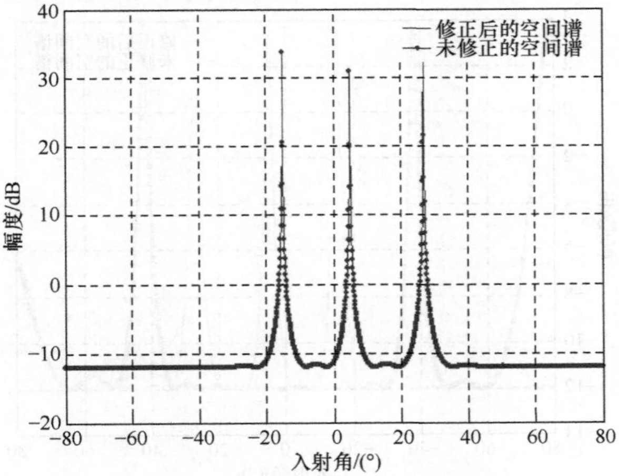

图 6-15　采样速率为 15MHz 的谱估计

3. 修正对均匀圆阵空间谱估计的影响

考虑一个阵元数为 16 的均匀圆阵，圆阵半径 $r = 2\lambda$；三个功率相等的同频信号源分别来自−15°、5°和 27°方向，中心频率 $f_0 = 23\text{MHz}$；A/D 转换器采样的速率 $F = 15\text{MHz}$；快拍数为 256(M=256)；信噪比为 30dB。

由图 6-16 可以看出，对于均匀圆阵，如果不进行模型的修正，那么就连错误的空间谱也不能得到；修正以后，得到了正确的空间谱，并且其性能几乎与多通道系统得到的空间谱一样。可见，修正以后的模型是有效的。

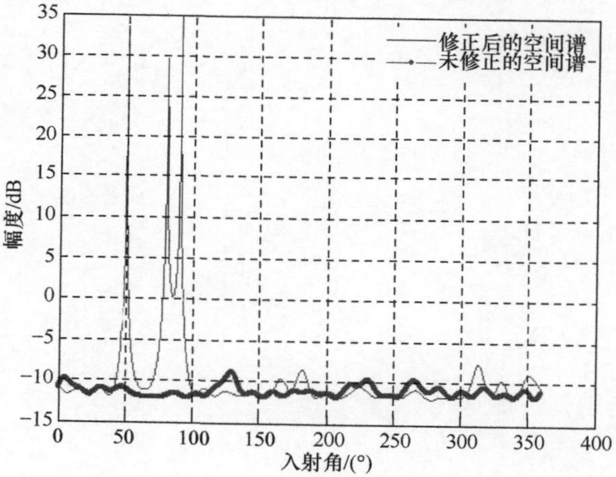

图 6-16　均匀圆阵单通道空间谱估计

6.6 小　　结

本章对阵列信号处理模型、基于波束形成的波达方向估计、MUSIC 谱估计、ESPRIT 谱估计、单通道空间谱估计等常用阵列测向方法进行了介绍和分析，并给出了相应的仿真实验。相比传统测向方法，阵列空间谱测向技术具有更高的测向精度和空间分别率，且能够同时实现多个目标的测向。当前电磁环境日趋复杂，往往需要同时对多个目标进行侦测，也使得阵列空间谱测向技术发挥更加重要的作用。

参 考 文 献

[1] 赵拥军. 宽带阵列信号波达方向估计理论与方法[M]. 北京: 国防工业出版社, 2013.

[2] 胡德秀. 基于蒙特卡罗方法的阵列信号 DOA 估计与跟踪方法研究[D]. 郑州: 解放军信息工程大学, 2010.

[3] 盖江伟. 宽带信号快速 DOA 估计算法研究及其 DSP 实现[D]. 郑州: 解放军信息工程大学,2009.

第 7 章　测角定位技术

在无源定位中，角度测量结果将目标的位置约束在一条直线上，是目标定位的关键信息。在一些条件下，仅利用单站的测角信息就可以实现对目标的定位，在另外一些条件下，单站还不足以支持对目标的定位，需要多站之间的测角信息进行交汇定位。本章主要从测角定位的角度出发，介绍单站测角定位和多站测角之间的交汇定位技术。

7.1　单站测角定位

单站测角定位是根据测角信息和飞行器的导航数据来实时地确定辐射源的位置，或把侦收到信号的信息和导航数据一并记录下来，待返回基地或把数据发回基地再来确定辐射源的位置，或在平台上进行实时处理，完成对目标的定位。单站测角定位可以采用飞越目标定位法或单点测向定位法。

7.1.1　飞越目标定位法

飞越目标定位是利用飞行器飞越侦察区域上空时直接利用侦察设备垂直向下配置的窄波束天线和飞行器导航数据进行辐射源定位，如图 7-1(a)所示。该方法定位精度很低，只能确定辐射源处于侦察天线波束的照射面积之内，而不能确定其精确的位置，此时凡在地面上处于侦察天线波束照射之内的辐射源位置都以飞行器垂直投影到地面上的位置点计算，因此定位的模糊区(或称不确定区)很大，等于侦察天线波束在地面上的照射面积。

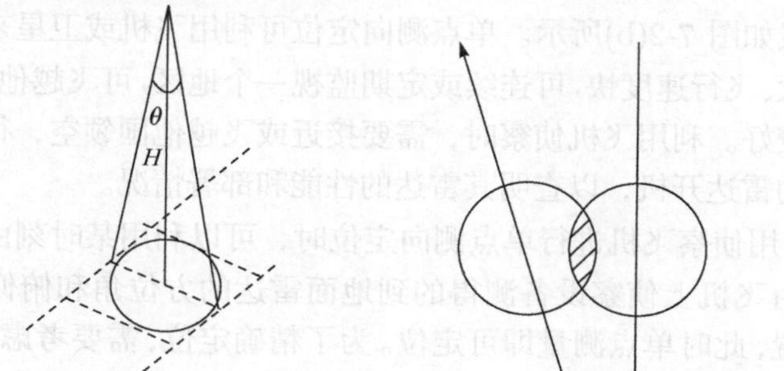

(a) 垂直向下配置的窄波束天线　　(b) 重叠的阴影区域

图 7-1　飞越目标定位法

设侦察天线波束为圆形，波束对地面的张角即波束宽度为θ，飞行器的高度为 H，则侦察天线在地面上的照射面积即定位的模糊区为

$$A = \pi\left(H\tan\frac{\theta}{2}\right)^2 \tag{7-1}$$

由式(7-1)可见，波束宽度θ越大，飞行高度H越高，则定位模糊区越大，定位精度越低。减小波束宽度或降低飞行高度，虽然可以减小定位模糊区、提高定位精度，但侦察设备的探测范围缩小了，而且降低了辐射源信号的截获概率。若对指定地区进行多次飞行并对同一辐射源进行多次定位，则可以大大减小定位模糊区。例如，一次飞行的定位模糊区为一个圆，两次飞行的定位模糊区就是两个圆所重叠的阴影区域，如图 7-1(b)所示。若把侦察点经纬度记录下来存储在计算机中，则经过多次飞行，其定位模糊区将是几个圆共同的重叠区，再利用计算机就可较准确地确定辐射源的位置。上述方法适用于侦察飞机对地面雷达的定位，但不适用于侦察卫星，因为侦察卫星的飞行高度很高，它要比飞机高十倍以上，因此定位模糊区很大。同时，由于侦察天线在地面上的照射面积很大，在照射面积中可能分布很多雷达，使侦察卫星面临密集复杂的信号环境。这对侦察接收、信息处理和存储等提出了很高的要求，而且侦察卫星的飞行轨道不能像飞机那样随意变动，因此也难以用上述多次飞行的方法来提高定位精度。

7.1.2　单点测向定位法

单点测向定位利用飞行器在一个位置上对地面辐射源测向并结合导航数据来确定辐射源的位置。如图 7-2(a)所示，同样的测向误差$\Delta\theta$在不同位置引起的定位误差是不同的，在飞行器垂直投影到地面上的位置 O 点(如星下点)附近引起的定位误差小，离 O 点越远引起的定位误差越大，其定位误差Δd与离 O 点的距离 S 的关系曲线如图 7-2(b)所示。单点测向定位可利用飞机或卫星来进行。卫星侦察覆盖面积大、飞行速度快，可连续或定期监视一个地区，可飞越他国领空进行侦察，侦察效果较好。利用飞机侦察时，需要接近或飞越他国领空，很不安全，但它可迫使他国的雷达开机，以查明其雷达的性能和部署情况。

(1) 利用侦察飞机进行单点测向定位时，可以利用某时刻由高度表测得的飞行高度和由飞机上侦察设备测得的到地面雷达的方位角和俯仰角来确定地面辐射源的位置，此时单点测量即可定位。为了精确定位，需要考虑地球曲率的影响，但由于飞机和地面雷达之间的地球中心角很小，而且飞机高度很高，可以把被侦察定位的区域用直角坐标系来近似，地面雷达就近似认为处于 xy 平面内。如

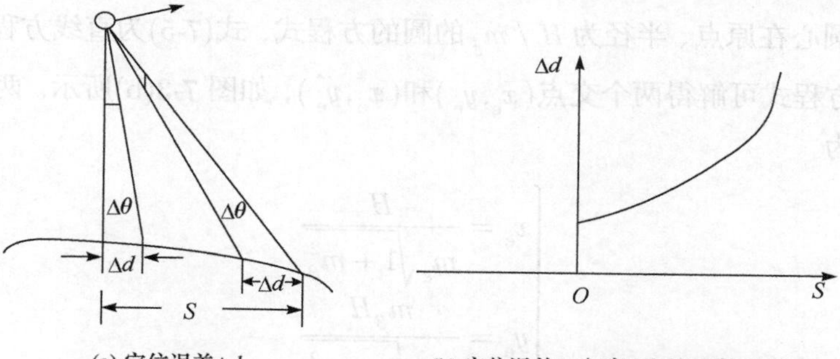

(a) 定位误差Δd　(b) 定位误差Δd与离O点的距离S的关系

图 7-2　定位误差Δd及其与离 O 点的距离 S 的关系

图 7-3 所示，设辐射源位置为(x_e, y_e)，飞机位于 z 轴上，设其高度为 H，此时由测得的仰角 ε 和方位角 β 及高度 H，就可确定地面辐射源的位置 x_e, y_e。

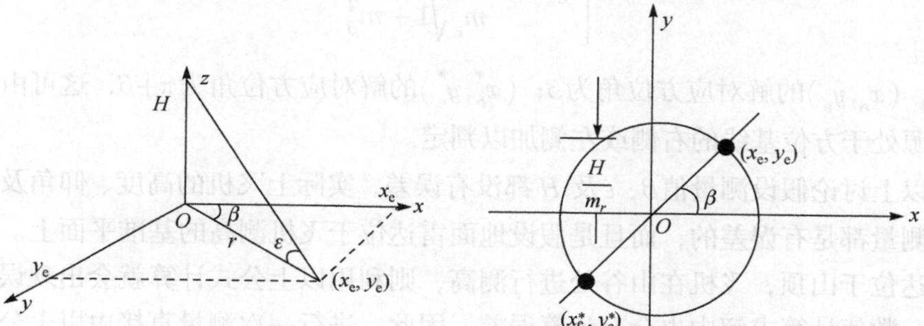

(a) 辐射源相对位置关系　(b) 定位交点示意图

图 7-3　飞机单点测向定位示意图

由图 7-3(a)可得出

$$\tan\varepsilon = \frac{H}{\sqrt{x_e^2 + y_e^2}} = m_\varepsilon \tag{7-2}$$

$$\tan\beta = \frac{y_e}{x_e} = m_\beta \tag{7-3}$$

即

$$x_e^2 + y_e^2 = \frac{H^2}{m_\varepsilon^2} \tag{7-4}$$

$$y_e = m_\beta x_e \tag{7-5}$$

式(7-4)为圆心在原点、半径为 H/m_ε 的圆的方程式，式(7-5)为直线方程。由以上两个联立方程式可解得两个交点(x_e,y_e)和(x_e^*,y_e^*)，如图 7-3(b)所示。两个交点的位置分别为

$$\begin{cases} x_e = \dfrac{H}{m_\varepsilon\sqrt{1+m_\beta^2}} \\ y_e = \dfrac{m_\beta H}{m_\varepsilon\sqrt{1+m_\beta^2}} \end{cases} \tag{7-6}$$

$$\begin{cases} x_e^* = -\dfrac{H}{m_\varepsilon\sqrt{1+m_\beta^2}} \\ y_e^* = -\dfrac{m_\beta H}{m_\varepsilon\sqrt{1+m_\beta^2}} \end{cases} \tag{7-7}$$

式中，(x_e,y_e)的解对应方位角为β；(x_e^*,y_e^*)的解对应方位角为$\pi+\beta$，这可由地面辐射源处于方位基线的右侧或左侧加以判定。

以上讨论假设测量值β、ε及 H 都没有误差，实际上飞机的高度、仰角及方位角的测量都是有误差的，而且是假设地面雷达位于飞机测高的基准平面上。若地面雷达位于山顶，飞机在山谷处进行测高，则利用以上公式计算就会出现误差，另外，数值计算求解中也会有计算误差。因此，进行一次测量直接由以上公式来确定地面雷达的位置是不够精确的，为了减少定位误差，可以进行多次测量，再利用统计处理数据的方法提高定位精度。

(2) 利用卫星对地面雷达进行单点测向定位时，由于卫星的运行轨道和行动规律是已知的，若某时刻测得卫星到辐射源的方向矢量，则由此直线与地球的交点就可决定辐射源的位置坐标，它一般都以经纬度来表征。若被侦察定位的瞬时覆盖地域限制在星下点附近，则地面辐射源可近似认为处在星下点相切的直角坐标 xy 平面内。若设卫星飞行方面即星下点轨迹方向为 x 方向，垂直于飞行方向即星下点轨迹垂直方向记为 y 方向，则在某时刻测得地面雷达相对卫星在飞行方向和飞行垂直方面的角度θ和φ，如图 7-4(a)所示。若已知卫星高度 H，则可求得地面雷达的位置(x_e,y_e)：

$$\begin{cases} x_e = H\tan\varphi \\ y_e = H\tan\theta \end{cases} \tag{7-8}$$

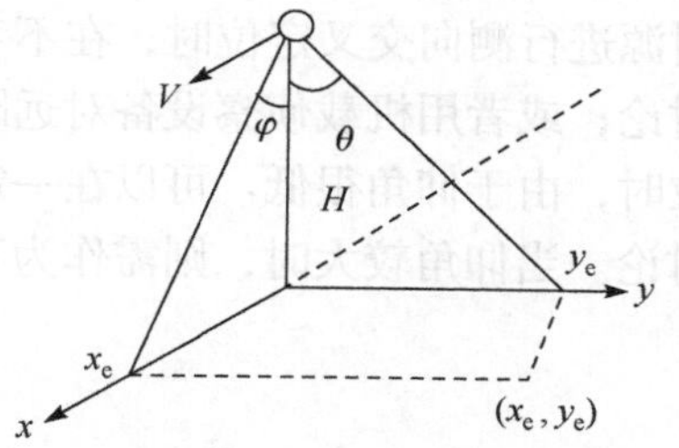

(a) 辐射源相对卫星的角度

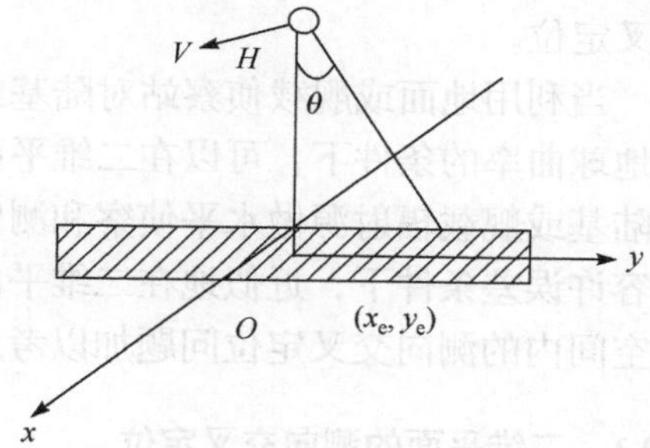

(b) 星下点轨迹

图 7-4　卫星单点测向定位示意图

利用上述方法定位时，在卫星飞行方向和飞行垂直方向都需要测向，侦察设备比较复杂，而且侦察天线照射地域面积较大。为了稀疏信号环境，可以在 x 方向用固定窄带波束来定位，这是因为卫星在轨道上飞行时，侦察设备在飞行方向是连续接收的，所以能够覆盖在卫星飞行方向的地域，可以保证可靠截获、分析、测量和识别。在卫星飞行垂直方向，为了保证在不太长时间内相邻轨道的地域覆盖范围相互衔接，一般要求侦察设备在飞行垂直方向有较宽的地域覆盖范围。综合起来，要求侦察天线照射到地面形成一条垂直于星下点轨迹的带状区域，如图 7-4(b)所示，这可利用位于卫星飞行方向的两个天线形成交叉波束，并经和差网络和终端逻辑电路来实现。这时，x 方向的定位实际是测定接收到雷达信号的时间。接收一个信号的时间是较长的，因此应把接收信号时间的中点作为接收到信号的时间，以这个时间算出星下点位置，即定出地面雷达的 x 方向位置 x_e，而地面雷达 y 方向的位置 y_e 可由测得的θ角和卫星高度 H 求得，即 $y_e = H\tan\theta$。

实际上由于存在各种误差，如测向误差、计时误差、卫星姿态误差等，定位误差会受其影响。为了减小定位误差，可以对辐射源进行多次测量，然后用统计处理数据的方法提高定位精度。

7.2　测向交叉定位

测向交叉定位法[1-4]是在已知的两个或多个不同位置测量辐射源的电磁波到达方向，然后利用三角测量法计算出辐射源的位置。它可以用两个或多个侦察设备在不同位置上同时对辐射源测向，得到几条位置线，其交点即辐射源的位置。这种方法常用于地面侦察站对辐射源的运动目标的定位；也可以用机载侦察设备在飞行航线的不同位置上对地面辐射源进行两次或多次测向，得到几条位置线再交叉定位。

当利用地面或舰载侦察站对陆基或舰载辐射源进行测向交叉定位时，在不考虑地球曲率的条件下，可以在二维平面内加以讨论；或者用机载侦察设备对远距离陆基或舰载辐射源做水平侦察和测向交叉定位时，由于仰角很低，可以在一定的容许误差条件下，近似地在二维平面内加以讨论。当仰角较大时，则需作为三维空间内的测向交叉定位问题加以考虑。

7.2.1 二维平面的测向交叉定位

1. 基本原理

若已知两个侦察站 A、B 的位置为(x_1,y_1)和(x_2, y_2)，由它们对辐射源 E 测向，测得的方位角分别为 θ_1 与 θ_2 (以方位基准逆时针为正向)，得到两条位置线即等方位线，利用这两条位置线相交所得的交点即可确定辐射源的坐标位置(x_e, y_e)，如图 7-5 所示，其中 r_1 和 r_2 分别表示辐射源到观测站 A 和 B 的距离，h 表示辐射源到直线 AB 的距离。

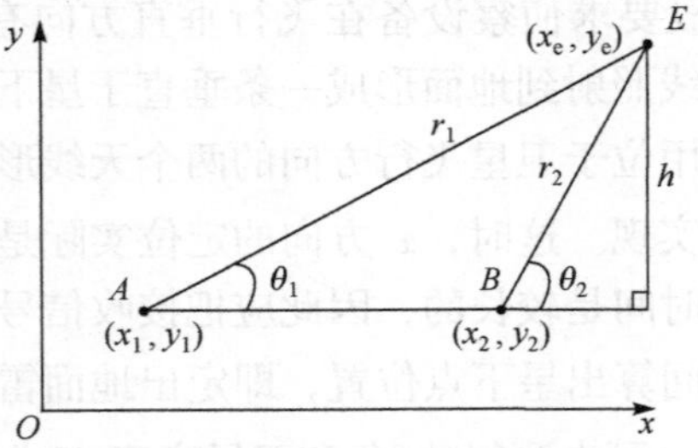

图 7-5 测向交叉定位示意图

由图 7-5 可得出

$$\begin{cases}\dfrac{y_e - y_1}{x_e - x_1} = \tan\theta_1 = m_1 \\ \dfrac{y_e - y_2}{x_e - x_2} = \tan\theta_2 = m_2\end{cases} \tag{7-9}$$

(x_1, y_1)和(x_2, y_2)的两个坐标位置是已知的，而θ_1和θ_2是测得的，因此 m_1 和 m_2 可以测量得到。现把已知量和未知量左右分开，可得

$$\begin{cases}y_e - m_1 x_e = y_1 - m_1 x_1 \\ y_e - m_2 x_e = y_2 - m_2 x_2\end{cases} \tag{7-10}$$

假设

$$\begin{cases} y_1 - m_1 x_1 = b_1 \\ y_2 - m x_2 = b_2 \end{cases} \tag{7-11}$$

则由式(7-10)、式(7-11)可得

$$\begin{bmatrix} -m_1 & 1 \\ -m_2 & 1 \end{bmatrix} \begin{bmatrix} x_e \\ y_e \end{bmatrix} = \begin{bmatrix} b_1 \\ b_2 \end{bmatrix} \tag{7-12}$$

即

$$\begin{bmatrix} x_e \\ y_e \end{bmatrix} = \begin{bmatrix} -m_1 & 1 \\ -m_2 & 1 \end{bmatrix}^{-1} \begin{bmatrix} b_1 \\ b_2 \end{bmatrix} \tag{7-13}$$

由此得到对目标位置的估计为

$$\begin{aligned} x_e &= \frac{y_1 - y_2 - m_1 x_1 + m_2 x_2}{m_2 - m_1} \\ y_e &= \frac{m_2 y_1 - m_1 y_2 - m_1 m_2 x_1 + m_1 m_2 x_2}{m_2 - m_1} \end{aligned} \tag{7-14}$$

二维平面内，在已知方位基准情况下，为确定辐射源的坐标位置，需要求出两个未知数 x_e 和 y_e。因此，对辐射源进行两次测向，得到两个联立方程式就可求得 x_e 和 y_e。如果对辐射源进行 n 次测向，那么可利用统计处理数据的方法来提高定位精度。

2. 定位误差分析

式(7-14)是在不考虑测向误差和侦察站位置误差情况下求得的辐射源位置，实际上测向和侦察站的位置都是有误差的，这些误差的存在将影响定位精度。下面从圆概率误差定位模糊区和位置误差方面，研究辐射源的定位精度与测向误差及侦察站位置配置的关系。

1) 圆概率误差

在二维平面内利用测向交叉定位确定辐射源的位置时，其定位精度可以用圆概率误差来表示。为了求圆概率误差，需要求出辐射源位置误差 dx_e 和 dy_e 的方差 $\sigma_{x_e}^2$ 和 $\sigma_{y_e}^2$，而 $\sigma_{x_e}^2$ 和 $\sigma_{y_e}^2$ 与两侦察站的测向误差 $d\theta_1$ 和 $d\theta_2$ 及侦察站的位置误差等有关。为了简化讨论，下面计算在只考虑测向误差情况下，圆概率误差与测向误差和侦察站位置配置的关系。

首先对 θ_1 和 θ_2 微分。由于

$$\theta_1 = \arctan\frac{y_e - y_1}{x_e - x_1}$$
$$\theta_2 = \arctan\frac{y_e - y_2}{x_e - x_2} \tag{7-15}$$

θ_1 对 x_e、y_e 的全微分为

$$\begin{aligned}\mathrm{d}\theta_1 &= \frac{\partial\theta_1}{\partial x_e}\mathrm{d}x_e + \frac{\partial\theta_1}{\partial y_e}\mathrm{d}y_e \\ &= \frac{\dfrac{-(y_e-y_1)}{(x_e-x_1)^2}}{1+\left(\dfrac{y_e-y_1}{x_e-x_1}\right)^2}\mathrm{d}x_e + \frac{\dfrac{1}{x_e-x_1}}{1+\left(\dfrac{y_e-y_1}{x_e-x_1}\right)^2}\mathrm{d}y_e\end{aligned} \tag{7-16}$$

设

$$\begin{aligned}r_1^2 &= (x_e-x_1)^2 + (y_e-y_1)^2 \\ r_2^2 &= (x_e-x_2)^2 + (y_e-y_2)^2\end{aligned} \tag{7-17}$$

则

$$\begin{aligned}\mathrm{d}\theta_1 &= -\frac{y_e-y_1}{r_1^2}\mathrm{d}x_e + \frac{x_e-x_1}{r_1^2}\mathrm{d}y_e \\ \mathrm{d}\theta_2 &= -\frac{y_e-y_2}{r_2^2}\mathrm{d}x_e + \frac{x_e-x_2}{r_2^2}\mathrm{d}y_e\end{aligned} \tag{7-18}$$

即

$$\begin{bmatrix}\mathrm{d}\theta_1 \\ \mathrm{d}\theta_2\end{bmatrix} = \begin{bmatrix}-\dfrac{y_e-y_1}{r_1^2} & \dfrac{x_e-x_1}{r_1^2} \\ -\dfrac{y_e-y_2}{r_2^2} & \dfrac{x_e-x_2}{r_2^2}\end{bmatrix}\begin{bmatrix}\mathrm{d}x_e \\ \mathrm{d}y_e\end{bmatrix} \tag{7-19}$$

由式(7-19)可求得辐射源的位置误差 $\mathrm{d}x_e$、$\mathrm{d}y_e$ 与 $\mathrm{d}\theta_1$、$\mathrm{d}\theta_2$ 及两侦察站坐标位置的关系为

$$\begin{bmatrix}\mathrm{d}x_e \\ \mathrm{d}y_e\end{bmatrix} = \begin{bmatrix}\dfrac{y_e-y_1}{r_1^2} & \dfrac{x_e-x_1}{r_1^2} \\ -\dfrac{y_e-y_2}{r_2^2} & \dfrac{x_e-x_2}{r_2^2}\end{bmatrix}^{-1}\begin{bmatrix}\mathrm{d}\theta_1 \\ \mathrm{d}\theta_2\end{bmatrix}$$

$$
= \frac{1}{D}\begin{bmatrix} \frac{x_e - x_2}{r_2^2} & -\frac{x_e - x_1}{r_1^2} \\ \frac{y_e - y_2}{r_2^2} & -\frac{y_e - y_1}{r_1^2} \end{bmatrix}\begin{bmatrix} d\theta_1 \\ d\theta_2 \end{bmatrix} \tag{7-20}
$$

式中

$$
D = \begin{vmatrix} -\frac{y_e - y_1}{r_1^2} & \frac{x_e - x_1}{r_1^2} \\ -\frac{y_e - y_2}{r_2^2} & \frac{x_e - x_2}{r_2^2} \end{vmatrix} = -\frac{y_e - y_1}{r_1^2}\frac{x_e - x_2}{r_2^2} + \frac{x_e - x_1}{r_1^2}\frac{y_e - y_2}{r_2^2} \tag{7-21}
$$

若 $y_e - y_1 = y_e - y_2 = h$，则

$$
\begin{aligned}
&\sin\theta_1 = \frac{h}{r_1}, \quad \sin\theta_2 = \frac{h}{r_2} \\
&\cos\theta_1 = \frac{x_e - x_1}{r_1}, \quad \cos\theta_2 = \frac{x_e - x_2}{r_2}
\end{aligned} \tag{7-22}
$$

因此

$$
\begin{aligned}
D &= -\frac{1}{r_1 r_2}\sin\theta_1\cos\theta_2 + \frac{1}{r_1 r_2}\cos\theta_1\sin\theta_2 \\
&= \frac{1}{r_1 r_2}\sin(\theta_2 - \theta_1)
\end{aligned} \tag{7-23}
$$

将式(7-23)代入式(7-20)可得

$$
\begin{aligned}
dx_e &= \frac{1}{D}\left[\frac{x_e - x_2}{r_2^2}d\theta_1 \quad -\frac{x_e - x_1}{r_1^2}d\theta_2\right] \\
&= \frac{1}{D}\left[\frac{1}{r_2}\cos\theta_2 d\theta_1 \quad -\frac{1}{r_1}\cos\theta_1 d\theta_2\right]
\end{aligned} \tag{7-24}
$$

$$
dy_e = \frac{1}{D}\left[\frac{1}{r_2}\sin\theta_2 d\theta_1 \quad -\frac{1}{r_1}\sin\theta_1 d\theta_2\right] \tag{7-25}
$$

现设两侦察站的测向误差 $d\theta_1$ 及 $d\theta_2$ 的方差相等，均值都为零而且互不相关，即

$$
\begin{aligned}
&E\left[d\theta_1\right] = E\left[d\theta_2\right] = 0 \\
&E\left[\left(d\theta_1\right)^2\right] = E\left[\left(d\theta_2\right)^2\right] = \sigma_\theta^2 \\
&E\left[d\theta_1 d\theta_2\right] = 0
\end{aligned} \tag{7-26}
$$

则由式(7-24)～式(7-26)可求得辐射源位置误差 $\mathrm{d}x_{\mathrm{e}}$ 和 $\mathrm{d}y_{\mathrm{e}}$ 的均值都为 0，其方差分别为

$$\begin{aligned}\sigma_{x_{\mathrm{e}}}^2&=\frac{\sigma_\theta^2}{D^2}\left(\frac{1}{r_2^2}\cos^2\theta_2+\frac{1}{r_1^2}\cos^2\theta_1\right)\\ \sigma_{y_{\mathrm{e}}}^2&=\frac{\sigma_\theta^2}{D^2}\left(\frac{1}{r_2^2}\sin^2\theta_2+\frac{1}{r_1^2}\sin^2\theta_1\right)\end{aligned}\tag{7-27}$$

将式(7-23)代入式(7-27)，得

$$\begin{aligned}\sigma_{x_{\mathrm{e}}}^2&=h^2\sigma_\theta^2\frac{\sin^2\theta_2\cos^2\theta_2+\sin^2\theta_1\cos^2\theta_1}{\sin^2\theta_1\sin^2\theta_2\sin^2(\theta_2-\theta_1)}\\ \sigma_{y_{\mathrm{e}}}^2&=h^2\sigma_\theta^2\frac{\sin^4\theta_2+\sin^4\theta_1}{\sin^2\theta_1\sin^2\theta_2\sin^2(\theta_2-\theta_1)}\end{aligned}\tag{7-28}$$

则

$$\begin{aligned}\sigma_{x_{\mathrm{e}}}^2+\sigma_{y_{\mathrm{e}}}^2&=h^2\sigma_\theta^2\frac{\sin^2\theta_2+\sin^2\theta_1}{\sin^2\theta_1\sin^2\theta_2\sin^2(\theta_2-\theta_1)}\\ &=h^2\sigma_\theta^2\left(\frac{1}{\sin^2\theta_2\sin^2(\theta_2-\theta_1)}+\frac{1}{\sin^2\theta_1\sin^2(\theta_2-\theta_1)}\right)\end{aligned}\tag{7-29}$$

根据圆概率误差的定义和简化公式，可求得近似的圆概率误差为

$$\begin{aligned}\mathrm{CEP}&\approx 0.75\sqrt{\sigma_{x_{\mathrm{e}}}^2+\sigma_{y_{\mathrm{e}}}^2}\\ &=\frac{0.75h\sigma_\theta}{\sin(\theta_2-\theta_1)}\sqrt{\frac{1}{\sin^2\theta_1}+\frac{1}{\sin^2\theta_2}}\end{aligned}\tag{7-30}$$

式(7-30)是当 σ_θ 的单位为弧度时得到的。若 σ_θ 的单位为度，则可以得到

$$\begin{aligned}\mathrm{CEP}&=\frac{\pi}{180}\frac{0.75h\sigma_\theta}{\sin(\theta_2-\theta_1)}\sqrt{\frac{1}{\sin^2\theta_1}+\frac{1}{\sin^2\theta_2}}\\ &=K\frac{h\sigma_\theta}{\sqrt{2}}\end{aligned}\tag{7-31}$$

式中

$$K=\frac{0.0185}{\sin(\theta_2-\theta_1)}\sqrt{\frac{1}{\sin^2\theta_1}+\frac{1}{\sin^2\theta_2}}\tag{7-32}$$

由式(7-31)可见，测向误差的均方根 σ_θ 越小，h 越小，则圆概率误差越小，定位精度就越高。同时，圆概率误差的大小与 θ_1 和 θ_2 的大小有关，也就是与侦察站

相对辐射源的位置配置有关。当圆概率误差取最小值时，即当 $\sigma_{x_e}^2+\sigma_{y_e}^2$ 为最小值时，可求得适当的 θ_1 和 θ_2。假设 $\sigma^2=\sigma_{x_e}^2+\sigma_{y_e}^2$，求 σ^2 的极小值应满足

$$\begin{aligned}\frac{\partial\sigma^2}{\partial\theta_1}=0\\ \frac{\partial\sigma^2}{\partial\theta_2}=0\end{aligned} \tag{7-33}$$

进一步地

$$\begin{aligned}\frac{\partial\sigma^2}{\partial\theta_1}&=h^2\sigma_\theta^2\left(\frac{2\cos(\theta_2-\theta_1)}{\sin^2\theta_2\sin^3(\theta_2-\theta_1)}+\frac{-2\cos\theta_1\sin(\theta_2-\theta_1)+2\sin\theta_1\cos(\theta_2-\theta_1)}{\sin^3\theta_1\sin^3(\theta_2-\theta_1)}\right)\\&=2h^2\sigma_\theta^2\\&\quad\cdot\frac{\sin^3\theta_1\sin\theta_2\cos(\theta_2-\theta_1)-\sin^3\theta_2\cos\theta_1\sin(\theta_2-\theta_1)}{\sin^3\theta_2\sin^3\theta_1\sin^3(\theta_2-\theta_1)}\\&\quad+\frac{\sin\theta_1\sin^3\theta_2\cos(\theta_2-\theta_1)}{\sin^3\theta_2\sin^3\theta_1\sin^3(\theta_2-\theta_1)}\\&=0\end{aligned} \tag{7-34}$$

即

$$\sin\theta_1\cos(\theta_2-\theta_1)(\sin^2\theta_1+\sin^2\theta_2)=\sin^2\theta_2\cos\theta_1\sin(\theta_2-\theta_1) \tag{7-35}$$

由 $\dfrac{\partial\sigma^2}{\partial\theta_2}=0$ 可得

$$\sin\theta_2\cos(\theta_2-\theta_1)(\sin^2\theta_1+\sin^2\theta_2)=-\sin^2\theta_1\cos\theta_2\sin(\theta_2-\theta_1) \tag{7-36}$$

由式(7-34)和式(7-36)可得

$$\frac{\sin^2\theta_2\cos\theta_1}{\sin\theta_1}=\frac{\sin^2\theta_1\cos(\pi-\theta_2)}{\sin\theta_2} \tag{7-37}$$

即

$$\sin^3\theta_2\cos\theta_1=\sin^3\theta_1\cos(\pi-\theta_2) \tag{7-38}$$

由式(7-38)可得

$$\theta_2=\pi-\theta_1 \tag{7-39}$$

将式(7-39)代入式(7-35)和式(7-36)可得

$$-2\sin^3\theta_1\cos2\theta_1 = 2\sin^3\theta_1\cos^2\theta_1$$
$$1-2\cos^2\theta_1 = \cos^2\theta_1 \tag{7-40}$$
$$\cos^2\theta_1 = \frac{1}{3}$$

即

$$\theta_1 = \arccos\frac{1}{\sqrt{3}} \approx 55° \tag{7-41}$$
$$\theta_2 \approx 125°$$

将以上关系式代入式(7-31)，可求得

$$\text{CEP} \approx K\frac{h\sigma_\theta}{\sqrt{2}} \approx 0.034\frac{h\sigma_\theta^2}{\sqrt{2}} \tag{7-42}$$

即此时 K=0.034。

由式(7-42)求得对应不同的 θ_2 及 $\theta_2-\theta_1$ 条件下 K 的变化曲线[式(7-32)]，如图 7-6 所示。

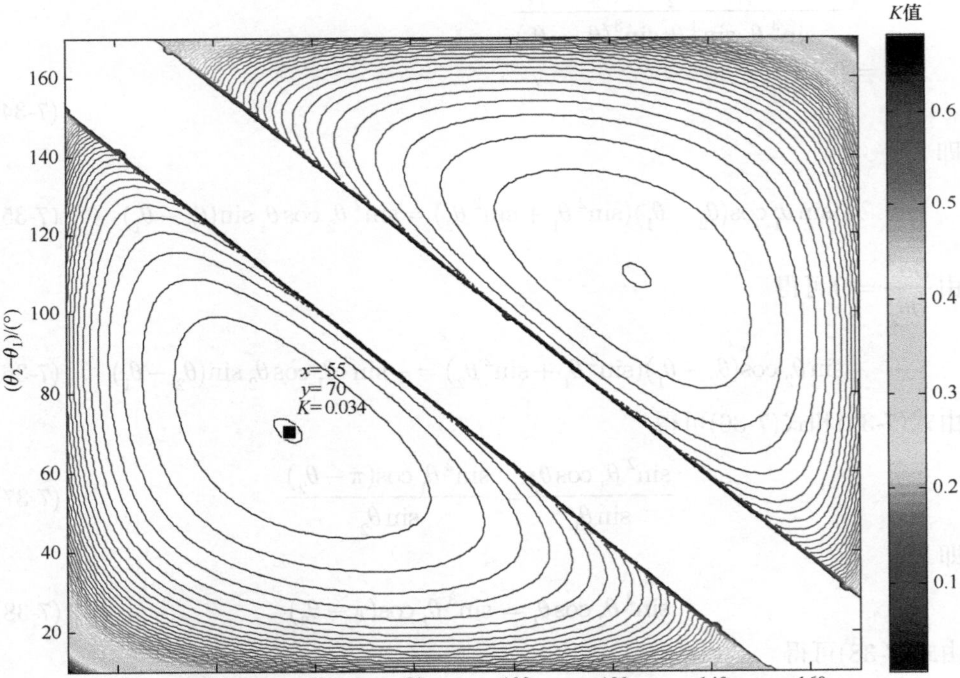

图 7-6　测向交叉定位圆概率误差中 K 值变化曲线

当θ_1和θ_2选择不当时，将使圆概率误差增大，定位精度降低。因此，为了提高定位精度，除了尽可能减少测向误差和辐射源到两侦察站 AB 连续的垂直距离 h 外，还必须合理选择θ_1和θ_2 (使$\theta_1 = \theta_2' = 55°$)，即适当配置两侦察站的位置，使圆概率误差减小。

2) 定位模糊区和位置误差

利用测向交叉定位法时，辐射源的位置除可用上述坐标位置表示外，还可用两个侦察站 A 和 B 到辐射源的距离 r_1 和 r_2 来表示，此时可将 AB 两站之间的连线作为已知基线。由两站分别对同一辐射源测向，得到的两条直线的交点即辐射源的位置，如图 7-7(a)所示。

设 AB 两侦察站之间的距离为 L，它可事先精确测出。辐射源到基线的垂直距离为 h，两站测得的方位角即两条位置线与基线之间的夹角为θ_1和θ_2'，其中$\theta_2 = \pi - \theta_2'$，两条位置线的夹角$\theta_3 = \theta_2 - \theta_1$。根据正弦定理可求得 r_1 和 r_2 分别为

$$\begin{cases} r_1 = \dfrac{L\sin\theta_2'}{\sin\theta_3} = \dfrac{L\sin\theta_2}{\sin(\theta_2 - \theta_1)} \\ r_2 = \dfrac{L\sin\theta_1}{\sin(\theta_2 - \theta_1)} \end{cases} \tag{7-43}$$

以上假设基线 L 及测量值 θ_1 和 θ_2 均没有误差。实际上它们都存在误差，而且计算也会产生误差，这些都会影响定位精度。若只考虑测向误差，而忽略其他误差，则测向误差使交叉定位后产生定位模糊区 $PMQN$，如图 7-7(b)所示。设两侦察站的测向误差分别为$\pm\Delta\theta_1$和$\pm\Delta\theta_2$，由于 r_1 和 r_2 很大，而$\Delta\theta_1$和$\Delta\theta_2$很小，各位置线可近似认为是互相平行的，则定位模糊区 $PMQN$ 可认为是平行四边形，如图 7-7(c)所示，其中

$$\begin{cases} u = r_1\tan\Delta\theta_1 \approx r_1\Delta\theta \\ v = r_2\tan\Delta\theta_2 \approx r_2\Delta\theta_2 \end{cases} \tag{7-44}$$

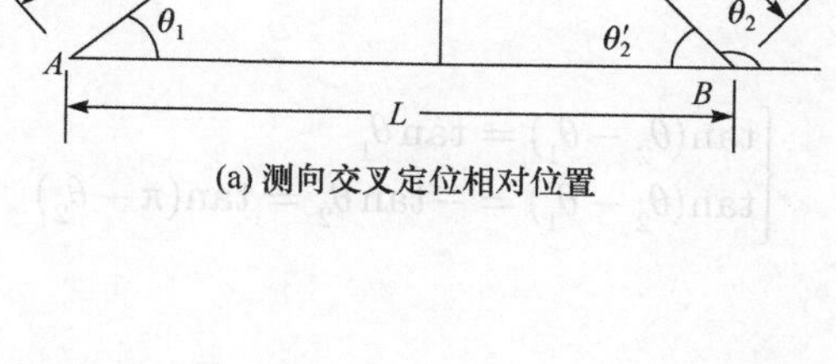

(a) 测向交叉定位相对位置

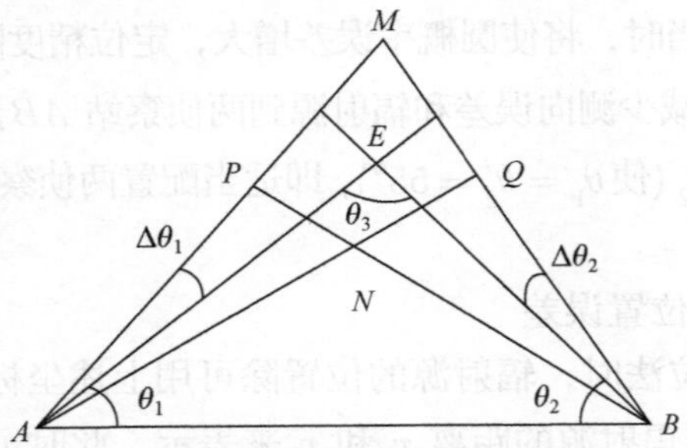

(b) 测向交叉定位模糊区域

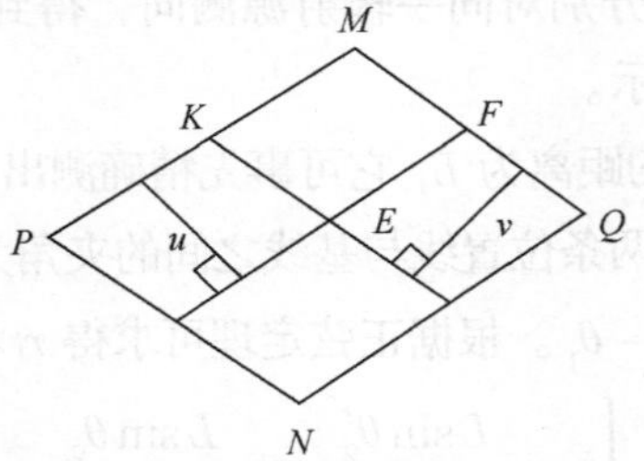

(c) 模糊区域示意图

图 7-7　测向交叉定位构型图

设两侦察站的测向误差相同，即 $\Delta\theta_1=\Delta\theta_2=\Delta\theta$。定位模糊区 $PMQN$ 的面积为平行四边形 $MKEF$ 面积的 4 倍，即

$$
\begin{aligned}
S &= 4\frac{uv}{\sin\theta_3}=\frac{4r_1r_2(\tan\Delta\theta)^2}{\sin(\theta_2-\theta_1)} \\
&= \frac{4h^2(\tan\Delta\theta)^2}{\sin\theta_1\sin\theta_2\sin(\theta_2-\theta_1)}
\end{aligned}
\tag{7-45}
$$

由式(7-45)可见，定位模糊区 S 与 h、$\Delta\theta$、θ_1 和 θ_2 有关。h、$\Delta\theta$ 越大，S 越大；当 h、$\Delta\theta$ 一定时，S 是 θ_1 和 θ_2 的函数，即 $S=f(\theta_1,\theta_2)$。此时，为使定位模糊区最小，应正确选择 θ_1 与 θ_2 的值，现用多元函数求极值的方法来求 S 的极小值，也就是求分母 $Z=\sin\theta_1\sin\theta_2\sin(\theta_2-\theta_1)$ 的极大值。为此应满足

$$
\begin{aligned}
\frac{\partial Z}{\partial\theta_1} &= \sin\theta_2(\cos\theta_1\sin(\theta_2-\theta_1)-\sin\theta_1\cos(\theta_2-\theta_1))=0 \\
\frac{\partial Z}{\partial\theta_2} &= \sin\theta_1(\cos\theta_2\sin(\theta_2-\theta_1)+\sin\theta_2\cos(\theta_2-\theta_1))=0
\end{aligned}
\tag{7-46}
$$

由式(7-46)可得

$$
\begin{cases}
\tan(\theta_2-\theta_1)=\tan\theta_1 \\
\tan(\theta_2-\theta_1)=-\tan\theta_2=\tan(\pi-\theta_2)
\end{cases}
\tag{7-47}
$$

将 $\theta_1=\pi-\theta_2$ 代入式(7-47)可得

$$\tan(\pi-2\theta_1)=\tan\theta_1 \tag{7-48}$$

即 $\theta_1=\dfrac{\pi}{3}=60°$，$\theta_2=120°$。

经判别，Z 为极大值，即 S 为极小值。这说明，当适当配置两侦察站的位置，使 $\theta_1=\dfrac{\pi}{3}=60°$、$\theta_2=120°$ 时，可获得最小的定位模糊区。此时

$$S_{\min}=\frac{4h^2(\tan\Delta\theta)^2}{(\sin 60°)^3}=6.2h^2(\tan\Delta\theta)^2 \tag{7-49}$$

当 $\theta_1=\dfrac{\pi}{3}=60°$、$\theta_2=120°$ 时，可以得到 $h=\dfrac{\sqrt{3}}{2}L$，则

$$S_{\min}=4.6L^2(\tan\Delta\theta)^2 \tag{7-50}$$

当不满足 $\theta_1=\theta_2'=60°$ 时，定位模糊区的面积将增大。只有当 $\theta_1=\theta_2'=60°$ 时，才能得到最小的定位模糊面积，即 $S=S_{\min}$。

定位误差除可用定位模糊区大小来表示外，还可用位置误差的大小来表示。如图 7-7(c)所示，各侦察站的测向误差的存在，使得测向交叉求得的目标位置 M 与真实的位置 E 之间存在距离误差 r。根据余弦定理可得

$$\begin{aligned}r^2&=\overline{KE}^2+\overline{KM}^2+2\overline{KEKM}\cdot\cos\theta_3\\&=\frac{u^2+v^2+2uv\cos\theta_3}{(\sin\theta_3)^2}\end{aligned} \tag{7-51}$$

将式(7-44)代入式(7-51)可得

$$r^2=\frac{r_1^2\Delta\theta_1^2+r_2^2\Delta\theta_2^2+2r_1r_2\Delta\theta_1\Delta\theta_2\cos\theta_3}{(\sin\theta_3)^2} \tag{7-52}$$

由于测量误差是随机的，位置误差也是随机的，可用均方根值 σ_{r} 来表示。现假设两侦察站测向的均方根值相等，均值均为零，而且彼此互不相关，即

$$\begin{gathered}E[\Delta\theta_1]=E[\Delta\theta_2]=0\\ \sigma_{\Delta\theta_1}=\sigma_{\Delta\theta_2}=\sigma_\theta\\ E[\Delta\theta_1\Delta\theta_2]=0\end{gathered} \tag{7-53}$$

则由式(7-52)可得

$$\sigma_{\mathrm{r}}^2=\frac{(r_1^2+r_2^2)\sigma_\theta^2}{(\sin\theta_3)^2} \tag{7-54}$$

由

$$r_1 = \frac{h}{\sin\theta_1}, \quad r_2 = \frac{h}{\sin\theta_2} \tag{7-55}$$

可得

$$\sigma_r^2 = \frac{h^2\sigma_\theta^2}{(\sin\theta_3)^2}\left[\frac{1}{(\sin\theta_1)^2} + \frac{1}{(\sin\theta_2)^2}\right] \tag{7-56}$$

即

$$\sigma_r = \frac{h\sigma_\theta}{\sin\theta_3}\sqrt{\frac{1}{(\sin\theta_1)^2} + \frac{1}{(\sin\theta_2)^2}} \tag{7-57}$$

由以上对圆概率误差、定位模糊区和位置误差的讨论可以看出[见式(7-31)、式(7-45)、式(7-57)]，定位精度与测向误差、侦察站位置配置、站间距离及辐射源到基线的垂直距离等有关。测向误差越大，侦察站位置配置不当及辐射源到基线的垂直距离 h 越大，定位误差也越大。因此，为了减小定位误差，提高定位精度，应尽量减小测向误差，采用定向精度高的侦察天线和测向系统。同时要适当配置两侦察站的位置，使 $\theta_1 = \theta_2 = 60°$，即此时 $L=r_1=r_2$。与此同时，而且应尽量减小 r_1 和 r_2，为此，当利用地面侦察站对辐射源定位时，应尽可能将侦察站配置在前沿阵地，使 h 减小，同时也相应地减小了两站之间的距离 L。

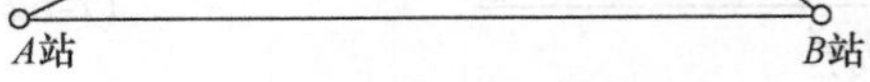

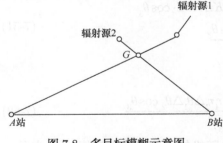

图 7-8　多目标模糊示意图

测向交叉定位法由于比较简单，目前应用较广。然而，测向交叉定位法也存在一些问题，主要是当被侦察区域有多个辐射源时，可能产生虚假定位。因为这种方法只测量方位，并由方位线的交点来确定辐射源的位置。所以同时存在辐射源 1 和 2 时，就有可能产生 A 站方位线对准辐射源 1，B 站方位线对准辐射源 2，从而出现虚假的交点 G，产生虚假的辐射线，如图 7-8 所示。

为了减少虚假定位，可以采用多站测向定位，或在机载侦察时采用多次测向以鉴别真假辐射源。同时，应设法稀疏信号环境，提高侦察设备对信号分选和识别的能力。此外，应尽量采取措施抑制侦察天线旁瓣，以减少它对定位精度的影响。

7.2.2　三维空间的测向交叉定位

若辐射源位于空间，则利用两个以上地面侦察站测量辐射源的方位角和俯仰角，即可确定辐射源的空间位置。

设辐射源 E 的坐标位置为(x_e, y_e, z_e)，两个侦察站的坐标位置分别为(x_1, y_1, z_1)和(x_2, y_2, z_2)，两站测得的方位角和俯仰角分别为β_1、ε_1和β_2、ε_2，如图 7-9 所示。根据图 7-9，有

$$\begin{aligned}
\tan\varepsilon_1 &= \frac{z_e - z_1}{\sqrt{(x_e - x_1)^2 + (y_e - y_1)^2}} \\
\tan\beta_1 &= \frac{y_e - y_1}{x_e - x_1} \\
\tan\varepsilon_2 &= \frac{z_e - z_2}{\sqrt{(x_e - x_2)^2 + (y_e - y_2)^2}} \\
\tan\beta_2 &= \frac{y_e - y_2}{x_e - x_2}
\end{aligned} \tag{7-58}$$

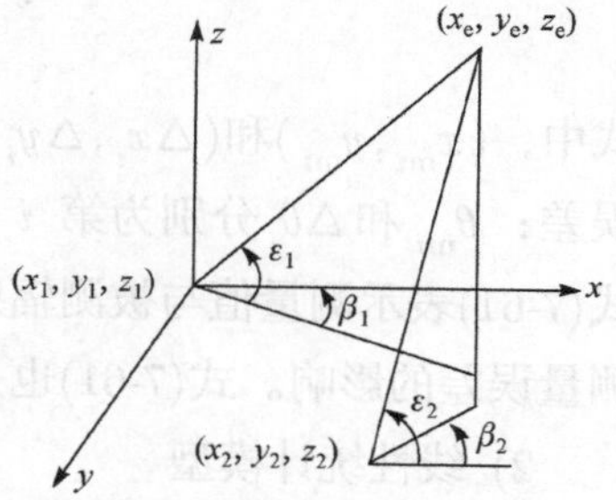

图 7-9　三维测向定位示意图

由以上关系式可见，用一个侦察站测得的方位角和俯仰角还不能确定空间辐射源的三个坐标值，必须至少使用两个侦察站的数据才能求出 x_e、y_e、z_e。当采用两个以上的侦察站测向定位时，可利用所测得数据中的三个数据来初始定位，其余的数据用来提高辐射源的定位精度。

7.2.3　基于最小二乘的测向交叉定位算法

本节主要介绍基于最小二乘的测向交叉定位解算方法[5]。

1. 数学模型

1) 测量方程

在二维平面内利用多个已知位置的侦察站对同一幅辐射源进行测向交叉定位，或由一个侦察机沿一定航线在不同已知位置上对同一辐射源进行多次测向然后交叉定位时，可以得到多个联立方程组。

$$\tan\theta_i = \frac{y_e - y_i}{x_e - x_i}, \qquad i = 1,2,\cdots,n \tag{7-59}$$

式中，(x_e, y_e)为辐射源的真实位置，是未知量；(x_i, y_i)为第 i 个(次)侦察机的真实位置；θ_i 为第 i 个(次)侦察机对辐射源的真实方位角。

如果测量没有误差，那么只需在两个不同位置上对辐射源测向，得到两个联立方程式，即可求得两个未知量 x_e 和 y_e，但实际上由于存在测量误差，实际测量所得的 x_{mi}、y_{mi} 和 θ_{mi} 都与真实值 x_i、y_i、θ_i之间存在误差，即

$$\begin{cases} x_i = x_{mi} + \Delta x_i \\ y_i = y_{mi} + \Delta y_i \end{cases} \tag{7-60}$$

$$\theta_{mi} = \theta_i + \Delta\theta_i = \arctan\frac{y_e - y_i}{x_e - x_i} + \Delta\theta_i = f(x_e, y_e, x_i, y_i) + \Delta\theta_i, \quad i = 1, 2, \cdots, n \tag{7-61}$$

式中，(x_{mi}, y_{mi})和$(\Delta x_i, \Delta y_i)$分别为第 i 个(次)侦察机的位置测量值和位置测量误差；θ_{mi} 和 $\Delta\theta_i$ 分别为第 i 个(次)侦察站对辐射源角度的测量值和测角误差。式(7-61)表示测量值与被测辐射源的坐标位置(x_e, y_e)之间的非线性关系，并考虑了测量误差的影响。式(7-61)也是二维 xy 平面内测向交叉定位的测量方程。

2) 线性统计模型

由于式(7-61)是非线性测量方程，而最小二乘估计是以线性测量方程为前提的，因此首先要使测量方程线性化，以便得到一个线性统计模型。可以将多元函数

$$\theta_i = f(x_e, y_e, x_i, y_i) = \arctan\frac{y_e - y_i}{x_e - x_i} \tag{7-62}$$

进行泰勒展开，并取其线性项，忽略高次项来近似获得线性模型。这就要求多元函数在某值附近的小区间内存在 n 阶偏导数，为此可以给定或利用两个位置求出辐射源的初始位置并将其作为初估值 x_{eo}、y_{eo}，由于粗略估计的位置中存在误差，辐射源的真实位置 x_e、y_e 与初始估值 x_{eo}、y_{eo} 之间存在误差量Δx_e、Δy_e，即

$$\begin{cases} x_e = y_{eo} + \Delta x_e \\ y_e = y_{eo} + \Delta y_e \end{cases} \tag{7-63}$$

式中，x_{eo}、y_{eo} 为已知量，Δx_e、Δy_e 及 x_e、y_e 为未知量，现在对辐射源位置 x_e、y_e 进行估计，可以转化为对Δx_e、Δy_e 进行估计，并将估计得到的Δx_e、Δy_e 用来对 x_{eo}、y_{eo} 进行修正，以求得 x_e、y_e 的最佳估值。

由于Δx_e、Δy_e、Δx_i、Δy_i 都是误差小量，只要多元函数在 x_{eo}、y_{eo}、x_{mi}、y_{mi} 附近存在 n 阶偏导数，就可以利用多元函数泰勒公式将 $f(x_e, y_e, x_i, y_i)$ 在 $x_e = x_{eo}$、$y_e = y_{eo}$、$x_i = x_{mi}$、$y_i = y_{mi}$ 处进行泰勒级数展开，可得

$$\begin{aligned} \theta_i = f(x_e, y_e, x_i, y_i) &= f(x_{eo}, y_{eo}, x_{mi}, y_{mi}) \\ &+ \left.\frac{\partial f}{\partial x_e}\right|_{\substack{x_e = x_{eo} \\ y_e = y_{eo} \\ x_i = x_{mi} \\ y_i = y_{mi}}} (x_e - x_{eo}) + \left.\frac{\partial f}{\partial y_e}\right|_{\substack{y_e = x_{eo} \\ y_e = y_{eo} \\ x_i = x_{mi} \\ y_i = y_{mi}}} (y_e - y_{eo}) \end{aligned}$$

$$+\left.\frac{\partial f}{\partial x_i}\right|_{\substack{x_e=x_{eo}\\ y_e=y_{eo}\\ x_i=x_{mi}\\ y_i=y_{mi}}}(x_i-x_{mi})+\left.\frac{\partial f}{\partial y_i}\right|_{\substack{y_e=x_{eo}\\ y_e=y_{eo}\\ x_i=x_{mi}\\ y_i=y_{mi}}}(y_i-y_{mi})+c_i \tag{7-64}$$

$$=f(x_{eo}y_{eo}x_{mi}y_{mi})+h_{i1}\Delta x_e+h_{i2}\Delta y_e+a_{i1}\Delta x_i+a_{i2}\Delta y_i+c_i$$

式中，c_i为泰勒级数展开式的高次项；Δx_e、Δy_e、Δx_i、Δy_i都是误差量，其值很小，因此 c_i是高阶小量，可以忽略；h_{i1}、h_{i2}可通过对式(7-62)求微分得到。

由$\dfrac{\mathrm{d}(\arctan v)}{\mathrm{d}v}=\dfrac{\mathrm{d}v}{1+v^2}$可得

$$h_{i1}=\left.\frac{\partial f}{\partial x_e}\right|_{\substack{x_e=x_{eo}\\ y_e=y_{eo}\\ x_i=x_{mi}\\ y_i=y_{mi}}}=\frac{-(y_{eo}-y_{mi})}{(x_{eo}-x_{mi})^2+(y_{eo}-y_{mi})^2}=\frac{-(y_{eo}-y_{mi})}{r_{io}^2}$$

$$h_{i2}=\left.\frac{\partial f}{\partial y_e}\right|_{\substack{x_e=x_{eo}\\ y_e=y_{eo}\\ x_i=x_{mi}\\ y_i=y_{mi}}}=\frac{x_{eo}-x_{mi}}{r_{io}^2} \tag{7-65}$$

由式(7-64)和式(7-65)可以看出，h_{i1} 和 h_{i2} 可以由初始估值(x_{eo}，y_{eo})和测量值 x_{mi}与 y_{mi}求出。式(7-65)中，$r_{io}^2=(x_{eo}-x_{mi})^2+(y_{eo}-y_{mi})^2$，$r_{io}$表示第 i 个侦察机的测量位置到初始位置的距离，如图 7-10 所示。

依据式(7-62)，在初始状态下

$$f(e_{eo}y_{eo}x_{mi}y_{mi})=\arctan\frac{y_{eo}-y_{mi}}{x_{eo}-x_{mi}}=\theta_{oi} \tag{7-66}$$

式中，θ_{oi}表示第 i 个侦察站到初始位置的方位角，如图 7-10 所示。式(7-64)中

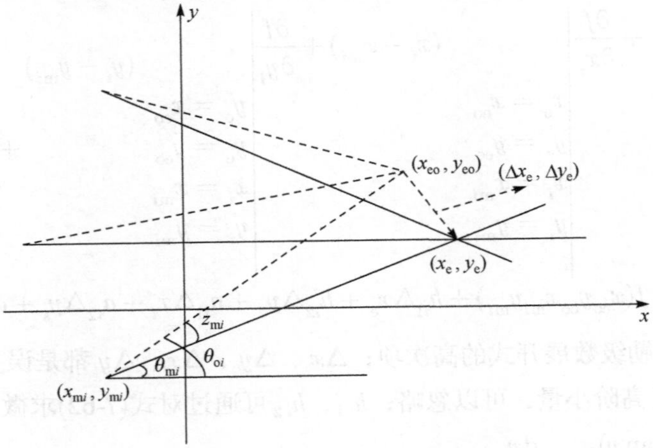

图 7-10　测向交叉迭代示意图

$a_{i1}\Delta x_i + a_{i2}\Delta y_i$ 表示由第 i 个侦察机的位置误差引起的误差项。将式(7-65)和式(7-66)代入式(7-64)可得

$$\theta_i = \theta_{mi} - \Delta\theta_i = \arctan\frac{y_{eo} - y_{mi}}{x_{eo} - x_{mi}} + h_{i1}\Delta x_e + h_{i2}\Delta y_e + a_{i1}\Delta x_i + a_{i2}\Delta y_i \tag{7-67}$$

联合式(7-66)和式(7-67)可得

$$\theta_{mi} - \arctan\frac{y_{eo} - y_{mi}}{x_{eo} - x_{mi}} = \theta_{mi} - \theta_{oi} = h_{i1}\Delta x_e + h_{i2}\Delta y_e + a_{i1}\Delta x_i + a_{i2}\Delta y_i + \Delta\theta_i \tag{7-68}$$

式中，等式左边表示第 i 个侦察机对辐射源测得的方位角 θ_{mi} 与到初估位置的方位角 θ_{oi} 之间的差值。令

$$z_i = \theta_{mi} - \theta_{oi} = \theta_{mi} - \arctan\frac{y_{eo} - y_{mi}}{x_{eo} - x_{mi}} \tag{7-69}$$

则 z_i 代表观察值，它与 θ_{mi} 和 θ_{oi} 之间的关系如图 7-10 所示。式(7-68)中，等式右边的 Δx_e 和 Δy_e 也要估计出来，用以修正对辐射源位置的估计值，以提高定位精度。等式右边的其余三项是与侦察机的位置误差及测向误差有关的误差项，一般是零均值的随机误差，可用 e_i 表示，即

$$e_i = a_{i1}\Delta x_i + a_{i2}\Delta y_i + \Delta\theta_i \tag{7-70}$$

因此，式(7-68)可写为

$$\begin{aligned} z_i &= \theta_{mi} - \theta_{oi} \\ &= h_{i1}\Delta x_e + h_{i2}\Delta y_e + e_i \end{aligned} \tag{7-71}$$

式(7-71)即为测量方程经过线性化的线性模型。式中，z_i、h_{i1} 及 h_{i2} 可由初始估值 x_{eo}、y_{eo} 及第 i 个侦察机的位置测量值 x_{mi}、y_{mi} 和方位测量值 θ_{mi} 求出，如果有 n 个点(i=1,2,⋯,n)对辐射源测向，可得 n 个方程式，那么式(7-71)可写成如下矢量矩阵形式：

$$\boldsymbol{z} = \boldsymbol{H}\boldsymbol{x} + \boldsymbol{e} \tag{7-72}$$

式中，$\boldsymbol{z} = [z_1 \quad z_2 \quad \cdots \quad z_n]^{\mathrm{T}}$ 为 n 维观测矢量；$\boldsymbol{x} = [\Delta x_e \quad \Delta y_e]^{\mathrm{T}}$ 为二维待估计矢量；$\boldsymbol{H} = \begin{bmatrix} h_{11} & h_{21} & \cdots & h_{n1} \\ h_{12} & h_{22} & \cdots & h_{n2} \end{bmatrix}^{\mathrm{T}}$ 为 $n\times 2$ 系数矩阵；$\boldsymbol{e} = [e_1 \quad e_2 \quad \cdots \quad e_n]^{\mathrm{T}}$ 为 n 维误差矢量。

由式(7-72)可以看出，被估量 $\boldsymbol{x} = [\Delta x_e \quad \Delta y_e]^{\mathrm{T}}$ 与观察矢量 $\boldsymbol{z}$ 呈线性函数关系，式(7-72)就是二维平面内测向定位的线性统计模型。由于 $\boldsymbol{x}$ 为二维矢量，$\boldsymbol{z}$ 为 n 维矢量，$n>2$，可利用最小二乘估计的方法来对矢量 $\boldsymbol{x}$ 进行估计，以求得对初始估值的修正量 $\Delta\hat{x}_e$ 及 $\Delta\hat{y}_e$。此时，辐射源位置的估值可以表达如下：

$$\begin{cases} \hat{x}_e = x_{eo} + \Delta\hat{x}_e \\ \hat{y}_e = y_{eo} + \Delta\hat{y}_e \end{cases} \tag{7-73}$$

2. 最小二乘估计及迭代算法

1) 最小二乘估计

为了利用最小二乘估计方法对 $\boldsymbol{x} = [\Delta x_e \quad \Delta y_e]^{\mathrm{T}}$ 进行估计，先来讨论误差矢量 $\boldsymbol{e}$ 的统计特性。设各侦察点的位置误差 Δx_i、Δy_i 和测向误差 $\Delta\theta_i$ 具有相同的统计特性，而且彼此互相独立，此时

$$E\left[\Delta x_i\right] = E\left[\Delta y_i\right] = E\left[\Delta\theta_i\right] = 0, \quad i = 1,2,\cdots,n$$

$$E\left[\Delta x_i \Delta x_j\right] = \begin{cases} \sigma_x^2, & i = j \\ 0, & i \neq j \end{cases}$$

$$
\begin{aligned}
&E\left[\Delta y_i \Delta y_j\right]=\begin{cases}\sigma_y^2, & i=j \\ 0, & i \neq j\end{cases} \\
&E\left[\Delta \theta_i \Delta \theta_j\right]=\begin{cases}\sigma_\theta^2, & i=j \\ 0, & i \neq j\end{cases} \\
&E\left[\Delta x_i \Delta y_j\right]=E\left[\Delta x_i \Delta \theta_j\right]=E\left[\Delta y_i \Delta \theta_j\right]=0, \quad i, j=1,2, \cdots, n
\end{aligned} \tag{7-74}
$$

第 i 个侦察点的误差项为 $e_i=a_{i1}\Delta x_i+a_{i2}\Delta y_i+\Delta\theta_i$，$n$ 个侦察点测量的误差矢量为

$$
\boldsymbol{e}=\begin{bmatrix} e_1 \\ e_2 \\ \vdots \\ e_n \end{bmatrix}=\begin{bmatrix} a_{11}\Delta x_1 \\ a_{21}\Delta x_2 \\ \vdots \\ a_{n1}\Delta x_n \end{bmatrix}+\begin{bmatrix} a_{21}\Delta y_1 \\ a_{22}\Delta y_2 \\ \vdots \\ a_{n1}\Delta x_n \end{bmatrix}+\begin{bmatrix} \Delta\theta_1 \\ \Delta\theta_2 \\ \vdots \\ \Delta\theta_n \end{bmatrix}=\boldsymbol{e}_x+\boldsymbol{e}_y+\boldsymbol{e}_\theta \tag{7-75}
$$

则误差矢量的协方差为

$$
\begin{aligned}
\boldsymbol{R}&=E\left[\boldsymbol{e}\boldsymbol{e}^{\mathrm{T}}\right]=E\left[\left(\boldsymbol{e}_x+\boldsymbol{e}_y+\boldsymbol{e}_\theta\right)\left(\boldsymbol{e}_x+\boldsymbol{e}_y+\boldsymbol{e}_\theta\right)^{\mathrm{T}}\right] \\
&=E\left[\boldsymbol{e}_x\boldsymbol{e}_x^{\mathrm{T}}\right]+\left[\boldsymbol{e}_y\boldsymbol{e}_y^{\mathrm{T}}\right]+E\left[\boldsymbol{e}_\theta\boldsymbol{e}_\theta^{\mathrm{T}}\right] \\
&=\begin{bmatrix} a_{11}\Delta x_1 \\ a_{21}\Delta x_2 \\ \vdots \\ a_{n1}\Delta x_n \end{bmatrix}\begin{bmatrix} a_{11}\Delta x_1 & a_{21}\Delta x_2 & \cdots & a_{n1}\Delta x_n \end{bmatrix}+E\left[\boldsymbol{e}_y\boldsymbol{e}_y^{\mathrm{T}}\right]+E\left[\boldsymbol{e}_\theta\boldsymbol{e}_\theta^{\mathrm{T}}\right] \\
&=\begin{bmatrix} a_{11} & 0 & \cdots & 0 \\ 0 & a_{21}^2 & \cdots & 0 \\ \vdots & \vdots & & \vdots \\ 0 & 0 & \cdots & a_{n1}^2 \end{bmatrix}\sigma_x^2+\begin{bmatrix} a_{21}^2 & 0 & \cdots & 0 \\ 0 & a_{22}^2 & \cdots & 0 \\ \vdots & \vdots & & \vdots \\ 0 & 0 & \cdots & a_{n2}^2 \end{bmatrix}\sigma_y^2+\begin{bmatrix} 1 & 0 & \cdots & 0 \\ 0 & 1 & \cdots & 0 \\ \vdots & \vdots & & \vdots \\ 0 & 0 & \cdots & 1 \end{bmatrix}\sigma_\theta^2 \\
&=\boldsymbol{A}_x\sigma_x^2+\boldsymbol{A}_y\sigma_y^2+\boldsymbol{I}\sigma_\theta^2
\end{aligned} \tag{7-76}
$$

采用加权矩阵 $\boldsymbol{W}=\boldsymbol{R}^{-1}$ 的最小二乘估计，由式(7-72)可得

$$
\tilde{\boldsymbol{x}}=\begin{bmatrix} \Delta\hat{x}_e \\ \Delta\hat{y}_e \end{bmatrix}=(\boldsymbol{H}^{\mathrm{T}}\boldsymbol{R}^{-1}\boldsymbol{H})^{-1}\boldsymbol{H}^{\mathrm{T}}\boldsymbol{R}^{-1}\boldsymbol{z} \tag{7-77}
$$

根据式(7-77)可得估计误差的协方差为

$$
E\left[\tilde{\boldsymbol{x}}\tilde{\boldsymbol{x}}^{\mathrm{T}}\right]=\left[\boldsymbol{H}^{\mathrm{T}}\boldsymbol{R}^{-1}\boldsymbol{H}\right]^{-1} \tag{7-78}
$$

式(7-77)和式(7-78)中的 $\boldsymbol{R}^{-1}=\left(\boldsymbol{A}_x\sigma_x^2+\boldsymbol{A}_y\sigma_y^2+\boldsymbol{I}\sigma_\theta^2\right)^{-1}$ 。

若各侦察点的位置误差可以忽略不计，则

$$\begin{aligned}&e_i=\Delta\theta_i\\&\boldsymbol{e}=\begin{bmatrix}\Delta\theta_1 & \Delta\theta_2 & \cdots & \Delta\theta_n\end{bmatrix}^{\mathrm{T}}=\boldsymbol{e}_\theta\\&\boldsymbol{R}=E\left[\boldsymbol{e}\boldsymbol{e}^{\mathrm{T}}\right]=\boldsymbol{I}\sigma_\theta^2\end{aligned}\tag{7-79}$$

此时，由式(7-77)可得

$$\begin{aligned}\tilde{\boldsymbol{x}}=\begin{bmatrix}\Delta\hat{x}_{\mathrm{e}}\\ \Delta\hat{y}_{\mathrm{e}}\end{bmatrix}&=\left(\boldsymbol{H}^{-\mathrm{T}}\boldsymbol{R}^{-1}\boldsymbol{H}\right)^{-1}\boldsymbol{H}^{\mathrm{T}}\boldsymbol{R}^{-1}\boldsymbol{z}\\&=\left[\boldsymbol{H}^{\mathrm{T}}\boldsymbol{I}(\sigma_\theta^2)^{-1}\boldsymbol{H}\right]^{-1}\boldsymbol{H}^{\mathrm{T}}\boldsymbol{I}(\sigma_\theta^2)^{-1}\boldsymbol{z}=(\boldsymbol{H}^{\mathrm{T}}\boldsymbol{H})^{-1}\boldsymbol{H}^{\mathrm{T}}\boldsymbol{z}\end{aligned}\tag{7-80}$$

式(7-80)与不加权(即 $\boldsymbol{W}=\boldsymbol{I}$)最小二乘估值相同，此时估计误差的协方差为

$$E\left[\tilde{\boldsymbol{x}}\tilde{\boldsymbol{x}}^{\mathrm{T}}\right]=\left(\boldsymbol{H}^{\mathrm{T}}\boldsymbol{H}\right)^{-1}\sigma_\theta^2\tag{7-81}$$

2) 迭代算法

在利用式(7-80)或式(7-77)估计出 $\Delta\hat{x}_{\mathrm{e}}$ 及 $\Delta\hat{y}_{\mathrm{e}}$ 以后，可以根据式(7-73)对辐射源位置进行修正，进而得到 $\Delta\hat{x}_{\mathrm{e}}^*$ 及 $\Delta\hat{y}_{\mathrm{e}}^*$，若把这组估值($\hat{x}_{\mathrm{e}}^*,\hat{y}_{\mathrm{e}}^*$)再作为对辐射源位置的初始估值，则可以根据已测得的 n 组数据($x_{\mathrm{m}i},y_{\mathrm{m}i},\theta_{\mathrm{m}i}$)重新求出下列各值：

$$\begin{aligned}z_i^*&=\theta_{\mathrm{m}i}-f(\hat{x}_{\mathrm{e}}^*,\hat{y}_{\mathrm{e}}^*,x_{\mathrm{m}i},y_{\mathrm{m}i})\\&=\theta_{\mathrm{m}i}-\arctan\frac{\hat{y}_{\mathrm{e}}^*-y_{\mathrm{m}i}}{\hat{x}_{\mathrm{e}}^*-x_{\mathrm{m}i}}\end{aligned}\tag{7-82}$$

$$h_{i1}^*=\frac{-(\hat{y}_{\mathrm{e}}^*-y_{\mathrm{m}i})}{(\hat{x}_{\mathrm{e}}^*-x_{\mathrm{m}i})^2+(\hat{y}_{\mathrm{e}}^*-y_{\mathrm{m}i})^2}\tag{7-83}$$

$$h_{i2}^*=\frac{\hat{x}_{\mathrm{e}}^*-x_{\mathrm{m}i}}{(\hat{x}_{\mathrm{e}}^*-x_{\mathrm{m}i})^2+(\hat{y}_{\mathrm{e}}^*-y_{\mathrm{m}i})^2}\tag{7-84}$$

由此可得

$$\boldsymbol{z}^*=\boldsymbol{H}^*\boldsymbol{x}^*+\boldsymbol{e}^*\tag{7-85}$$

式中

$$\boldsymbol{z}^* = \begin{bmatrix} z_1^* \\ z_2^* \\ \vdots \\ z_n^* \end{bmatrix}, \quad \boldsymbol{x}^* = \begin{bmatrix} \Delta x_e^* \\ \Delta y_e^* \end{bmatrix}$$

$$\boldsymbol{H}^* = \begin{bmatrix} h_{11}^* & h_{12}^* \\ h_{21}^* & h_{22}^* \\ \vdots & \vdots \\ h_{n1}^* & h_{n2}^* \end{bmatrix}, \quad \boldsymbol{e}^* = \begin{bmatrix} e_1^* \\ e_2^* \\ \vdots \\ e_n^* \end{bmatrix} \tag{7-86}$$

进而可得

$$\begin{aligned} x_e &= \hat{x}_e^* + \Delta\hat{x}_e^* \\ y_e &= \hat{y}_e^* + \Delta\hat{y}_e^* \end{aligned} \tag{7-87}$$

对上述矢量 $\boldsymbol{x}^* = [\Delta\hat{x}_e^* \quad \Delta\hat{y}_e^*]^{\mathrm{T}}$ 再做不加权最小二乘估计，可得

$$\hat{x}^* = \begin{bmatrix} \Delta\hat{x}_e^* \\ \Delta\hat{y}_e^* \end{bmatrix} = \left(\boldsymbol{H}^{*\mathrm{T}}\boldsymbol{H}^*\right)^{-1}\boldsymbol{H}^{*\mathrm{T}}\boldsymbol{z}^* \tag{7-88}$$

这样可求出对 $\hat{x}_e^*$、$\hat{y}_e^*$ 的修正量 $\Delta\hat{x}_e^*$、$\Delta\hat{y}_e^*$，再次做修正，得

$$\begin{cases} \hat{x}_e = \hat{x}_e^* + \Delta\hat{x}_e^* \\ \hat{y}_e = \hat{y}_e^* + \Delta\hat{y}_e^* \end{cases} \tag{7-89}$$

这样对辐射源位置的估计又可做进一步修正，经过多次迭代，位置估值的偏差将越来越小，辐射源位置估值将趋于一稳定值，一般进行 3～6 次迭代，即可达到稳定值。

最后可得估值误差的协方差，当 $\boldsymbol{W} = \boldsymbol{R}^{-1} = (\boldsymbol{I}\sigma_\theta^2)^{-1}$ 时，由式(7-78)可得

$$\begin{aligned} E\left[\tilde{\boldsymbol{x}}\tilde{\boldsymbol{x}}^{\mathrm{T}}\right] &= \begin{bmatrix} E\left[\left(\Delta x_e - \Delta\hat{x}_e\right)^2\right] & E\left[\left(\Delta x_e - \Delta\hat{x}_e\right)\left(\Delta y_e - \Delta\hat{y}_e\right)\right] \\ E\left[\left(\Delta x_e - \Delta\hat{x}_e\right)\left(\Delta y_e - \Delta\hat{y}_e\right)\right] & E\left[\Delta y_e - \Delta\hat{y}_e\right]^2 \end{bmatrix} \\ &= \begin{bmatrix} \sigma_{x_e}^2 & \rho_e\sigma_{x_e}\sigma_{y_e} \\ \rho_e\sigma_{x_e}\sigma_{y_e} & \sigma_{y_e}^2 \end{bmatrix} \\ &= (\boldsymbol{H}^{\mathrm{T}}\boldsymbol{R}^{-1}\boldsymbol{H})^{-1} \\ &= (\boldsymbol{H}^{\mathrm{T}}\boldsymbol{H})^{-1}\sigma_\theta^2 \end{aligned} \tag{7-90}$$

式中，$\boldsymbol{H}$ 和 $\boldsymbol{R}$ 都是最后一次迭代时用的系数矩阵和测量误差的协方差。由 $\sigma_{x_e}^2$、$\sigma_{y_e}^2$ 及 $\rho_e\sigma_{x_e}\sigma_{y_e}$ 可求得 σ_{se}^2 和 σ_{le}^2，其中，σ_{se}^2 和 σ_{le}^2 的取值可以参考式(2-47)和式(2-48)，进而可算出圆概率误差为

$$\mathrm{CEP} \approx 0.75\sqrt{\sigma_{se}^2 + \sigma_{le}^2} \tag{7-91}$$

3. 系统模拟

为了论证上述数据处理方法的可行性和有效性，可以在计算机上进行分析研究，利用软件建立模型可不受环境和物质条件的限制，可进行任意次重复实验，其模型参数可任意给定，通过实验比较各种方法以确定最佳方案，进行最有效的设计，这样就可以进一步节省硬件投资，缩短实验时间，这在人力、物力、时间的节约上十分有效，因此系统模拟是一种重要的研究方法。

为简化讨论，这里只考虑测向随机误差，在多点测向定位中利用最小二乘估计方法进行系统模拟时，采用如下主要步骤(其流程图见图 7-11)：

(1) 产生或给定 n 个侦察点的坐标(x_i, y_i)。

(2) 指定待定位的辐射源的坐标位置(x_e, y_e)。

(3) 在 n 个侦察点对给定辐射源进行测向，计算 n 个真实角度 θ_i。

(4) 按正态误差模型 $N(0, \sigma_\theta)$产生测量噪声 $\Delta\theta_i$。

(5) 构成测量值θ_{mi}。

(6) 产生初始估值(x_{eo}, y_{eo})。

(7) 构成观察值 z_i 及观察矢量 $\boldsymbol{z}$。

(8) 计算各矩阵($\boldsymbol{H}, \boldsymbol{R}, \boldsymbol{H}^{\mathrm{T}}\boldsymbol{R}^{-1}\boldsymbol{H}, \boldsymbol{H}^{\mathrm{T}}\boldsymbol{R}^{-1}\boldsymbol{Z}$)。

(9) 求估值 $\hat{\boldsymbol{x}}$。

(10) 构成新的位置估值($\hat{x}_e$, $\hat{y}_e$)。

(11) 迭代运算。

图 7-12 表示一个由计算机模拟建立起来的例子，它模拟在 1、2、3、4 四点对辐射源进行角度测量，假设这些角度都具有均值为零、标准偏差为 3°的随机误差，图中绘制了四条位置线，因此四点的坐标位置(x_{mi}, y_{mi})以及对辐射源的角度 θ_{mi}(i=1, 2, 3, 4)可以得知。若设初估位置距真实位置较远，如图中 ⓪ 的位置所示，初估位置的坐标为(x_{eo}, y_{eo})，则根据式(7-65)、式(7-66)和式(7-69)可求得矢量 $\boldsymbol{Z}$ 和矩阵 $\boldsymbol{H}$，然后利用式(7-77)可求得 $\tilde{\boldsymbol{x}} = [\Delta\hat{x}_e \quad \Delta\hat{y}_e]^{\mathrm{T}}$，将 $\Delta\hat{x}_e$、$\Delta\hat{y}_e$ 和 x_{eo}、y_{eo}

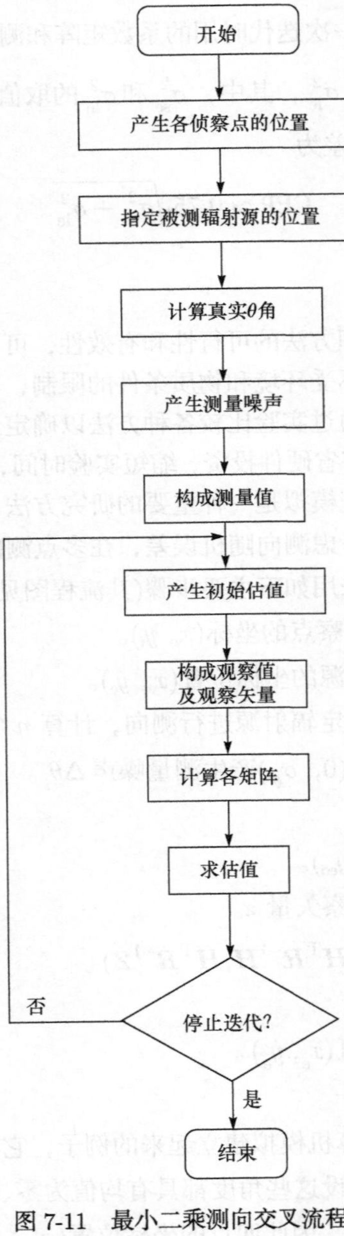

图 7-11　最小二乘测向交叉流程图

代入式(7-73)可求 $\hat{x}_{\mathrm{e}}^{*}$ 及 $\hat{y}_{\mathrm{e}}^{*}$，如图 7-12 中位置①所示。以上是第一步位置估值的计算。第二次的迭代运算可以将 $\hat{x}_{\mathrm{e}}^{*}$、$\hat{y}_{\mathrm{e}}^{*}$ 作为初始位置，根据原来已知的 $x_{\mathrm{m}i}$、$y_{\mathrm{m}i}$ 及 $\theta_{\mathrm{m}i}$ 值，利用式(7-82)～式(7-84)求得矢量 $\boldsymbol{Z}^{*}$ 和矩阵 $\boldsymbol{H}^{*}$，接着利用式(7-88)求得

$\hat{\boldsymbol{x}}^* = [\Delta\hat{x}_e^* \quad \Delta\hat{y}_e^*]^T$，并将$\Delta\hat{x}_e^*$、$\Delta\hat{y}_e^*$及$\hat{x}_e^*$和$\hat{y}_e^*$代入式(7-90)得到第二次迭代的位置估值，如图 7-12 中位置②所示。利用上述方法进行第三次迭代运算得到的位置估值如图 7-12 中位置③所示。由此可见，每经过一次迭代，位置估值的偏差就变小一些，经过四步，迭代的结果已收敛于最终估值，即趋于一稳定值。此值可作为辐射源位置的最终估值，该估值在误差项为零均值随机误差的情况下，是最佳的统计值。

由以上讨论可见，当在二维平面内对辐射源进行多点测向交叉定位时，测量数据经过最小二乘估计及逐次迭代逼近的方法处理后，可以提高对辐射源定位的精度。

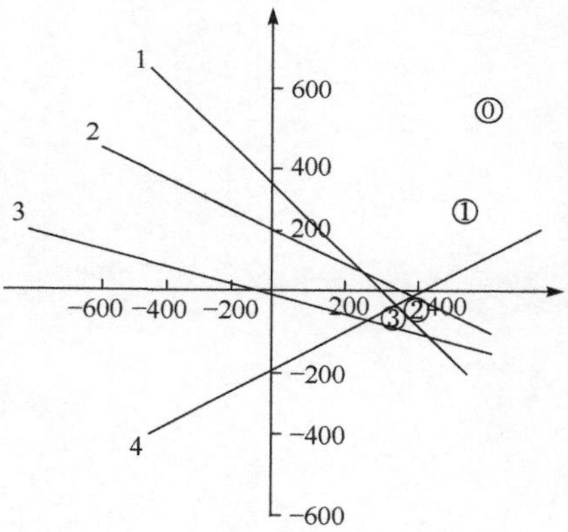

图 7-12　测向交叉迭代示例

7.3　小　　结

本章主要介绍了在无源定位领域最常见的方法之一，即测角定位。从测角定位的应用条件来看，其主要分为单站的测角定位和多站交叉的测角定位。单站测角定位一般用在机载或者星载的对地面辐射源的定位，测角交叉定位具有更广泛的应用。在单站测角定位技术中，介绍了飞越目标定位法、单点测向定位法的技术原理和特点；在测向交叉定位技术中，主要介绍了二维平面的测向交叉定位、三维空间的测向交叉定位等，重点分析了定位原理、解算方法和误差分布特点。通过本章的学习，可以结合测向技术与定位技术，初步形成测向定位技术体系。

参考文献

[1] Wiley R G. 电子情报(ELINT)——雷达信号截获与分析[M]. 吕跃广，等译. 北京：电子工

业出版社, 2008.
[2] Adamy D. 电子战原理与应用[M]. 王燕, 朱松, 译. 北京: 电子工业出版社, 2011.
[3] 田中成, 刘聪锋. 无源定位技术[M]. 北京: 国防工业出版社, 2015.
[4] 张正明. 辐射源无源定位研究[D]. 西安: 西安电子科技大学, 2000.
[5] 刘嘉佳. 无线电测向定位算法的研究及其应用[D]. 成都: 四川大学, 2004.

第 8 章　时差定位技术

时差无源定位[1-4]是实际中最常见的无源定位技术之一。通过测量不同辐射源到达不同观测站之间的时间差，可以确定一条定位的双曲线。当有三个以上的接收站同时接收目标辐射源信号时，可以确定两组以上的双曲线，通过双曲线的交点，就可以实现辐射源的定位。本章主要介绍多站时差体制的辐射源定位技术。

8.1　时差定位原理

测时差定位技术是“罗兰”导航技术的反置，因此又称为“反罗兰”技术或到达时间技术。在地面“罗兰”导航系统中，利用三个固定的导航发射台向空间发射同步的导航脉冲信号，其中两个导航发射台发射的导航脉冲到达飞机或舰船(与导航台处于同一平面内)的等时差曲线是一组双曲线。如图 8-1(a)所示，飞机或舰船上的导航接收机分别测量不同导航发射台的到达时间。由导航发射台 1、2 及 2、3 发射的同步导航脉冲的时间差便可分别定出两组双曲线，利用这两组双曲线的交点就可以确定飞机或舰船的位置。

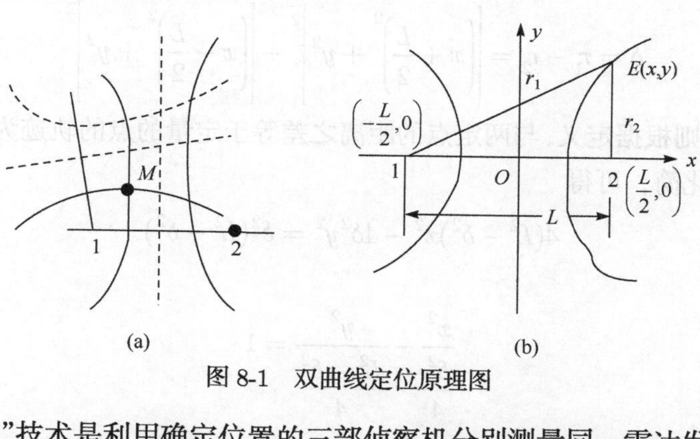

图 8-1　双曲线定位原理图

“反罗兰”技术是利用确定位置的三部侦察机分别测量同一雷达发射的脉冲信号到达侦察站 1、2 及 2、3 的时间差。若侦察站和雷达处于同一平面内，则可得到两条双曲线。它们交点就是雷达的位置，如图 8-1(a)所示。由此可见，“反罗兰”技术与“罗兰”导航技术在原理方面本质上具有相似性，只是 1、2、3 三点不是导航台而是三个侦察站，两双曲线交点 E 不是被导航的飞机或舰船，而是要对其定位的辐射源。

在三维条件下，假设各参量定义如下：各个侦察站的位置 $\boldsymbol{s}=[s_{ix}\ \ s_{iy}\ \ s_{iz}]^{\mathrm{T}}=[x_i\ \ y_i\ \ z_i]^{\mathrm{T}}$，不失一般性，将第一个侦察站定义为参考侦察站。目标辐射源的位置 $\boldsymbol{x}=[x\ \ y\ \ z]^{\mathrm{T}}$。第 i 个(i=0,1, 2,⋯,N–1)观测站相对于目标的距离为

$$r_i=\sqrt{(x_i-x)+(y_i-y)+(z_i-z)} \tag{8-1}$$

在此条件下，侦察站 i 与参考站之间的距离差为

$$\delta=r_1-r_2 \tag{8-2}$$

下面分别在二维和三维条件下对方程进行必要的简化。

1. 二维的情况

在测时差定位系统中，若侦察机与辐射源处于同一平面内，则可在二维平面内加以讨论[5,6]。例如，在一般飞行高度上的多架飞机对远距离的地面雷达进行测时差定位时，可以在一定的容许误差条件下，将其看成在二维平面的测时差定位问题。此时，两个侦察机收到同一雷达发射脉冲的等时差曲线，即对应时差的距离差为常数的轨迹是一组双曲线，又称为等时差曲线。

为了简化讨论，设两个侦察机在 x 轴上，两机距离为 L，坐标系的原点为其中点，由图 8-1(b)可见，两个站之间的距离差为

$$\delta=r_1-r_2=\left[\left(x+\frac{L}{2}\right)^2+y^2\right]^{\frac{1}{2}}-\left[\left(x-\frac{L}{2}\right)^2+y^2\right]^{\frac{1}{2}} \tag{8-3}$$

若 δ 为常数，则根据定义，与两定点的距离之差等于定量的点的轨迹为一双曲线。现将式(8-3)化简，可得

$$4(L^2-\delta^2)x^2-4\delta^2y^2=\delta^2(L^2-\delta^2) \tag{8-4}$$

即

$$\frac{x^2}{\frac{\delta^2}{4}}-\frac{y^2}{\frac{L^2-\delta^2}{4}}=1 \tag{8-5}$$

或

$$\frac{x^2}{a^2}-\frac{y^2}{b^2}=1 \tag{8-6}$$

式(8-6)为标准的双曲线方程。其中，$a=\delta/2$ 为实半轴，$b=\sqrt{L^2-\delta^2}/2$ 为虚半轴，双曲线的焦点 $C=L/2$，渐近线斜角 $\phi=\arctan\dfrac{b}{a}$。

由以上讨论可知，根据已知位置的两个侦察站收到同一辐射源的时差可以确定一条双曲线。因此，当用测时差定位时，需要三个或更多个侦察站，以便获得两条和几条双曲线，由双曲线交点即可确定雷达的位置。如果用机载侦察机对地面雷达进行测时差定位，那么需要三架飞机，它们除了测量雷达信号的到达时间外，还要确定飞机本身的位置，才能确定雷达的位置。如果只有两架飞机，那么要利用测时差定位，需要在某个时间间隔内，在不同位置上对同一雷达测量两个或更多个距离差。卫星除了可以在星上处理，也可将收到的雷达信号转发到地面站。地面站将雷达信号到达时间和脉冲信号同时记录下来，与当时的卫星在轨道上的位置参数一起，确定辐射源的位置。

利用两条双曲线交点来确定雷达位置时，由于两条双曲线有四个交点，如图 8-1(a)所示，而其中只有一个点对应被测雷达的坐标位置，因此还需要附加的信息来区别雷达的真实位置和虚假位置。附加的信息有几种，如已知雷达的位置或用其他方法如测量信号的到达方向等来粗测雷达的位置，还可利用侦察机 1 和 3 测量信号的时差或者飞行器在新位置上测量到达时间差，以便获得第三条双曲线来判定雷达的坐标位置。

2. 三维的情况

以上讨论了二维平面内测时差定位的基本原理。若辐射源与两个侦察机同处在三维空间内，如图 8-2 所示，则根据两站收到同一辐射源信号的时差可以得到一个双叶双曲面，这是因为与两点的距离差等于定值的点的轨迹为双叶双曲面。

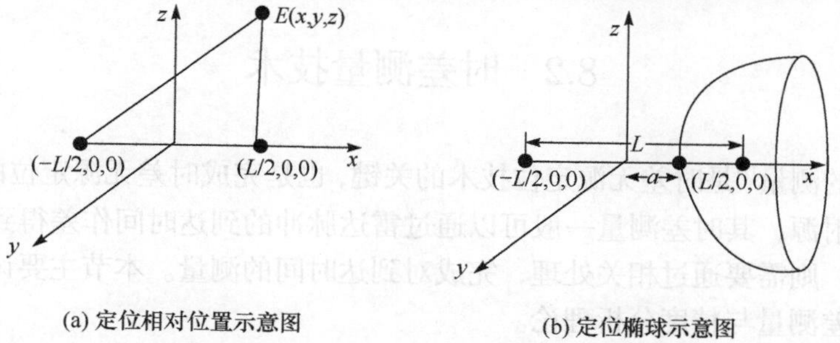

图 8-2　三维时差定位示意图

由图 8-2 可以看出，在(x,y,z)处的辐射源到两站的距离差为

$$\delta = r_1 - r_2 = \left[\left(x + \frac{L}{2}\right) + y^2 + z^2\right]^{\frac{1}{2}} - \left[\left(x - \frac{L}{2}\right)^2 + y^2 + z^2\right]^{\frac{1}{2}} \tag{8-7}$$

若 δ 为常数，则将式(8-7)化简，可得

$$\frac{x^2}{\dfrac{\delta^2}{4}} - \frac{y^2}{\dfrac{L^2-\delta^2}{4}} - \frac{z^2}{\dfrac{L^2-\delta^2}{4}} = 1 \tag{8-8}$$

即

$$\frac{x^2}{a^2} - \frac{y^2}{b^2} - \frac{z^2}{b^2} = 1 \tag{8-9}$$

式(8-9)为双叶双曲面方程。

对于高度为 H 的平面，当 $z=H$ 时，可得到一条双曲线方程，如图 8-2 所示，具体表达式为

$$\frac{x^2}{a^2} - \frac{y^2}{b^2} = 1 + \frac{H^2}{b^2}$$

即

$$\frac{x^2}{a^2\left(1+\dfrac{H^2}{b^2}\right)} - \frac{y^2}{b^2\left(1+\dfrac{H^2}{b^2}\right)} = 1$$

由以上讨论可知，在三维空间内利用三个已知位置的侦察机测量同一雷达信号的到达时间，可以测得三个距离差，得到三个双叶双曲面。三个双叶双曲面相交可得到几个交点，经判定，其中一点即辐射源的位置。

8.2　时差测量技术

时差的测量[7]是时差无源定位技术的关键，也是完成时差无源定位的前提。对于雷达辐射源，其时差测量一般可以通过雷达脉冲的到达时间作差得到，对于通信辐射源，则需要通过相关处理，完成对到达时间的测量。本节主要讨论通信辐射源的时差测量与精度分析理论。

8.2.1　时差估计模型与精度下界

如图 8-3 所示，时差定位中通常包含多个时间同步的接收站，同时对目标辐

射的信号进行接收。由于到达接收站之间存在路径差，接收信号之间相应也存在时间差。

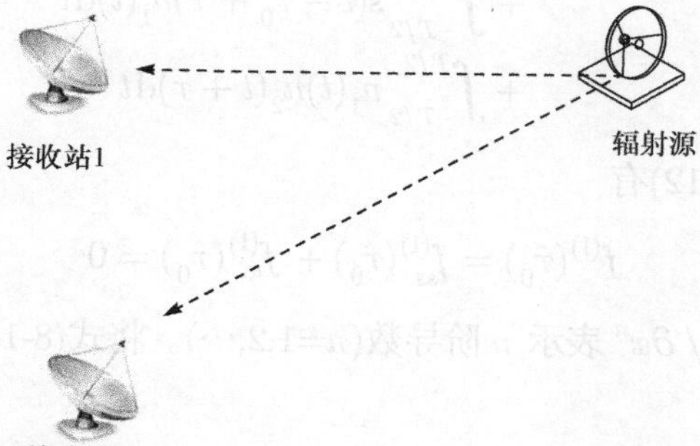

图 8-3　时差示意图

不同站接收到的信号分别为

$$
\begin{aligned}
s_1(t) &= s(t) + n_1(t) \\
s_2(t) &= s(t-\tau_0) + n_2(t)
\end{aligned}
\tag{8-10}
$$

式中，$s(t)$ 表示辐射源信号；$s_1(t)$ 、$s_2(t)$ 表示接收到的两路信号；$n_1(t)$ 、$n_2(t)$ 表示接收到的两路噪声；τ_0 为两个信号之间的时间延时。现给出以下两条模型假设：

假设 1　$s(t)$ 为平稳信号，$n_1(t)$ 和 $n_2(t)$ 均为零均值高斯白噪声，且 $s(t)$、$n_1(t)$、$n_2(t)$ 相互独立。

假设 2　信号相关时间 $\tau_{\rm s} + |\tau_0| \ll T$，噪声的相关时间 $\tau_{n1}, \tau_{n2} \ll T$，$T$ 为信号的观测时间长度，$\tau_{\rm s}$ 为信号的相关时间。

$$
\hat{\tau}_0 = \arg\max_{\tau} f(\tau) = \arg\max_{\tau} \int_{-T/2}^{T/2} s_1(t) s_2(t+\tau)\,\mathrm{d}t \tag{8-11}
$$

式中，$\hat{\tau}_0$ 为对时间延迟 τ_0 的估计值。

下面推导时差的估计精度。定义

$$
f(\tau) \overset{\mathrm{def}}{=\!=} f_{ss}(\tau) + f_N(\tau) \tag{8-12}
$$

式中，$f_{ss}(\tau)$ 定义为

$$
f_{ss}(\tau) \overset{\mathrm{def}}{=\!=} \int_{-T/2}^{T/2} s(t) s(t-\tau_0+\tau)\mathrm{d}t \tag{8-13}
$$

$f_N(\tau)$ 定义为

$$\begin{aligned} f_N(\tau) &\overset{\text{def}}{=} \int_{-T/2}^{T/2} s(t)n_2(t+\tau)\mathrm{d}t \\ &+ \int_{-T/2}^{T/2} s(t-\tau_0+\tau)n_1(t)\mathrm{d}t \\ &+ \int_{-T/2}^{T/2} n_1(t)n_2(t+\tau)\mathrm{d}t \end{aligned} \tag{8-14}$$

根据式(8-11)和式(8-12)有

$$f^{(1)}(\hat{\tau}_0) = f_{ss}^{(1)}(\hat{\tau}_0) + f_N^{(1)}(\hat{\tau}_0) = 0 \tag{8-15}$$

式中，$f^{(n)}(x) = \partial^n f / \partial x^n$ 表示 n 阶导数(n=1,2,⋯)。将式(8-15)用泰勒公式在τ_0点展开，可得

$$f_{ss}^{(1)}(\tau_0) + f_{ss}^{(2)}(\tau_0)(\hat{\tau}_0 - \tau_0) + f_N^{(1)}(\hat{\tau}_0) \approx 0 \tag{8-16}$$

根据式(8-13)，$f_{ss}^{(1)}(\tau_0) = 0$，则

$$E[\hat{\tau}_0 - \tau_0] = E\left[\frac{-f_N^{(1)}(\hat{\tau}_0)}{f_{ss}^{(2)}(\tau_0)}\right] = 0 \tag{8-17}$$

$$\mathrm{var}[\hat{\tau}_0 - \tau_0] = E\left[\left(\frac{f_N^{(1)}(\hat{\tau}_0)}{f_{ss}^{(2)}(\tau_0)}\right)^2\right] \tag{8-18}$$

由式(8-17)可知，$\hat{\tau}_0$是τ_0的无偏估计。根据假设 2 的条件$\tau_{\mathrm{s}} \ll T$，有

$$\begin{aligned} R_{ss}(0) &= \lim_{\alpha\to\infty}\frac{1}{\alpha}\int_{-\alpha/2}^{\alpha/2} s(t)s(t)\,\mathrm{d}t \\ &\approx \frac{1}{T}\int_{-T/2}^{T/2} s(t)s(t)\,\mathrm{d}t \end{aligned} \tag{8-19}$$

根据式(8-13)、式(8-19)有

$$f_{ss}^{(2)}(\tau_0) = \int_{-T/2}^{T/2} s(t)s^{(2)}(t)\mathrm{d}t \approx TR_{ss}^{(2)}(0) \tag{8-20}$$

将式(8-20)代入式(8-18)，得

$$\mathrm{var}[\hat{\tau}_0 - \tau_0] = \frac{1}{\left[TR_{ss}^{(2)}(0)\right]^2} E\left[\left(f_N^{(1)}(\hat{\tau}_0)\right)^2\right] \tag{8-21}$$

根据傅里叶变换的性质可知，若$R_{ss}(\tau)$的傅里叶变换为$X_s(f)$，则$R_{ss}^{(2)}(\tau)$的傅里叶变换为

$$R_{ss}^{(2)}(\tau) \to -(2\pi f)^2 G_{ss}(f) \tag{8-22}$$

根据帕塞瓦尔定理可知

$$R_{ss}^{(2)}(0)=\int_{-\infty}^{+\infty}(2\pi f)^2 G_{ss}(f)\mathrm{d}f \tag{8-23}$$

$$\begin{aligned} f_N^{(1)}(\hat{D})=&-\int_{-T/2}^{T/2}s(t)n_2^{(1)}(t+\tau)\mathrm{d}t\Big|_{\tau=\hat{\tau}_0} \\ &+\int_{-T/2}^{T/2}s^{(1)}(t-D+\tau)n_1(t)\mathrm{d}t\Big|_{\tau=\hat{\tau}_0} \\ &+\int_{-T/2}^{T/2}n_1(t)n_2^{(1)}(t+\tau)\mathrm{d}t\Big|_{\tau=\hat{\tau}_0} \end{aligned} \tag{8-24}$$

根据假设 1 的独立零均值条件和式(8-24)，有

$$\begin{aligned} E\left[\left(f_N^{(1)}(\hat{\tau}_0)\right)^2\right]=&E\left[\int_{-T/2}^{T/2}\int_{-T/2}^{T/2}s(t_1)s(t_2)n_2^{(1)}(t_1+\tau)n_2^{(1)}(t_2+\tau)\mathrm{d}t_1\mathrm{d}t_2\Big|_{\tau=\hat{\tau}_0}\right] \\ &+E\left[\int_{-T/2}^{T/2}\int_{-T/2}^{T/2}s^{(1)}(t_1-\tau_0+\tau)s^{(1)}(t_2-\tau_0+\tau)n_1(t_1)n_1(t_2)\mathrm{d}t_1\mathrm{d}t_2\Big|_{\tau=\hat{\tau}_0}\right] \\ &+E\left[\int_{-T/2}^{T/2}\int_{-T/2}^{T/2}n_1(t_1)n_1(t_2)n_2^{(1)}(t_1+\tau)n_2^{(1)}(t_2+\tau)\mathrm{d}t_1\mathrm{d}t_2\Big|_{\tau=\hat{\tau}_0}\right] \\ =&\int_{-T/2}^{T/2}\int_{-T/2}^{T/2}R_{ss}(t_1-t_2)R_{n_2^{(1)}n_2^{(1)}}(t_1-t_2)\mathrm{d}t_1\mathrm{d}t_2 \\ &+\int_{-T/2}^{T/2}\int_{-T/2}^{T/2}R_{s^{(1)}s^{(1)}}(t_1-t_2)R_{n_1n_1}(t_1-t_2)\mathrm{d}t_1\mathrm{d}t_2 \\ &+\int_{-T/2}^{T/2}\int_{-T/2}^{T/2}R_{n_1n_1}(t_1-t_2)\,R_{n_2^{(1)}n_2^{(1)}}(t_1-t_2)\mathrm{d}t_1\mathrm{d}t_2 \\ =&T\int_{-T}^{T}\left(1-\frac{|u|}{T}\right)R_{ss}(u)R_{n_2^{(1)}n_2^{(1)}}(u)\mathrm{d}u \\ &+T\int_{-T}^{T}\left(1-\frac{|u|}{T}\right)R_{s^{(1)}s^{(1)}}(u)R_{n_1n_1}(u)\mathrm{d}u \\ &+T\int_{-T}^{T}\left(1-\frac{|u|}{T}\right)R_{n_1n_1}(u)\,R_{n_2^{(1)}n_2^{(1)}}(u)\mathrm{d}u \end{aligned} \tag{8-25}$$

根据假设 2 相关时间的条件，有

$$\begin{aligned} E\left[\left(f_N^{(1)}(\hat{\tau}_0)\right)^2\right]\approx&T\int_{-T}^{T}R_{ss}(u)R_{n_2^{(1)}n_2^{(1)}}(u)\mathrm{d}u \\ &+T\int_{-T}^{T}R_{s^{(1)}s^{(1)}}(u)R_{n_1n_1}(u)\mathrm{d}u \\ &+T\int_{-T}^{T}R_{n_1n_1}(u)R_{n_2^{(1)}n_2^{(1)}}(u)\mathrm{d}u \end{aligned}$$

$$
\begin{aligned}
&\approx T\int_{-\infty}^{+\infty} R_{ss}(u)R_{n_2^{(1)}n_2^{(1)}}(u)\mathrm{d}u \\
&\quad + T\int_{-\infty}^{+\infty} R_{s^{(1)}s^{(1)}}(u)R_{n_1n_1}(u)\mathrm{d}u \\
&\quad + T\int_{-\infty}^{+\infty} R_{n_1n_1}(u)R_{n_2^{(1)}n_2^{(1)}}(u)\mathrm{d}u
\end{aligned}
\tag{8-26}
$$

令 $\varphi(\tau)$ 为

$$
\begin{aligned}
\varphi(\tau) \stackrel{\text{def}}{=} &\int_{-\infty}^{+\infty} R_{ss}(u)R_{n_2^{(1)}n_2^{(1)}}(u-\tau)\mathrm{d}u \\
&+ \int_{-\infty}^{+\infty} R_{s^{(1)}s^{(1)}}(u)R_{n_1n_1}(u-\tau)\mathrm{d}u \\
&+ \int_{-\infty}^{+\infty} R_{n_1n_1}(u)\, R_{n_2^{(1)}n_2^{(1)}}(u-\tau)\mathrm{d}u
\end{aligned}
\tag{8-27}
$$

则 $\varphi(\tau)$ 的傅里叶变换对为

$$
\varphi(\tau) \leftrightarrow (2\pi f)^2\left[G_{ss}(f)G_{n_1n_1} + G_{ss}(f)G_{n_2n_2} + G_{n_1n_1}(f)G_{n_2n_2}\right] \tag{8-28}
$$

则由帕塞瓦尔定理可知

$$
E\left[\left(f_N^{(1)}(\hat{\tau}_0)\right)^2\right] = T\varphi(0) = T\int_{-\infty}^{+\infty}(2\pi f)^2\left[G_{ss}(f)G_{n_1n_1} + G_{ss}(f)G_{n_2n_2} + G_{n_1n_1}(f)G_{n_2n_2}\right]\mathrm{d}f \tag{8-29}
$$

将式(8-23)、式(8-29)代入式(8-21)，可得

$$
\operatorname{var}[\hat{\tau}_0-\tau_0] = \frac{1}{T}\frac{\int_{-\infty}^{+\infty}(2\pi f)^2\left[G_{ss}(f)G_{n_1n_1} + G_{ss}(f)G_{n_2n_2} + G_{n_1n_1}(f)G_{n_2n_2}\right]\mathrm{d}f}{\left[\int_{-\infty}^{+\infty}(2\pi f)^2 G_{ss}(f)\mathrm{d}f\right]^2} \tag{8-30}
$$

现给出第三条假设：

假设 3 噪声 n_1 和 n_2 的带宽分别为 B_{n_1} 和 B_{n_2}（$B_n = B_{n_1} = B_{n_2}$），且噪声在噪声带宽内是平坦的，噪声功率谱密度分别为 G_{n_1} 和 G_{n_2}。

利用假设 3，式(8-30)可以化简为

$$
\begin{aligned}
\operatorname{var}[\hat{\tau}_0-\tau_0] = &\frac{1}{2TB_n}\frac{\int_{-\infty}^{+\infty}G_{ss}(f)\mathrm{d}f}{\int_{-\infty}^{+\infty}(2\pi f)^2 G_{ss}(f)\mathrm{d}f}\frac{2B_nG_{n_1}}{\int_{-\infty}^{+\infty}G_{ss}(f)\mathrm{d}f} \\
&+\frac{1}{2TB_n}\frac{\int_{-\infty}^{+\infty}G_{ss}(f)\mathrm{d}f}{\int_{-\infty}^{+\infty}(2\pi f)^2 G_{ss}(f)\mathrm{d}f}\frac{2B_nG_{n_2}}{\int_{-\infty}^{+\infty}G_{ss}(f)\mathrm{d}f}
\end{aligned}
$$

$$
+\frac{1}{2TB_n}\frac{\left[\int_{-\infty}^{+\infty}G_{ss}(f)\mathrm{d}f\right]^2}{\left[\int_{-\infty}^{+\infty}(2\pi f)^2G_{ss}(f)\mathrm{d}f\right]^2}\frac{2B_nG_{n_1}}{\int_{-\infty}^{+\infty}G_{ss}(f)\mathrm{d}f}\frac{2B_nG_{n_2}}{\int_{-\infty}^{+\infty}G_{ss}(f)\mathrm{d}f}
$$

$$
\cdot\frac{\int_{-\infty}^{+\infty}(2\pi f)^2G_{n_1n_1}(f)G_{n_2n_2}\mathrm{d}f}{\int_{-\infty}^{+\infty}G_{n_1n_1}(f)G_{n_2n_2}\mathrm{d}f}
$$

$$
=\frac{1}{2TB_n\beta_s^2}\left(\frac{1}{\gamma_1}+\frac{1}{\gamma_2}+\frac{\beta_n^2}{\beta_s^2}\frac{1}{\gamma_1\gamma_2}\right) \tag{8-31}
$$

式中

$$
\beta_s^2=\frac{\int_{-\infty}^{+\infty}(2\pi f)^2G_{ss}(f)\mathrm{d}f}{\int_{-\infty}^{+\infty}G_{ss}(f)\mathrm{d}f} \tag{8-32}
$$

为信号的均方根带宽。

$$
\beta_n^2=\frac{\int_{-\infty}^{+\infty}(2\pi f)^2G_{n_1n_1}(f)G_{n_2n_2}\mathrm{d}f}{\int_{-\infty}^{+\infty}G_{n_1n_1}(f)G_{n_2n_2}\mathrm{d}f} \tag{8-33}
$$

为噪声的均方根带宽。

$$
\gamma_1=\frac{\int_{-\infty}^{+\infty}G_{ss}(f)\mathrm{d}f}{2B_nG_{n1}} \tag{8-34}
$$

为第一路信号的信噪比。

$$
\gamma_2=\frac{\int_{-\infty}^{+\infty}G_{ss}(f)\mathrm{d}f}{2B_nG_{n_1}} \tag{8-35}
$$

为第二路信号的信噪比。

由式(8-31)可以看出，时差估计的精度主要与信噪比、积累时间和信号的均方根带宽有关。尤其是信号的均方根带宽，直接影响着时差的估计精度，均方根带宽越大，估计精度也越高。

8.2.2　时差估计方法

时延估计的基本方法包括基本相关算法和广义相关算法。基本相关算法是指利用两路信号之间的相关性，通过相关性叠加得到峰值对应的时间点为时延估计值。根据信号接收模型，接收到的两路离散信号可表示为

$$\begin{cases} s_1(n) = s(n) + n_1(n) \\ s_2(n) = s(n-\tau_0) + n_2(n) \end{cases} \tag{8-36}$$

式中，$s(n)$ 为源信号；τ 为时间延迟；$n_1(n)$ 和 $n_2(n)$ 为噪声。这里假设噪声是相互独立的高斯白噪声，且与源信号相互独立。$s(n)$ 和 $s(n-\tau_0)$ 是平稳信号，求两路信号的相关函数得

$$\begin{aligned} R_{s_1s_2}(m) &= E[s_1(n)s_2(n+m)] \\ &= E[s(n)s(n-\tau_0+m)] + E[s(n)n_1(n+m)] \\ &\quad + E[n_1(n)s(n-\tau_0+m)] + E[n_1(n)n_2(n+m)] \\ &= R_{ss}(m-\tau_0) + R_{sn_2}(m) + R_{n_1s}(m-\tau_0) + R_{n_1n_2}(n) \end{aligned} \tag{8-37}$$

由于 $n_1(n)$ 和 $n_2(n)$ 及 $s(n)$ 相互之间是独立的，式(8-37)可化简为

$$R_{s_1s_2}(m) = R_{ss}(m-\tau_0) \tag{8-38}$$

根据相关函数的性质，$R(m-\tau_0) \leqslant R(0)$，$R_{s_1s_2}$ 最大值所对应的点为时延估计值，有

$$\hat{\tau} = \arg\max_{m}[R_{s_1s_2}(m-\tau_0)] \tag{8-39}$$

根据模型的原理可知，基本相关算法原理简单，易于理解。但是，它要求信号和噪声相互独立，且对非平稳信号和可变误差的时延估计误差较大。为了改进基本相关算法的缺点，人们提出了广义相关时延估计算法。

广义相关时延估计算法的基本原理是：首先将两路接收信号 s_1 和 s_2 分别经过预滤波器 $H_1(f)$ 和 $H_2(f)$，对信号和噪声进行白化，增强信号中信噪比高的频率成分，抑制噪声功率；然后将输出 $y_1(n)$ 和 $y_2(n)$ 进行相关处理；最后通过峰值检测得到时延估计值。

根据维纳-欣钦定理，互相关函数与互功率谱互为傅里叶变换的性质，即

$$R_{s_1s_2} = F^{-1}(G_{s_1s_2}) \tag{8-40}$$

$$R_{y_1y_2} = F^{-1}(G_{y_1y_2}) = F^{-1}(H(f)G_{s_1s_2}) \tag{8-41}$$

式中，$G_{s_1s_2}$ 和 $G_{y_1y_2}$ 为互功率谱；$H(f)$ 为加权系数，表达式为

$$H(f) = H_1(f)H_2^*(f) \tag{8-42}$$

定义

$$\gamma(f)=\frac{G_{s_1s_2}^2(f)}{G_{s_1s_1}(f)G_{s_2s_2}(f)} \tag{8-43}$$

那么，常用的广义相关加权函数如表 8-1 所示。

表 8-1　常用的广义相关加权函数

名称	广义加权函数
Roth 处理器	$H(f)=1/G_{s_1s_1}$
平滑相关	$H(f)=1/\sqrt{G_{s_1s_1}G_{s_2s_2}}$
相位变换	$H(f)=1/G_{s_1s_1}$
最大似然加权	$H(f)=\|\gamma(f)\|/\left[\|G_{s_1s_2}(f)\|(1-\|\gamma(f)\|^2)\right]$

8.3　定位误差分析

本节对时差定位方法的定位误差进行分析，从而为时差定位系统提供理论依据。

8.3.1　误差分析方程

设三个侦察站的坐标位置为(x_i,y_i,z_i)(i=1,2,3)，辐射源目标的位置为(x,y,z)，侦察站 1 和 2 测得对雷达的距离差为

$$\delta_{12}=r_1-r_2 \tag{8-44}$$

式中，r_1、r_2 分别表示目标到辐射源 1 和 2 的距离。由于 $\delta_{12}=(r_1-r_3)+(r_3-r_2)=\delta_{13}+\delta_{23}$，任何一个 δ_{12}、δ_{13} 或 δ_{23} 都可以作为测时差定位的参数。

为了分析误差，对式(8-44)求微分：

$$\begin{aligned}\mathrm{d}\delta_{12}&=\frac{\partial\delta_{12}}{\partial r_1}\mathrm{d}r_1+\frac{\partial\delta_{12}}{\partial r_2}\mathrm{d}r_2\\&=\mathrm{d}r_1-\mathrm{d}r_2\end{aligned} \tag{8-45}$$

而

$$\begin{aligned}r_1^2&=(x_1-x)^2+(y_1-y)^2+(z_1-z)^2\\r_2^2&=(x_2-x)^2+(y_2-y)^2+(z_2-z)^2\end{aligned} \tag{8-46}$$

对 r_1 求微分，可得

$$\begin{aligned}2r_1\mathrm{d}r_1 = & 2(x_1 - x)\mathrm{d}x_1 - 2(x_1 - x)\mathrm{d}x + 2(y_1 - y)\mathrm{d}y_1 \\ & - 2(y_1 - y)\mathrm{d}y + 2(z_1 - z)\mathrm{d}z_1 - 2(z_1 - z)\mathrm{d}z\end{aligned} \tag{8-47}$$

则

$$\begin{aligned}\mathrm{d}r_1 &= \frac{x_1 - x}{r_1}(\mathrm{d}x_1 - \mathrm{d}x) + \frac{y_1 - y}{r_1}(\mathrm{d}y_1 - \mathrm{d}y) + \frac{z_1 - z}{r_2}(\mathrm{d}z_1 - \mathrm{d}z) \\ &= C_{1ex}(\mathrm{d}x_1 - \mathrm{d}x) + C_{1ey}(\mathrm{d}y_1 - \mathrm{d}y) + C_{1ez}(\mathrm{d}z_1 - \mathrm{d}z)\end{aligned} \tag{8-48}$$

式中

$$C_{1ex} = \frac{x_1 - x}{r_1}, \quad C_{1ey} = \frac{y_1 - y}{r_1}, \quad C_{1ez} = \frac{z_1 - z}{r_1}$$

它们分别是 r_1 与 x、y、z 轴之间的方向余弦，同理对 r_2 求微分可得

$$\mathrm{d}r_2 = C_{2ex}(\mathrm{d}x_2 - \mathrm{d}x) + C_{2ey}(\mathrm{d}y_e - \mathrm{d}y) + C_{2ez}(\mathrm{d}z_2 - \mathrm{d}z) \tag{8-49}$$

式中

$$C_{2ex} = \frac{x_2 - x}{r_2}, \quad C_{2ey} = \frac{y_2 - y}{r_2}, \quad C_{2ez} = \frac{z_2 - z}{r_2}$$

它们分别是 r_2 与 x、y、z 轴之间的方向余弦。

将式(8-48)、式(8-49)代入式(8-45)，可得

$$\begin{aligned}\mathrm{d}\delta_{12} &= \mathrm{d}r_1 - \mathrm{d}r_2 \\ &= (C_{2ex} - C_{1ex})\mathrm{d}x + C_{1ex}\mathrm{d}x_1 - C_{2ex}\mathrm{d}x_2 \\ &\quad + (C_{2ey} - C_{1ey})\mathrm{d}y + C_{1ey}\mathrm{d}y_1 - C_{2ey}\mathrm{d}y_2 \\ &\quad + (C_{2ez} - C_{1ez})\mathrm{d}z + C_{1ez}\mathrm{d}z_1 - C_{2ez}\mathrm{d}z_2\end{aligned} \tag{8-50}$$

同理可求得

$$\begin{aligned}\mathrm{d}\delta_{13} &= \mathrm{d}r_1 - \mathrm{d}r_3 \\ &= (C_{3ex} - C_{1ex})\mathrm{d}x + C_{1ex}\mathrm{d}x_1 - C_{3ex}\mathrm{d}x_3 \\ &\quad + (C_{3ey} - C_{1ey})\mathrm{d}y + C_{1ey}\mathrm{d}y_1 - C_{3ey}\mathrm{d}y_3 \\ &\quad + (C_{3ez} - C_{1ez})\mathrm{d}z + C_{1ez}\mathrm{d}z_1 - C_{3ez}\mathrm{d}z_3\end{aligned} \tag{8-51}$$

方程式(8-50)和式(8-51)是分析三维空间内利用测时差定位时，辐射源位置估计精度的基本关系式，故称为误差分析方程。

在二维平面内测时差定位时，由于 $\mathrm{d}z = \mathrm{d}z_1 = \mathrm{d}z_2 = \mathrm{d}z_3 = 0$，误差分析方程

转化为

$$
\begin{aligned}
\mathrm{d}\delta_{12} &= (C_{2ex} - C_{1ex})\mathrm{d}x + (C_{2ey} - C_{1ey})\mathrm{d}y \\
&\quad + C_{1ex}\mathrm{d}x_1 - C_{2ex}\mathrm{d}x_2 + C_{1ey}\mathrm{d}y_1 - C_{2ey}\mathrm{d}y_2 \\
&= (\cos\theta_2 - \cos\theta_1)\mathrm{d}x + (\sin\theta_2 - \sin\theta_1)\mathrm{d}y \\
&\quad + \cos\theta_1\mathrm{d}x_1 - \cos\theta_2\mathrm{d}x_2 + \sin\theta_1\mathrm{d}y_1 - \sin\theta_2\mathrm{d}y_2
\end{aligned} \tag{8-52}
$$

$$
\begin{aligned}
\mathrm{d}\delta_{13} &= (C_{3ex} - C_{1ex})\mathrm{d}x + (C_{3ey} - C_{1ey})\mathrm{d}y \\
&\quad + C_{1ex}\mathrm{d}x_1 - C_{3ex}\mathrm{d}x_3 + C_{1ey}\mathrm{d}y_1 - C_{3ey}\mathrm{d}y_3 \\
&= (\cos\theta_3 - \cos\theta_1)\mathrm{d}x + (\sin\theta_3 - \sin\theta_1)\mathrm{d}y \\
&\quad + \cos\theta_1\mathrm{d}x_1 - \cos\theta_3\mathrm{d}x_3 + \sin\theta_1\mathrm{d}y_1 - \sin\theta_3\mathrm{d}y_3
\end{aligned} \tag{8-53}
$$

式中，θ_1、θ_2 和 θ_3 分别为 r_1、r_2、r_3 与 x 轴之间的夹角，它们的方向余弦为

$$
\cos_i\theta = \frac{x_i - x}{r_i} = C_{iex},\quad i = 1,2,3
$$

$$
\sin_i\theta = \frac{y_i - y}{r_i} = C_{iey},\quad i = 1,2,3
$$

下面讨论二维平面内测时差定位时，由距离差的测量误差或侦察站的位置误差所引起的雷达位置的圆概率误差。

8.3.2　时差误差与定位误差

当辐射源与侦察站处于同一平面内时，若只考虑距离差的测量误差，忽略不计侦察站的位置误差，此时 $\mathrm{d}x_i = \mathrm{d}y_i = 0\ (i=1,2,3)$，则由式(8-52)和式(8-53)可得

$$
\begin{aligned}
\mathrm{d}\delta_{12} &= (C_{2ex} - C_{1ex})\mathrm{d}x + (C_{2ey} - C_{1ey})\mathrm{d}y \\
&= (\cos\theta_2 - \cos\theta_1)\mathrm{d}x + (\sin\theta_2 - \sin\theta_1)\mathrm{d}y \\
\mathrm{d}\delta_{13} &= (C_{3ex} - C_{1ex})\mathrm{d}x + (C_{3ey} - C_{1ey})\mathrm{d}y \\
&= (\cos\theta_3 - \cos\theta_1)\mathrm{d}x + (\sin\theta_3 - \sin\theta_1)\mathrm{d}y
\end{aligned} \tag{8-54}
$$

在分析误差时，为简化讨论，设侦察站与辐射源之间的几何关系如图 8-4 所示(不失一般性)。图中，将 r_1 与 r_3 连线的等分线作为 x 轴的方向，与其垂直的直线作为 y 轴的方向。假设 r_1 与 r_3 之间的夹角为 β，r_1 与 r_2 之间的夹角为 α。由图 8-4 可知

$$
\begin{aligned}
C_{1ex} &= \cos\theta_1 = \frac{x_1 - x}{x_1} = \cos\frac{\beta}{2} \\
C_{1ey} &= \sin\theta_1 = \frac{y_1 - y}{r_1} = \sin\frac{\beta}{2}
\end{aligned} \tag{8-55}
$$

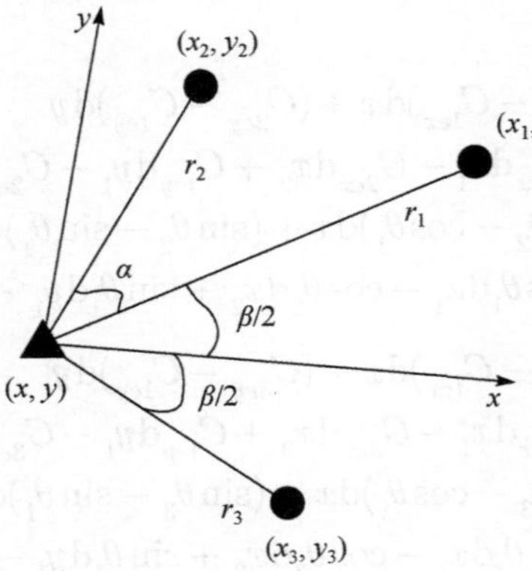

图 8-4　侦察站与辐射源之间的几何关系

$$C_{2ex} = \cos\theta_2 = \frac{x_2 - x}{r_2} = \cos\left(\alpha + \frac{\beta}{2}\right)$$
$$C_{2ey} = \sin\theta_2 = \frac{y_2 - y}{r_2} = \sin\left(\alpha + \frac{\beta}{2}\right) \tag{8-56}$$

$$C_{3ex} = \cos\theta_3 = \frac{x_3 - x}{r_3} = \cos\left(-\frac{\beta}{2}\right) = \cos\frac{\beta}{2}$$
$$C_{3ey} = \sin\theta_3 = \frac{y_3 - y}{r_3} = \sin\left(-\frac{\beta}{2}\right) = -\sin\frac{\beta}{2} \tag{8-57}$$

由式(8-55)～式(8-57)可得

$$\begin{aligned}\mathrm{d}\delta_{12} &= \left[\cos(\alpha + \frac{\beta}{2}) - \cos\frac{\beta}{2}\right]\mathrm{d}x + \left[\sin(\alpha + \frac{\beta}{2}) - \sin\frac{\beta}{2}\right]\mathrm{d}y \\ &= -2\sin\frac{\alpha+\beta}{2}\sin\frac{\alpha}{2}\mathrm{d}x + 2\cos\frac{\alpha+\beta}{2}\sin\frac{\alpha}{2}\mathrm{d}y\end{aligned} \tag{8-58}$$

$$\begin{aligned}\mathrm{d}\delta_{13} &= \left[\cos(-\frac{\beta}{2}) - \cos\frac{\beta}{2}\right]\mathrm{d}x + \left[\sin(-\frac{\beta}{2}) - \sin\frac{\beta}{2}\right]\mathrm{d}y \\ &= -2\sin\frac{\beta}{2}\mathrm{d}y\end{aligned} \tag{8-59}$$

由式(8-58)和式(8-59)可求解 $\mathrm{d}x$ 及 $\mathrm{d}y$。

若

$$\begin{bmatrix}\mathrm{d}\delta_{12} \\ \mathrm{d}\delta_{13}\end{bmatrix} = \begin{bmatrix}-2\sin\frac{\alpha+\beta}{2}\sin\frac{\alpha}{2} & 2\cos\frac{\alpha+\beta}{2}\sin\frac{\alpha}{2} \\ 0 & -2\sin\frac{\beta}{2}\end{bmatrix}\begin{bmatrix}\mathrm{d}x \\ \mathrm{d}y\end{bmatrix} \tag{8-60}$$

则

$$
\begin{aligned}
\begin{bmatrix} \mathrm{d}x \\ \mathrm{d}y \end{bmatrix} &= \begin{bmatrix} -2\sin\dfrac{\alpha+\beta}{2}\sin\dfrac{\alpha}{2} & 2\cos\dfrac{\alpha+\beta}{2}\sin\dfrac{\alpha}{2} \\ 0 & -2\sin\dfrac{\beta}{2} \end{bmatrix}^{-1} \begin{bmatrix} \mathrm{d}\delta_{12} \\ \mathrm{d}\delta_{13} \end{bmatrix} \\
&= \frac{1}{4\sin\dfrac{\alpha+\beta}{2}\sin\dfrac{\alpha}{2}\sin\dfrac{\beta}{2}} \begin{bmatrix} -2\sin\dfrac{\beta}{2} & -2\cos\dfrac{\alpha+\beta}{2}\sin\dfrac{\alpha}{2} \\ 0 & -2\sin\dfrac{\alpha+\beta}{2}\sin\dfrac{\alpha}{2} \end{bmatrix} \begin{bmatrix} \mathrm{d}\delta_{12} \\ \mathrm{d}\delta_{13} \end{bmatrix} \\
&= \begin{bmatrix} -\dfrac{1}{2}\csc\dfrac{\alpha+\beta}{2}\csc\dfrac{\alpha}{2} & -\dfrac{1}{2}\csc\dfrac{\alpha+\beta}{2}\cos\dfrac{\alpha+\beta}{2}\csc\dfrac{\beta}{2} \\ 0 & -\dfrac{1}{2}\csc\dfrac{\beta}{2} \end{bmatrix} \begin{bmatrix} \mathrm{d}\delta_{12} \\ \mathrm{d}\delta_{13} \end{bmatrix}
\end{aligned}
\tag{8-61}
$$

由此可知

$$
\begin{aligned}
\mathrm{d}x &= -\frac{1}{2}\csc\frac{\alpha+\beta}{2}\left(\csc\frac{\alpha}{2}\mathrm{d}\delta_{12} + \csc\frac{\beta}{2}\cos\frac{\alpha+\beta}{2}\mathrm{d}\delta_{13}\right) \\
\mathrm{d}y &= -\frac{1}{2}\csc\frac{\beta}{2}\mathrm{d}\delta_{13}
\end{aligned}
\tag{8-62}
$$

为了求 $\mathrm{d}x$ 和 $\mathrm{d}y$ 的方差，需要知道 $\mathrm{d}\delta_{12}$ 和 $\mathrm{d}\delta_{13}$ 的方差，即需要知道时差测量的方差。对通信辐射源进行定位时，其时差测量的方差可以参考式(8-31)。对雷达辐射源进行定位时，其时差一般通过到达时间相减得到，由侦察站 1 和 2 以及 1 和 3 测得的对雷达的距离差为

$$
\begin{aligned}
\delta_{12} &= r_1 - r_2 = ct_1 - ct_2 \\
\delta_{13} &= r_1 - r_3 = ct_1 - ct_3
\end{aligned}
\tag{8-63}
$$

式中，t_1、t_2、t_3 分别表示雷达脉冲到达三个接收站的时间。对式(8-63)求微分，可得

$$
\begin{aligned}
\mathrm{d}\delta_{12} &= \mathrm{d}r_1 - \mathrm{d}r_2 = c\mathrm{d}t_1 - c\mathrm{d}t_2 \\
\mathrm{d}\delta_{13} &= \mathrm{d}r_1 - \mathrm{d}r_3 = c\mathrm{d}t_1 - c\mathrm{d}t_3
\end{aligned}
\tag{8-64}
$$

由于距离差 δ_{12} 和 δ_{13} 都含有 r_1 的共同项，这两个距离差的测量误差 $\mathrm{d}\delta_{12}$ 和 $\mathrm{d}\delta_{13}$ 具有相关性。现假设所有的观测站对到达时间的测量结果均值为 0，具有相同的测量方差 σ_r^2，且相互之间的相关系数为 ρ_r，即

$$
\begin{aligned}
&E[\mathrm{d}r_i]=0, \quad E[(\mathrm{d}r_i)^2]=\sigma_r^2, \quad i=1,2,3 \\
&E[\mathrm{d}r_1\mathrm{d}r_2]=E[\mathrm{d}r_1\mathrm{d}r_3]=E[\mathrm{d}r_2\mathrm{d}r_3]=\rho_r\sigma_r^2
\end{aligned} \tag{8-65}
$$

则距离差的测量误差 $\mathrm{d}\delta_{12}$ 和 $\mathrm{d}\delta_{13}$ 的均值为零，其方差和协方差分别为

$$
\begin{aligned}
&E[(\mathrm{d}\delta_{12})^2]=E[(\mathrm{d}r_1-\mathrm{d}r_2)^2]=E[(\mathrm{d}r_1)^2]+E[(\mathrm{d}r_2)^2] \\
&-2E[\mathrm{d}r_1\mathrm{d}r_2]=2(1-\rho_r)\sigma_r^2=2\sigma_{\mathrm{RDOA}}^2
\end{aligned} \tag{8-66}
$$

式中，$\sigma_{\mathrm{RDOA}}^2=(1-\rho_r)\sigma_r^2$ 称为有效距离差误差的方差。

同理可得

$$
E[(\mathrm{d}\delta_{13})^2]=2(1-\rho_r)\sigma_r^2=2\sigma_{\mathrm{RDOA}}^2 \tag{8-67}
$$

$$
\begin{aligned}
E[\mathrm{d}\delta_{12}\mathrm{d}\delta_{13}]&=E[(\mathrm{d}r_1)^2]+E[\mathrm{d}r_2\mathrm{d}r_3]-E[\mathrm{d}r_1\mathrm{d}r_3]-E[\mathrm{d}r_1\mathrm{d}r_2] \\
&=(1-\rho_r)\sigma_r^2=\sigma_{\mathrm{RDOA}}^2
\end{aligned} \tag{8-68}
$$

因此，可写出距离差的测量误差的协方差矩阵为

$$
\begin{aligned}
P&=E\left\{\begin{bmatrix}\mathrm{d}\delta_{12}\\ \mathrm{d}\delta_{13}\end{bmatrix}\begin{bmatrix}\mathrm{d}\delta_{12}\mathrm{d}\delta_{13}\end{bmatrix}\right\}=\begin{bmatrix}E[(\mathrm{d}\delta_{12})^2] & E[\mathrm{d}\delta_{12}\mathrm{d}\delta_{13}]\\ E[(\mathrm{d}\delta_{12}\mathrm{d}\delta_{13})] & E[(\mathrm{d}\delta_{13})^2]\end{bmatrix} \\
&=\begin{bmatrix}2 & 1\\ 1 & 2\end{bmatrix}\sigma_{\mathrm{RDOA}}^2
\end{aligned} \tag{8-69}
$$

由式(8-62)可求得 $\mathrm{d}x$ 和 $\mathrm{d}y$ 的方差，将式(8-67)～式(8-69)的结果代入式(8-62)可得 x 和 y 方向的位置测量方差分别为

$$
\begin{aligned}
\sigma_x^2=E[(\mathrm{d}x)^2]&=\frac{1}{4}\csc^2\frac{\alpha+\beta}{2}\csc^2\frac{\alpha}{2}E[(\mathrm{d}\delta_{12})^2] \\
&+\frac{1}{4}\csc^2\frac{\alpha+\beta}{2}\csc^2\frac{\beta}{2}\cos^2\frac{\alpha+\beta}{2}E[(\mathrm{d}\delta_{13})^2] \\
&+\frac{1}{2}\csc^2\frac{\alpha+\beta}{2}\csc\frac{\alpha}{2}\csc\frac{\beta}{2}\cos\frac{\alpha+\beta}{2}E[\mathrm{d}\delta_{12}\mathrm{d}\delta_{13}] \\
&=\frac{\sin^2\dfrac{\beta}{2}\sin^2\dfrac{\alpha}{2}\cos^2\dfrac{\alpha+\beta}{2}+\sin\dfrac{\alpha}{2}\sin\dfrac{\beta}{2}\cos\dfrac{\alpha+\beta}{2}}{4\sin^2\dfrac{\alpha}{2}\sin^2\dfrac{\beta}{2}\sin^2\dfrac{\alpha+\beta}{2}}2\sigma_{\mathrm{RDOA}}^2
\end{aligned} \tag{8-70}
$$

$$
\sigma_y^2=E[(\mathrm{d}y)^2]=\frac{1}{4}\csc^2\frac{\beta}{2}E[(\mathrm{d}\delta_{13})^2]=\frac{1}{2}\csc^2\frac{\beta}{2}\sigma_{\mathrm{RDOA}}^2 \tag{8-71}
$$

则

$$
\begin{aligned}
\sigma_x^2+\sigma_y^2 &= \frac{\sin^2\dfrac{\beta}{2}+\sin^2\dfrac{\alpha}{2}\left(\cos^2\dfrac{\alpha+\beta}{2}+\sin^2\dfrac{\alpha+\beta}{2}\right)+\sin\dfrac{\alpha}{2}\sin\dfrac{\beta}{2}-\cos\dfrac{\alpha+\beta}{2}}{4\sin^2\dfrac{\alpha}{2}\sin^2\dfrac{\beta}{2}\sin^2\dfrac{\alpha+\beta}{2}}2\sigma_{\mathrm{RDOA}}^2 \\
&= \frac{\dfrac{1}{2}(1-\cos\beta)+\dfrac{1}{2}(1-\cos\alpha)+\dfrac{1}{4}[\cos\alpha+\cos\beta-1-\cos(\alpha+\beta)]}{\dfrac{1}{4}[\sin\alpha+\sin\beta-\sin(\alpha+\beta)]^2}2\sigma_{\mathrm{RDOA}}^2 \\
&= \frac{3-\cos\alpha-\cos\beta-\cos(\alpha+\beta)}{[\sin\alpha+\sin\beta-\sin(\alpha+\beta)]^2}2\sigma_{\mathrm{RDOA}}^2
\end{aligned}
\tag{8-72}
$$

假设辐射源到侦察站 1 和 2、1 和 3 及 2 和 3 的连线之间的夹角分别为 $\eta_1=\alpha$、$\eta_2=\beta$ 和 $\eta_3=2\pi-(\eta_1+\eta_2)$，如图 8-5 所示。

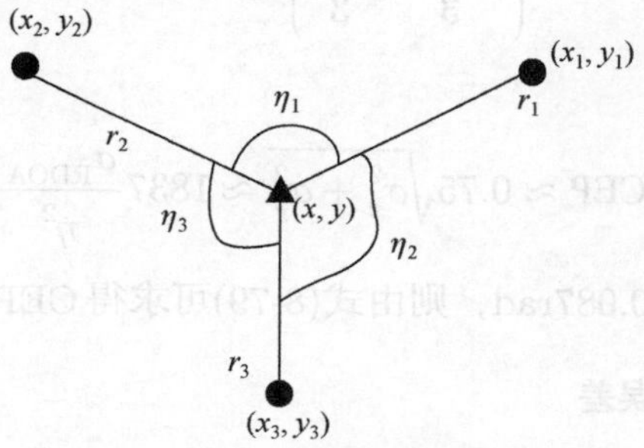

图 8-5 侦察站构型图

式(8-72)可写为

$$
\begin{aligned}
\sigma_x^2+\sigma_y^2 &= \frac{3-\cos\eta_1-\cos\eta_2-\cos(\eta_1+\eta_2)}{[\sin\eta_1+\sin\eta_2-\sin(\eta_1+\eta_2)]^2}2\sigma_{\mathrm{RDOA}}^2 \\
&= \frac{3-\cos\eta_1-\cos\eta_2-\cos\eta_3}{[\sin\eta_1+\sin\eta_2+\sin\eta_3]^2}2\sigma_{\mathrm{RDOA}}^2
\end{aligned}
\tag{8-73}
$$

可求得近似的圆概率误差为

$$
\mathrm{CEP}\approx 0.75\sqrt{\sigma_x^2+\sigma_y^2}=k\sigma_{\mathrm{RDOA}} \tag{8-74}
$$

式中

$$
k=1.06\frac{\sqrt{3-\cos\eta_1-\cos\eta_2-\cos\eta_3}}{\sin\eta_1+\sin\eta_2+\sin\eta_3} \tag{8-75}
$$

由式(8-74)可见，圆概率误差与 σ_{RDOA} 成正比。σ_{RDOA} 越大，定位精度越差。同时，圆概率误差还和雷达到各侦察站连线之间的夹角 η_1、η_2、η_3 有关。由式(8-73)经

过推理可得

(1) 当η_1、η_2、η_3选择不当时，圆概率误差将增大，定位精度降低。

(2) 当$\eta_1 = \eta_2 = \eta$、$\eta_3 = 2\pi - 2\eta$时，由式(8-73)可得

$$\sigma_x^2 + \sigma_y^2 = \frac{3 - 2\cos\eta - \cos 2\eta}{\left(2\sin\eta - \sin 2\eta\right)^2} 2\sigma_{\text{RDOA}}^2 \tag{8-76}$$

(3) 当$\eta_1 = \eta_2 = \eta_3 = 120°$时，圆概率误差最小，此时由式(8-74)可得

$$\text{CEP} = 0.86\sigma_{\text{RDOA}} \tag{8-77}$$

(4) 当$\eta_1 = \eta_2$很小时，可以把η的正余弦函数展开级数取前两项，可得

$$\sigma_x^2 + \sigma_y^2 \approx \frac{2(\eta^2 + 2\eta^2)}{\left(-\dfrac{\eta^3}{3} + \dfrac{4\eta^3}{3}\right)^2} \sigma_{\text{RDOA}}^2 = \frac{6}{\eta^4} \sigma_{\text{RDOA}}^2 \tag{8-78}$$

则

$$\text{CEP} \approx 0.75\sqrt{\sigma_x^2 + \sigma_y^2} \approx 1837 \frac{\sigma_{\text{RDOA}}}{\eta^2} \tag{8-79}$$

例如，$\eta_1 = \eta_2 = 5° = 0.087\text{rad}$，则由式(8-79)可求得$\text{CEP} = 241\sigma_{\text{RDOA}}$。

8.3.3　站址误差与定位误差

若各侦察站测时差或距离差的测量误差可以忽略不计，即$\text{d}\delta_{12} = \text{d}\delta_{13} = 0$，则当侦察站与辐射源处于同一平面时，根据定位误差分析方程式(8-52)和式(8-53)可得

$$\begin{aligned}&(\cos\theta_2 - \cos\theta_1)\text{d}x + (\sin\theta_2 - \sin\theta_1)\text{d}y \\ &= \cos\theta_2 \text{d}x_2 - \cos\theta_1 \text{d}x_1 + \sin\theta_2 \text{d}y_2 - \sin\theta_1 \text{d}y_1 = e_1\end{aligned} \tag{8-80}$$

$$\begin{aligned}&(\cos\theta_3 - \cos\theta_1)\text{d}x + (\sin\theta_3 - \sin\theta_1)\text{d}y \\ &= \cos\theta_3 \text{d}x_3 - \cos\theta_1 \text{d}x_1 + \sin\theta_3 \text{d}y_3 - \sin\theta_1 \text{d}y_1 = e_2\end{aligned} \tag{8-81}$$

式中，$\text{d}x_i$、$\text{d}y_i(i=1,2,3)$为第i个侦察站的位置误差。联立式(8-80)和式(8-81)可得

$$\boldsymbol{e} = \begin{bmatrix} e_1 \\ e_2 \end{bmatrix} = \begin{bmatrix} -\cos\theta_1 & -\sin\theta_1 & \cos\theta_2 & \sin\theta_2 & 0 & 0 \\ -\cos\theta_1 & -\sin\theta_1 & 0 & 0 & \cos\theta_3 & \sin\theta_3 \end{bmatrix} \begin{bmatrix} \text{d}x_1 \\ \text{d}y_1 \\ \text{d}x_2 \\ \text{d}y_2 \\ \text{d}x_3 \\ \text{d}y_3 \end{bmatrix} \tag{8-82}$$

$$= \boldsymbol{F}\text{d}\boldsymbol{x}$$

式中

$$\boldsymbol{F}=\begin{bmatrix}-\cos\theta_1 & -\sin\theta_1 & \cos\theta_2 & \sin\theta_2 & 0 & 0\\ -\cos\theta_1 & -\sin\theta_1 & 0 & 0 & \cos\theta_3 & \sin\theta_2\end{bmatrix}\tag{8-83}$$

$$\mathrm{d}\boldsymbol{x}=\begin{bmatrix}\mathrm{d}x_1 & \mathrm{d}y_1 & \mathrm{d}x_2 & \mathrm{d}y_2 & \mathrm{d}x_3 & \mathrm{d}y_3\end{bmatrix}^{\mathrm{T}}\tag{8-84}$$

比较式(8-80)、式(8-81)与式(8-54)可以看出，三者的形式相同，只是式(8-80)和式(8-81)中用误差 e_1 和 e_2 代替式(8-54)中的 $\mathrm{d}\delta_{12}$ 和 $\mathrm{d}\delta_{13}$，因此为了求 $\mathrm{d}x$ 和 $\mathrm{d}y$ 的方差，只要求出 e_1、e_2 的方差和协方差就可以利用上面讨论的结果。误差矩阵 $\boldsymbol{e}=[e_1 \quad e_2]$的协方差矩阵为

$$\begin{aligned}E[\boldsymbol{e}\boldsymbol{e}^{\mathrm{T}}]&=E\left\{\begin{bmatrix}e_1\\ e_2\end{bmatrix}\begin{bmatrix}e_1 & e_2\end{bmatrix}\right\}=\begin{bmatrix}E(e_1^2) & E(e_1e_2)\\ E(e_1e_2) & E(e_2^2)\end{bmatrix}\\ &=E[\boldsymbol{F}\mathrm{d}\boldsymbol{x}(\boldsymbol{F}\mathrm{d}\boldsymbol{x})^{\mathrm{T}}]=E[\boldsymbol{F}\mathrm{d}\boldsymbol{x}\mathrm{d}\boldsymbol{x}^{\mathrm{T}}\boldsymbol{F}^{\mathrm{T}}]=\boldsymbol{F}E[\mathrm{d}\boldsymbol{x}\mathrm{d}\boldsymbol{x}^{\mathrm{T}}]\boldsymbol{F}^{\mathrm{T}}\end{aligned}\tag{8-85}$$

设 $E[\mathrm{d}\boldsymbol{x}\,\mathrm{d}\boldsymbol{x}^{\mathrm{T}}]=\boldsymbol{I}\sigma^2$，则 $E[\boldsymbol{e}\boldsymbol{e}^{\mathrm{T}}]=\boldsymbol{F}\boldsymbol{F}^{\mathrm{T}}\sigma^2$，而

$$\begin{aligned}\boldsymbol{F}\boldsymbol{F}^{\mathrm{T}}&=\begin{bmatrix}-\cos\theta_1 & -\sin\theta_1 & \cos\theta_2 & \sin\theta_2 & 0 & 0\\ -\cos\theta_1 & -\sin\theta_1 & 0 & 0 & \cos\theta_2 & \sin\theta_2\end{bmatrix}\begin{bmatrix}-\cos\theta_1 & -\cos\theta_1\\ -\sin\theta_1 & -\sin\theta_1\\ \cos\theta_2 & 0\\ \sin\theta_2 & 0\\ 0 & \cos\theta_3\\ 0 & \sin\theta_3\end{bmatrix}\\ &=\begin{bmatrix}2 & 1\\ 1 & 2\end{bmatrix}\end{aligned}$$

因此，误差矩阵 $\boldsymbol{e}$ 的协方差矩阵为

$$\begin{aligned}E[\boldsymbol{e}\boldsymbol{e}^{\mathrm{T}}]&=\begin{bmatrix}E[e_1^2] & E[e_1e_2]\\ E[e_1e_2] & E[e_2^2]\end{bmatrix}\\ &=\boldsymbol{F}\boldsymbol{F}^{\mathrm{T}}\sigma^2=\begin{bmatrix}2 & 1\\ 1 & 2\end{bmatrix}\sigma^2\end{aligned}\tag{8-86}$$

比较式(8-86)与式(8-69)发现，两者形式相同，前者只是以 σ^2 代替 σ_{RDOA}^2。因此，可以沿用前面推导的结果，只是要用 σ^2 代替。在只考虑侦察站位置误差的情况下，当侦察站位置误差的协方差 $E[\mathrm{d}\boldsymbol{x}\mathrm{d}\boldsymbol{x}^{\mathrm{T}}]=\boldsymbol{I}\sigma^2$ 时，它所引起的辐射源定位误差为

$$\sigma_x^2+\sigma_y^2=\frac{3-\cos\eta_1-\cos\eta_2-\cos\eta_3}{(\sin\eta_1+\sin\eta_2+\sin\eta_3)^2}2\sigma^2 \tag{8-87}$$

若距离差的测量误差与侦察站的位置误差是相互独立的，则可得综合误差为

$$\sigma_x^2+\sigma_y^2=\frac{3-\cos\eta_1-\cos\eta_2-\cos\eta_3}{(\sin\eta_1+\sin\eta_2+\sin\eta_3)^2}2(\sigma^2+\sigma_{\mathrm{TDOA}}^2) \tag{8-88}$$

式中，σ_{TDOA}^2 为距离差测量误差。利用测时差定位法对辐射源定位时，其定位精度主要与侦察站的位置误差、测时差的精度和侦察站与辐射源之间夹角的选择有关。侦察站可以采用无方向性或弱方向性天线进行工作，这种测时差定位法的定位精度可达毫微秒量级，比测向交叉定位法、测角时差定位法和直接定位法的定位精度要高。但是，这种方法在技术上实现比较复杂。由于被测雷达的性能是未知的，尤其是当多个雷达同时存在时，如何分选识别同一雷达的信号更为复杂，因此需要采用高性能的数字计算机，以便迅速处理来自各侦察站的定位信息和导航数据，而且各侦察站之间要有准确可靠的通信系统以保证数据的快速传递。

8.4　测角时差定位法

8.4.1　基本原理

测角时差定位法是一类重要的多站协同定位方法。测角时差定位法利用主站 A 和辅站 B 同时接收辐射源的信号。其中，辅站用一个全向天线或弱定向天线接收辐射源的信号，该信号经放大后通过一个定向天线转发给主站，主站用一对准辅站的定向天线接收由辅站转发来的辐射源信号，并用另一定向天线接收辐射源直达信号并测向，如图 8-6 所示。当主辅站的基线 AB 和主站与辐射源间的连线 AE 之间的夹角 $\theta\neq 0$ 时，主站收到辐射源直达信号的时间和经辅站转发信号的时间是有差别的。主站利用测得的辐射源的方位角以及测出的直达信号与转发信号之间的时间差，经过计算机可求得辐射源的位置。

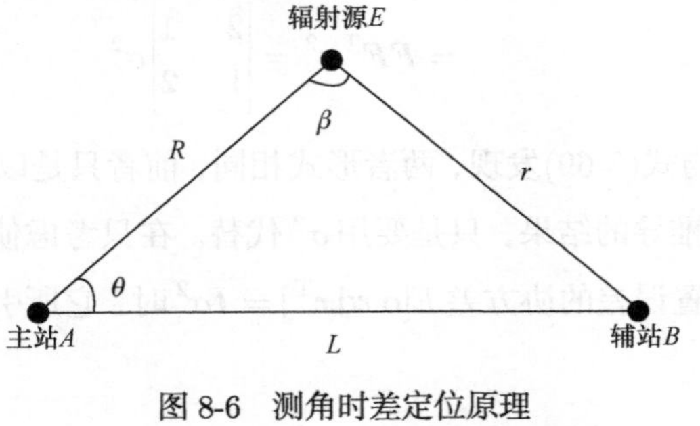

图 8-6　测角时差定位原理

设主站到辅站的基线长度为 L,它可事先精确测出,辐射源到主站的距离为 R,辐射源到辅站的距离为 r，主站测得的辐射源的方位角为θ，即 AE 与 AB 之间的夹角，主站测得的辐射源的直达信号与经过辅站转发的信号之间的时间差为 t_{d}。

辐射信号直接到主站与经过辅站再转发到主站的路程差即距离差$\delta=ct_{\mathrm{d}}$,其中 c 为光速。

$$\delta = R + L - r \tag{8-89}$$

根据余弦定理可得

$$r^2 = R^2 + L^2 - 2RL\cos\theta \tag{8-90}$$

由式(8-89)和式(8-90)可求得主站到辐射源的距离为

$$\begin{aligned} R &= \frac{\delta\left(L - \dfrac{\delta}{2}\right)}{\delta - L(1-\cos\theta)} = \frac{2\delta L - \delta^2}{2(\delta - L + L\cos\theta)} \\ &= \frac{ct_{\mathrm{d}}\left(1 - \dfrac{ct_{\mathrm{d}}}{2}\right)}{ct_{\mathrm{d}} - L(1-\cos\theta)} \end{aligned} \tag{8-91}$$

由式(8-91)可知，L 是已知的，只要主站测出θ与 t_{d} 即可求得 R。θ可由测向设备测得，而 t_{d} 可用直达信号与转发信号进行相关运算求出。

8.4.2　系统的组成

如图 8-7 所示，主站的侦察定向天线用来接收来自辐射源的直达信号。它将直达信号放大，检波变为视频信号，主站的辅助天线用来接收从辅站 B 转发来的信号，它经转发支路接收机放大、检波，变为视频信号，其中转发信号相对直达信号有一个时间延迟 t_{d}，将其换算成距离差δ，送入计算机，计算机可事先将主站

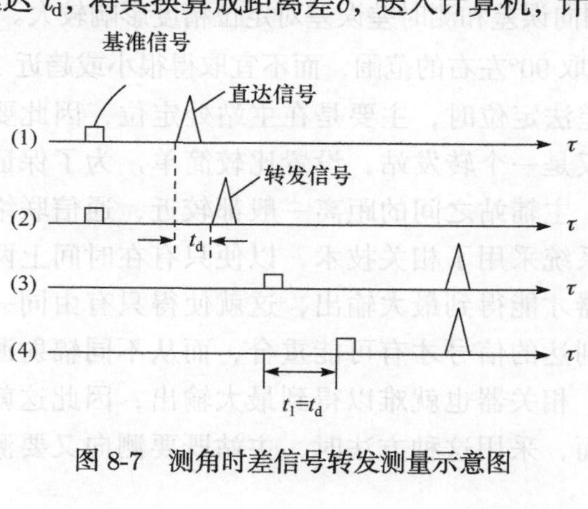

图 8-7　测角时差信号转发测量示意图

A 与辅站 B 之间的距离 L 置入，当侦察天线测得的主站与辐射源的连线 AE 和主辅站的基线 AB 之间的夹角θ以及由计数器输出的距离差δ都送入计算机时，便可按式(8-91)计算出主站到辐射源的距离 R。

利用测角时差定位法对辐射源定位时，其定位精度与距离差测量精度、测角精度和站间距离等有关，主辅站间的距离 L 的选定与辐射源天线的水平波束宽度有关。由于一般雷达辐射源天线波束宽度β 较窄，为了保证主辅站都能同时接收到信号，要求 L 不能太长，一般 $L \ll R$ 。由图 8-6 可知

$$L = \frac{R\sin\beta}{\sin(\theta+\beta)} \tag{8-92}$$

式(8-92)表明，对于一定的β，当 $\sin(\theta+\beta)=1$，即$\theta+\beta=90°$时，L 最小。当$\theta+\beta$偏离 90° 时，可允许 L 略增大。因此，为了保证在最不利情况下仍能接收信号，要求取 $L \approx R\sin\beta$ 。

依据图 8-6，根据余弦定理有

$$r = \sqrt{R^2 + L^2 - 2RL\cos\theta}$$

由式(8-89)可知，距离差为

$$\delta = r + L - R = \sqrt{R^2 + L^2 - 2RL\cos\theta} + L - R$$

当 $r=R$、$\delta=L$ 时，$\triangle AEB$ 为等腰三角形，可求得

$$\theta = \arccos\frac{L}{2R}$$

由于 $L \ll R$ ，θ接近于 90°，此时测向误差及测时差误差对定位精度的影响较小。当θ很小时，测向误差和测时差误差对定位精度影响较大。因此，利用测角时差定位法时一般都取 90°左右的范围，而不宜取得很小或趋近 180°。

利用测角时差法定位时，主要是在主站处定位，因此要求主站精确测向和测时差。辅站仅是一个转发站，设置比较简单，为了保证主辅站能同时收到辐射源的信号，主辅站之间的距离一般都较近，通信联络系统比较简单。同时，测角定位系统采用了相关技术，以便只有在时间上两个波形相同的信号重合时，相关器才能得到最大输出，这就使得只有由同一个辐射源辐射的经两条不同路径到达的信号才有可能重合，而从不同辐射源辐射的信号经延迟很难完全重合，相关器也就难以得到最大输出，因此这就可能避免虚假辐射源的出现。然而，采用这种方法时，主站既要测向又要测时差，因此设备

比较复杂，而且为了达到一定的定位精度，要求这种定位系统具有很高的测向精度和测时差精度。

8.5 小　结

本章主要介绍了在无源定位领域最为常见的方法之一，即时差定位。时差定位系统在实用的定位系统中具有最广泛的应用。本章针对时差定位技术体制，分析了时差定位的技术原理、时差测量技术、定位算法、时差定位的误差特点以及测角时差的扩展体制。通过本章的学习，可以较为深入地理解时差定位系统的主要技术特点。

参 考 文 献

[1] 赵国庆.雷达对抗原理[M]. 2 版. 西安: 西安电子科技大学出版社, 2012.

[2] Wiley R G. 电子情报(ELINT)——雷达信号截获与分析[M]. 吕跃广, 等译. 北京: 电子工业出版社, 2008.

[3] 田中成, 刘聪锋. 无源定位技术[M]. 北京: 国防工业出版社, 2015.

[4] 王永诚, 张令坤. 多站时差定位技术研究[J]. 现代雷达, 2003, (2): 1-4.

[5] 张正明. 辐射源无源定位研究[D]. 西安: 西安电子科技大学, 2000.

[6] 邓勇, 徐晖, 周一宇. 平面三站时差定位中的模糊及无解研究[J]. 系统工程与电子技术, 2000, (3): 27-29.

[7] 胡德秀, 刘智鑫. 时频差无源定位理论与实践[M]. 西安: 西安电子科技大学出版社, 2019.

第 9 章　时频差无源定位技术

基于时频差的无源定位技术是无源定位领域的重要分支。时频差无源定位具有定位精度高、所需平台个数少、无需多通道测向的技术优势[1]，是近年来的研究热点。本章针对性地对时频差无源定位技术进行讨论和梳理，在对现有成果进行总结的基础上，介绍近年来的一些发展，希望能为读者提供参考，为推进新型时频差技术的工程化应用提供思路。

9.1　时频差无源定位原理

时频差无源定位主要研究通过测量 TDOA、FDOA 实现对目标辐射源的定位。时频差无源定位一般需要至少两个观测站，完成一组时频差的观测，属于多站编队协同定位。

如图 9-1 所示，在基于时频差的无源定位中，通常包含一个主站和若干个辅站，同时对目标辐射源进行接收；主站和辅站的信号采集保持时频同步，以保证估计的时频差参数仅与相对距离和相对速度相关；辅站将采集到的信号通过通信链路传输到主站；主站利用参数估计的相关算法得出主站信号和辅站信号的时频差，之后利用相应的定位算法，完成对目标的无源定位和速度测量。

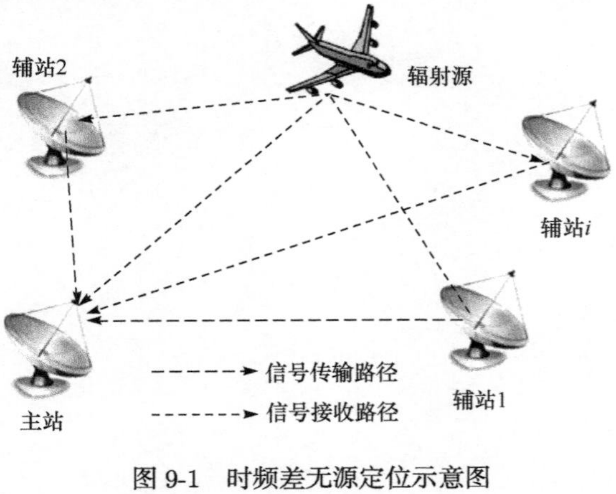

图 9-1　时频差无源定位示意图

一般情况下，假设参与定位的传感器共有 N 个，传感器自身的位置、速度已知，N 个观测平台对目标共视，能够同时接收到目标辐射源的信号。不失一般性，选取其中任意一个观测站作为参考站，将其编号为第 0 个观测站，其余观测站编号为 1,2,⋯,N−1。通过传感器平台之间的通信链路，可以测量各个观测站相对于参考站的时差、频差观测量。

假设各参量如下：参考站的位置、速度分别为 $\boldsymbol{s}_0 = [s_{0x} \quad s_{0y} \quad s_{0z}]^{\mathrm{T}}$、$\dot{\boldsymbol{s}}_0 = [\dot{s}_{0x} \quad \dot{s}_{0y} \quad \dot{s}_{0z}]^{\mathrm{T}}$，第 $i(i=1,2,\cdots,N-1)$ 个观测站的位置、速度分别为 $\boldsymbol{s}_i = [s_{ix} \quad s_{iy} \quad s_{iz}]^{\mathrm{T}}$、$\dot{\boldsymbol{s}}_i = [\dot{s}_{ix} \quad \dot{s}_{iy} \quad \dot{s}_{iz}]^{\mathrm{T}}$，目标辐射源的位置和速度分别为 $\boldsymbol{x} = [x \quad y \quad z]^{\mathrm{T}}$、$\dot{\boldsymbol{x}} = [\dot{x} \quad \dot{y} \quad \dot{z}]^{\mathrm{T}}$。在此条件下，第 i 个$(i=0,1,2,\cdots,N-1)$观测站相对于目标的距离、速度为

$$
\begin{aligned}
r_i &= \| \boldsymbol{s}_i - \boldsymbol{x} \| \\
\dot{r}_i &= \frac{(\dot{\boldsymbol{s}}_i - \dot{\boldsymbol{x}})^{\mathrm{T}}(\boldsymbol{s}_i - \boldsymbol{x})}{r_i}
\end{aligned} \tag{9-1}
$$

第 i 个观测站$(i = 1,2,\cdots,N-1)$相对于第一个观测站的距离差、速度差为

$$
\begin{aligned}
d_i^{\,0} &= r_i - r_0 \\
\dot{d}_i^{\,0} &= \dot{r}_i - \dot{r}_0
\end{aligned} \tag{9-2}
$$

显然，时频差定位的基本原理可以由式(9-2)看出，即在已知时差、频差的基础上，利用观测方程对目标的位置和速度进行解算。

在考虑误差的情况下，由观测量时差、频差推理得到的含有观测噪声的距离差、速度差为

$$
\begin{aligned}
d_i &= d_i^{\,0} + \Delta_{d_i} = c(\tau_i + \Delta_{\tau_i}) \\
\dot{d}_i &= \dot{d}_i^{\,0} + \Delta_{\dot{d}_i} = \lambda(f_i + \Delta_{f_i})
\end{aligned} \tag{9-3}
$$

式中，c 表示光速；λ 表示辐射源信号的波长；τ_i、f_i 分别表示时差、频差观测量；Δ_{τ_i}、Δ_{f_i} 分别表示时差、频差的测量误差，服从零均值高斯分布。由于观测量的测量误差对系统的性能有着至关重要的影响，在此对观测量的测量误差协方差矩阵进行分析。定义

$$
\begin{aligned}
\boldsymbol{v}_0 &= [\Delta_{\tau_1} \quad \Delta_{\tau_2} \quad \cdots \quad \Delta_{\tau_{N-1}} \quad \Delta_{f_1} \quad \Delta_{f_2} \quad \cdots \quad \Delta_{f_{N-1}}]^{\mathrm{T}} \\
\boldsymbol{v} &= [\Delta_{d_1} \quad \Delta_{d_2} \quad \cdots \quad \Delta_{d_{N-1}} \quad \Delta_{\dot{d}_1} \quad \Delta_{\dot{d}_2} \quad \cdots \quad \Delta_{\dot{d}_{N-1}}]^{\mathrm{T}}
\end{aligned} \tag{9-4}
$$

假设 $\boldsymbol{v}_0$ 的协方差矩阵为 $\boldsymbol{Q}_0$，$\boldsymbol{v}$ 的协方差矩阵为 $\boldsymbol{Q}$，从以下三个角度对 $\boldsymbol{Q}_0$ 和 $\boldsymbol{Q}$ 进行分析。

(1) 第 i 个观测站相对于参考站的 TDOA、FDOA 协方差矩阵[1]为

$$\mathrm{CRLB}(\tau,f)=\frac{1}{B_{\mathrm{n}}T\gamma}\begin{bmatrix}\frac{1}{\beta^2} & 0\\ 0 & \frac{3}{\pi^2T_{\mathrm{e}}^2}\end{bmatrix} \tag{9-5}$$

式中，B_{n} 表示噪声带宽；T 表示所用信号时长；γ 表示信噪比；β 为均方根信号带宽；T_{e} 为均方根时宽。

(2) 对于第 i 个观测站和第 j 个观测站($i\neq j$)之间属性不同的观测量，如 τ_i 和 f_j、τ_i 和 f_j，其测量相互独立，互协方差为 0。

(3) 对于第 i 个观测站和第 j 个观测站($i\neq j$)之间属性相同的观测量，如 τ_i 和 τ_j，由于它们都是用同一个参考基准测量得到的结果，具有一定的相关性，τ_i 和 τ_j 的相关系数近似为 0.5。

针对以上分析，可以给出协方差矩阵 $\boldsymbol{Q}_0$，进而给出协方差矩阵 $\boldsymbol{Q}$。协方差矩阵 $\boldsymbol{Q}$ 可以写为

$$\boldsymbol{Q}=\begin{bmatrix}\boldsymbol{Q}_{\mathrm{d}} & \boldsymbol{0}\\ \boldsymbol{0} & \boldsymbol{Q}_{\mathrm{v}}\end{bmatrix} \tag{9-6}$$

式中，$\boldsymbol{Q}_{\mathrm{d}}$ 表示距离差的协方差矩阵；$\boldsymbol{Q}_{\mathrm{v}}$ 表示速度差的协方差矩阵。

9.2 时频差估计

9.2.1 时频差估计方法

当观测平台和目标辐射源之间存在匀速的相对运动时，不同平台接收到的信号之间不但存在路径差，还存在速度差，这导致不同平台之间存在信号到达时间差和到达多普勒频率差。通过提取到达时间差、频率差，可以反演出目标的位置。本小节主要研究连续信号的时频差估计问题，包含估计方法与理论精度的边界。

如图 9-2 所示，两个接收站同时对目标辐射源进行接收。假设待定位的辐射源目标信号模型为

$$s(t)=u(t)\mathrm{e}^{\mathrm{j}2\pi f_{\mathrm{c}}t} \tag{9-7}$$

式中，$u(t)$ 为复基带连续信号；f_{c} 为载频。

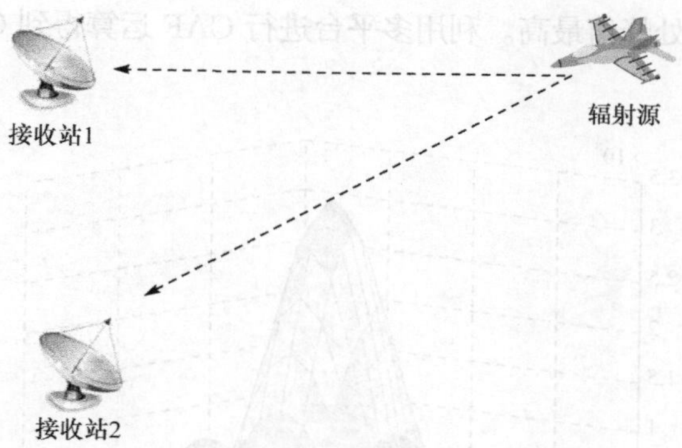

图 9-2　信号接收示意图

针对通信连续信号，假设信号模型为

$$\begin{cases} x_1(t) = s(t) + n_1(t) \\ x_2(t) = As(t-\tau_d)e^{-j2\pi f_d(t-\tau_d)} + n_2(t) \end{cases} \tag{9-8}$$

式中，$x_1(t)$、$x_2(t)$ 分别为两个观测站接收到的同一辐射源的信号；A 为衰减常数，为便于研究问题，通常令 $A=1$；τ_d、f_d 为信号到达两接收站的真实 TDOA 值和 FDOA 值。假设 $s(t)$ 是平稳、零均值的非高斯信号，$n_1(t)$、$n_2(t)$ 分别为独立于信号的噪声，噪声认为是加性高斯噪声，假设其均值为零，同时不同接收机的噪声互不相关。

经典的信号互模糊函数(cross ambiguity function, CAF)定义为

$$\begin{aligned} A(\tau,f) &= \int_0^T x_1(t)x_2^*(t+\tau)e^{-j2\pi ft}dt \\ &= \int_0^T [s(t)+n_1(t)][s(t+\tau-\tau_d)e^{-j2\pi f_d(t+\tau-\tau_d)} + n_2(t)]^* e^{-j2\pi ft}dt \\ &= e^{-j2\pi f_d(\tau-\tau_d)}\int_0^T s(t)s^*(t+\tau-\tau_d)e^{-j2\pi(f-f_d)t}dt \end{aligned} \tag{9-9}$$

对于每一个时延 τ，定义两路信号的时域混合积信号为

$$h(t,\tau) = x_1(t)x_2^*(t+\tau) \tag{9-10}$$

因此，CAF 本质上的概念就是对混合积信号的傅里叶变换，为获取 TDOA 及 FDOA 的联合估计值，对式(9-9)取模，得

$$\begin{aligned} |A(\tau,f)| &= \left|e^{-j2\pi f_d(\tau-\tau_d)}\right|\cdot\left|\int_0^T s(t)s^*(t+\tau-\tau_d)\cdot e^{-j2\pi(f-f_d)t}dt\right| \\ &= \left|\int_0^T s(t)s^*(t+\tau-\tau_d)\cdot e^{-j2\pi(f-f_d)t}dt\right| \end{aligned} \tag{9-11}$$

显然，CAF 模值 $\left|A_{xy}(\tau,f)\right|$ 在 $\tau=\tau_d$、$f=f_d$ 处取得最大值，即 CAF 值在真实的

TDOA 和 FDOA 处峰值最高。利用多平台进行 CAF 运算得到 CAF 图，如图 9-3 所示。

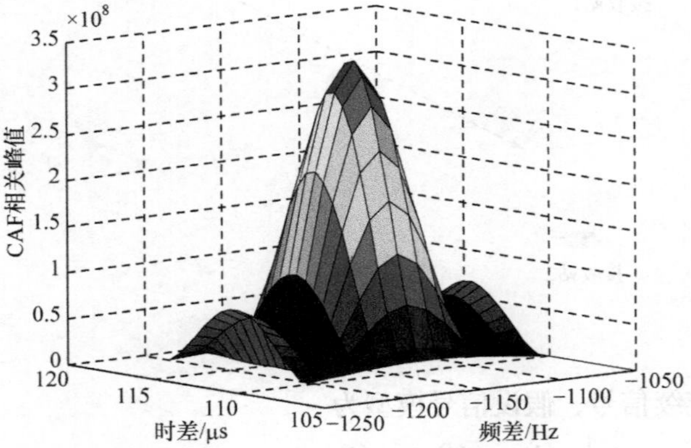

图 9-3　信号的 CAF 图

在 TDOA 方向上，其相关峰的宽度为信号带宽的倒数($1/B$)，而在 FDOA 方向上，其相关峰的宽度为采样时间的倒数($1/T$)，如图 9-4 所示。因此，TDOA 的估计精度主要取决于信号的带宽，而 FDOA 的估计精度主要取决于信号的采样总时间。

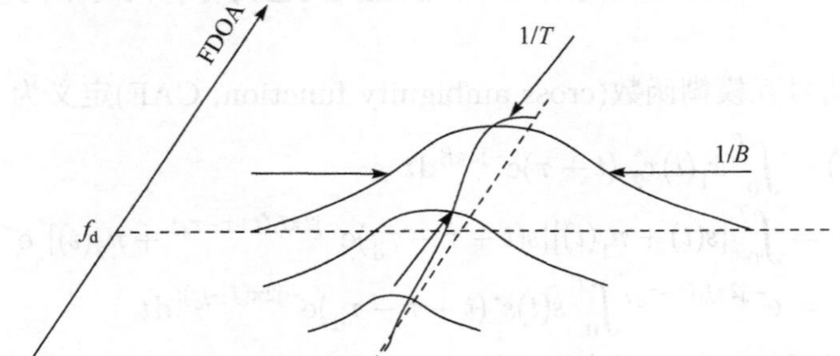

图 9-4　CAF 峰在 TDOA 及 FDOA 方向的切片示意图

对 TDOA 和 FDOA 采用最大似然法进行估计，在高斯噪声背景下，其估计是一种无偏估计，TDOA 和 FDOA 的估计精度分别为

$$\sigma_\tau = \frac{1}{\beta}\frac{1}{\sqrt{B_{\mathrm{n}}T\gamma}}$$
$$\sigma_f = \frac{1}{T_{\mathrm{e}}}\frac{1}{\sqrt{B_{\mathrm{n}}T\gamma}} \tag{9-12}$$

式中，β 为信号均方根带宽；T_e 为均方根时间；γ 为有效输入信噪比；B_n 为接收机输入的噪声带宽。均方根带宽定义为

$$\beta = 2\pi\left[\frac{\int_{-\infty}^{+\infty} f^2 W_s(f)\mathrm{d}f}{\int_{-\infty}^{+\infty} W_s(f)\mathrm{d}f}\right]^{1/2} \tag{9-13}$$

式中，$W_s(f)$ 为信号功率谱密度。均方根时间定位为

$$T_e = 2\pi\left[\frac{\int_{-\infty}^{+\infty} t^2 \left|u(t)\right|^2 \mathrm{d}t}{\int_{-\infty}^{+\infty} \left|u(t)\right|^2 \mathrm{d}t}\right]^{1/2} \tag{9-14}$$

有效输入信噪比 γ 定义为

$$\frac{1}{\gamma} = \frac{1}{2}\left[\frac{1}{\gamma_1} + \frac{1}{\gamma_2} + \frac{1}{\gamma_1\gamma_2}\right] \tag{9-15}$$

式中，γ_1 和 γ_2 分别为主站和辅站接收机的噪声带内信噪比。

在数字化接收机中，通常 B_n 等效于系统的采样率 F_s，因此式(9-12)的精度表达式也可表示为

$$\begin{aligned} \sigma_\tau &= \frac{1}{\beta}\frac{1}{\sqrt{F_s T\gamma}} = \frac{1}{\beta}\frac{1}{\sqrt{N\gamma}} \\ \sigma_f &= \frac{1}{T_e}\frac{1}{\sqrt{F_s T\gamma}} = \frac{0.55}{T}\frac{1}{\sqrt{N\gamma}} \end{aligned} \tag{9-16}$$

式中，N 表示采样时间内参与 CAF 计算的数据量。针对接收信号，信号带宽及信噪比等信号属性不可改变，因此可通过增加采样时间提高 TDOA 和 FDOA 的估计精度，尤其对于提升 FDOA 精度更明显。

9.2.2　分数倍估计方法

式(9-9)给出的时频差估计方法是以模拟信号的方式给出的，但是在实际的数字化处理过程中，信号都经过了数字化。离散时间间隔等于采样时间间隔 $T_s = 1/F_s$，离散频率的间隔为 $1/T$，其中 T 表示采样的总时长。在此条件下，估计得到的时频差受到时间、频率的离散化影响。为了降低离散化的影响，可以采用插值的方式提升精度。

图 9-5 给出了插值曲线示意图。在进行 TDOA、FDOA 的搜索过程中，只能找到离散结果的最大值，图中为 (m,z)。利用插值算法，可以对离散的曲线进行拟

合，根据拟合曲线找到最大值。假设离散曲线的最大值位置为(m,z)，其左边的点为$(m-1,x)$，其右边的点为$(m+1,y)$。常用的插值算法如下所述。

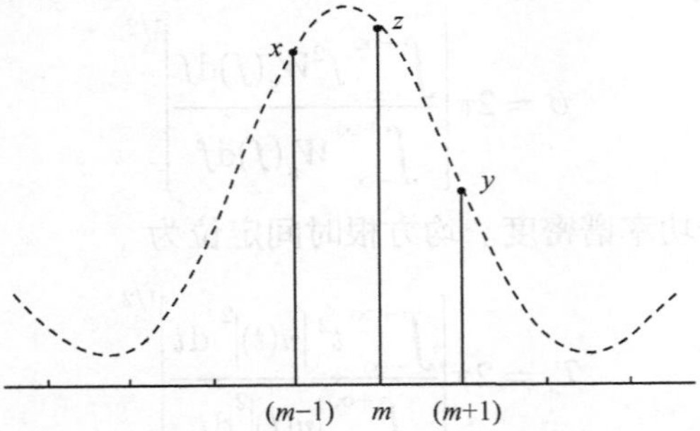

图 9-5　插值曲线示意图

(1) 抛物线插值。抛物线插值将插值曲线拟合为一条抛物线，其插值结果为

$$\hat{m}=m-\frac{1}{2}\frac{y-x}{y-2z+x} \tag{9-17}$$

(2) 余弦插值。余弦插值将插值曲线拟合为一条余弦函数，其插值结果为

$$\hat{m}=m-\frac{\beta}{\alpha} \tag{9-18}$$

式中，$\alpha=\arccos\left(\dfrac{x+y}{2z}\right)$，$\beta=\arctan\left(\dfrac{x-y}{2z\sin\alpha}\right)$。

(3) 三角插值。三角插值将插值曲线拟合为三角形，其插值结果为

$$\hat{m}=m+d \tag{9-19}$$

式中

$$d=\begin{cases}\dfrac{1}{2}\dfrac{y-x}{z-x}, & x<y\\ \dfrac{1}{2}\dfrac{y-x}{z-y}, & x\geqslant y\end{cases} \tag{9-20}$$

运用上述插值算法能够达到分数倍信号采样间隔的估计精度，使得估计精度有较大提升，接近其 CRLB。

9.3　时频差定位的 CRLB

在实现对目标的高精度测速定位之前，需要对目标所能达到的精度的理论边

界进行讨论，即给出定位精度的 CRLB，它是预测定位精度、评价定位性能的最主要工具。

1. 定位的 CRLB

为了方便后续推导，这里给出如下符号定义：

$$\begin{aligned} \boldsymbol{y} &= [\boldsymbol{x}^{\mathrm{T}} \quad \dot{\boldsymbol{x}}^{\mathrm{T}}]^{\mathrm{T}} \\ \boldsymbol{d}(\boldsymbol{y}) &= [d_1^{\ 0} \quad d_2^{\ 0} \quad \cdots \quad d_{N-1}^{\ \ 0}]^{\mathrm{T}} \\ \dot{\boldsymbol{d}}(\boldsymbol{y}) &= [\dot{d}_1^{\ 0} \quad \dot{d}_2^{\ 0} \quad \cdots \quad \dot{d}_{N-1}^{\ \ 0}]^{\mathrm{T}} \\ \boldsymbol{h}(\boldsymbol{y}) &= [d(\boldsymbol{y})^{\mathrm{T}} \quad \dot{d}(\boldsymbol{y})^{\mathrm{T}}]^{\mathrm{T}} \end{aligned} \tag{9-21}$$

式中，$\boldsymbol{x}$、$\dot{\boldsymbol{x}}$ 分别为目标的位置、速度矢量；d_i^0、$\dot{d}_i^0$ 为距离差和频率差，其定义见式(9-2)；$\boldsymbol{y}$ 为目标的状态参数；$\boldsymbol{h}(\boldsymbol{y})$ 为观测量，则 $\boldsymbol{y}$ 的 Fisher 信息矩阵为

$$\mathrm{FIM}(\boldsymbol{y}) = \boldsymbol{P}^{\mathrm{T}}\boldsymbol{Q}^{-1}\boldsymbol{P} \tag{9-22}$$

式中，$\boldsymbol{Q}$ 为观测量的协方差矩阵，其定义见式(9-6)；$\boldsymbol{P}=\partial \boldsymbol{h}(\boldsymbol{y}) / \partial \boldsymbol{y}$ 表示 $\boldsymbol{h}(\boldsymbol{y})$ 对 $\boldsymbol{y}$ 的偏导数矩阵。将 $\boldsymbol{P}$ 展开可得

$$\boldsymbol{P}=\frac{\partial \boldsymbol{h}(\boldsymbol{y})}{\partial \boldsymbol{y}}=\begin{bmatrix} \partial \boldsymbol{d}(\boldsymbol{y}) / \partial \boldsymbol{x} & \partial \boldsymbol{d}(\boldsymbol{y}) / \partial \dot{\boldsymbol{x}} \\ \partial \dot{\boldsymbol{d}}(\boldsymbol{y}) / \partial \boldsymbol{x} & \partial \dot{\boldsymbol{d}}(\boldsymbol{y}) / \partial \dot{\boldsymbol{x}} \end{bmatrix} \tag{9-23}$$

进一步地，将 $\boldsymbol{P}$ 写为

$$\boldsymbol{P}=\begin{bmatrix} \boldsymbol{P}_{\mathrm{d}} & \boldsymbol{P}_{\mathrm{v}} \end{bmatrix}^{\mathrm{T}} \tag{9-24}$$

式中，$\boldsymbol{P}_{\mathrm{d}}$、$\boldsymbol{P}_{\mathrm{v}}$ 分别为距离差、速度差相对于目标状态的偏导数。将式(9-24)代入式(9-22)可知

$$\mathrm{FIM}(\boldsymbol{y}) = \boldsymbol{P}_{\mathrm{d}}^{\mathrm{T}}\boldsymbol{Q}_{\mathrm{d}}^{-1}\boldsymbol{P}_{\mathrm{d}} + \boldsymbol{P}_{\mathrm{v}}^{\mathrm{T}}\boldsymbol{Q}_{\mathrm{v}}^{-1}\boldsymbol{P}_{\mathrm{v}} \tag{9-25}$$

由式(9-25)可以看出，目标状态的 Fisher 信息矩阵由两部分构成：第一部分 $\boldsymbol{P}_{\mathrm{d}}^{\mathrm{T}}\boldsymbol{Q}_{\mathrm{d}}^{-1}\boldsymbol{P}_{\mathrm{d}}$ 是距离差(时差)观测量所提供的信息量；第二部分 $\boldsymbol{P}_{\mathrm{v}}^{\mathrm{T}}\boldsymbol{Q}_{\mathrm{v}}^{-1}\boldsymbol{P}_{\mathrm{v}}$ 是速度差(频差)提供的信息量；进一步，目标状态的 CRLB 是其 Fisher 信息矩阵的逆矩阵，即

$$\mathrm{CRLB}(\boldsymbol{y}) = \mathrm{FIM}^{-1}(\boldsymbol{y}) = (\boldsymbol{P}^{\mathrm{T}}\boldsymbol{Q}^{-1}\boldsymbol{P})^{-1} \tag{9-26}$$

2. 偏导数矩阵

下面对偏导数矩阵 $\boldsymbol{P}$ 进行必要的化简。根据方程(9-1)可得

$$\frac{\partial r_i}{\partial \boldsymbol{x}} = \frac{(\boldsymbol{x} - \boldsymbol{s}_i)^{\mathrm{T}}}{r_i} \tag{9-27}$$

$$\frac{\partial r_i}{\partial \dot{\boldsymbol{x}}} = \boldsymbol{0}_{1\times 3} \tag{9-28}$$

$$\frac{\partial \dot{r}_i}{\partial \boldsymbol{x}} = -\frac{(\boldsymbol{x} - \boldsymbol{s}_i)^{\mathrm{T}} \dot{r}_i}{r_i^2} + \frac{(\dot{\boldsymbol{x}} - \dot{\boldsymbol{s}}_i)^{\mathrm{T}}}{r_i} \tag{9-29}$$

$$\frac{\partial \dot{r}_i}{\partial \dot{\boldsymbol{x}}} = \frac{(\boldsymbol{x} - \boldsymbol{s}_i)^{\mathrm{T}}}{r_i} \tag{9-30}$$

联合方程(9-27)～方程(9-30)，可知

$$\frac{\partial \boldsymbol{d}(\boldsymbol{y})}{\partial \boldsymbol{x}} = \begin{bmatrix} \dfrac{\partial r_1}{\partial \boldsymbol{x}} - \dfrac{\partial r_0}{\partial \boldsymbol{x}} \\ \dfrac{\partial r_2}{\partial \boldsymbol{x}} - \dfrac{\partial r_0}{\partial \boldsymbol{x}} \\ \vdots \\ \dfrac{\partial r_{N-1}}{\partial \boldsymbol{x}} - \dfrac{\partial r_0}{\partial \boldsymbol{x}} \end{bmatrix}_{(N-1)\times 3} \tag{9-31}$$

$$\frac{\partial \boldsymbol{d}(\boldsymbol{y})}{\partial \dot{\boldsymbol{x}}} = \boldsymbol{0}_{(N-1)\times 3} \tag{9-32}$$

$$\frac{\partial \dot{\boldsymbol{d}}(\boldsymbol{y})}{\partial \boldsymbol{x}} = \begin{bmatrix} \dfrac{\partial \dot{r}_1}{\partial \boldsymbol{x}} - \dfrac{\partial \dot{r}_0}{\partial \boldsymbol{x}} \\ \dfrac{\partial \dot{r}_2}{\partial \boldsymbol{x}} - \dfrac{\partial \dot{r}_0}{\partial \boldsymbol{x}} \\ \vdots \\ \dfrac{\partial \dot{r}_{N-1}}{\partial \boldsymbol{x}} - \dfrac{\partial \dot{r}_0}{\partial \boldsymbol{x}} \end{bmatrix}_{(N-1)\times 3} \tag{9-33}$$

$$\frac{\partial \dot{\boldsymbol{d}}(\boldsymbol{y})}{\partial \dot{\boldsymbol{x}}} = \begin{bmatrix} \dfrac{\partial \dot{r}_1}{\partial \dot{\boldsymbol{x}}} - \dfrac{\partial \dot{r}_0}{\partial \dot{\boldsymbol{x}}} \\ \dfrac{\partial \dot{r}_2}{\partial \dot{\boldsymbol{x}}} - \dfrac{\partial \dot{r}_0}{\partial \dot{\boldsymbol{x}}} \\ \vdots \\ \dfrac{\partial \dot{r}_{N-1}}{\partial \dot{\boldsymbol{x}}} - \dfrac{\partial \dot{r}_0}{\partial \dot{\boldsymbol{x}}} \end{bmatrix}_{(N-1)\times 3} \tag{9-34}$$

将方程(9-31)～方程(9-34)代入方程(9-23)即可求得偏导数矩阵。

9.4 时频差定位方法

在 TDOA、FDOA 联合定位算法的研究中，需要求解一组非线性方程。最大似然算法无疑是估计位置和速度的有效方法，它能够渐近无偏地解决这一非线性问题，且估计精度逼近 CRLB。然而，这类方法需要对观测区域进行全局搜索，计算量较大。为了减少计算量，泰勒级数展开法被应用到该非线性问题，将定位中的非线性问题转化为线性问题来解决，通过迭代实现最优解搜索。这类方法需要一个较好的初值解，这在实际中往往难以满足，且容易陷入局部最优解。为了解决计算量和全局搜索问题，闭式解的方法通过引入辅助变量，将非线性问题转化为线性问题，从而利用最小二乘法得到最终解。在该方法中，引入的辅助变量是目标与参考站之间的相对距离和速度。因此，辅助变量与目标状态之间存在关联。在此基础上，文献[4]利用该辅助变量和关联关系，提出两步最小二乘法，进一步提升了该类算法的估计精度。本节结合两步最小二乘与泰勒级数展开方法，在获得初值估计的基础上，进一步利用泰勒级数展开方法提升对目标的定位精度和稳健性。

9.4.1 加权最小二乘初值解

辐射源定位场景如图 9-6 所示。假设各参量定义如下：参考站的位置、速度分别为 $\boldsymbol{s}_0=[s_{0x}\ \ s_{0y}\ \ s_{0z}]^{\mathrm{T}}=[x_0\ \ y_0\ \ z_0]^{\mathrm{T}}$、$\dot{\boldsymbol{s}}_0=[\dot{s}_{0x}\ \ \dot{s}_{0y}\ \ \dot{s}_{0z}]^{\mathrm{T}}=[\dot{x}_0\ \ \dot{y}_0\ \ \dot{z}_0]^{\mathrm{T}}$，第 i (i=1,2,$\cdots$,N−1)个观测站的位置、速度分别为 $\boldsymbol{s}_i=[s_{ix}\ \ s_{iy}\ \ s_{iz}]^{\mathrm{T}}=[x_i\ \ y_i\ \ z_i]^{\mathrm{T}}$、$\dot{\boldsymbol{s}}_i=[\dot{s}_{ix}\ \ \dot{s}_{iy}\ \ \dot{s}_{iz}]^{\mathrm{T}}=[\dot{x}_i\ \ \dot{y}_i\ \ \dot{z}_i]^{\mathrm{T}}$，目标辐射源的位置和速度为 $\boldsymbol{x}=[x\ \ y\ \ z]^{\mathrm{T}}$、$\dot{\boldsymbol{x}}=[\dot{x}\ \ \dot{y}\ \ \dot{z}]^{\mathrm{T}}$。在此条件下，第 i(i=0,1,2,$\cdots$,N−1)个观测站相对于目标的距离、速度为

$$\begin{cases} r_i=\|\boldsymbol{s}_i-\boldsymbol{x}\| \\ \dot{r}_i=\dfrac{(\dot{\boldsymbol{s}}_i-\dot{\boldsymbol{x}})^{\mathrm{T}}(\boldsymbol{s}_i-\boldsymbol{x})}{r_i} \end{cases} \tag{9-35}$$

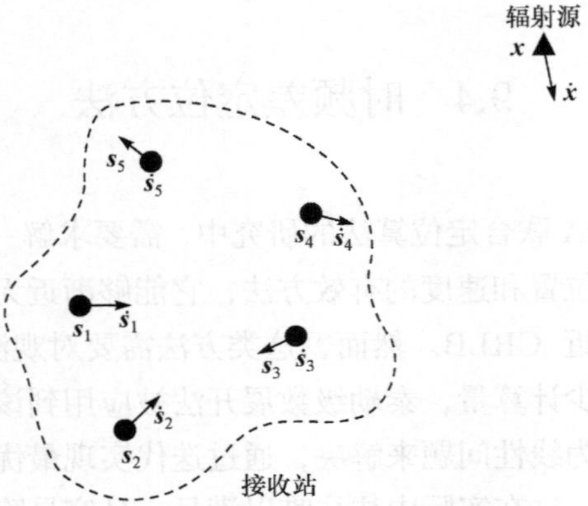

图 9-6 辐射源定位场景

由定位模型(9-35)可知，待定位的参数与观测量之间存在高度的非线性关系，若采用全空间网格搜索法求解，由于维数较高，将需要较大的计算量。为了解决该问题，Ho 提出利用解析方法解决时频差定位问题[4]。首先要实现观测方程的线性化处理。由方程(9-35)中第一个等式可知

$$d_i^2 + \boldsymbol{s}_0^{\mathrm{T}}\boldsymbol{s}_0 - \boldsymbol{s}_i^{\mathrm{T}}\boldsymbol{s}_i - n_{i,1} = 2(\boldsymbol{s}_0 - \boldsymbol{s}_i)^{\mathrm{T}}\boldsymbol{x} - 2d_i r_0 \tag{9-36}$$

式中，n_{i1} 表示噪声。显然，方程(9-36)含有 $\boldsymbol{x}$ 的线性项。进一步利用方程(9-36)，对时间取微分，可得

$$2d_i\dot{d}_i + 2\dot{\boldsymbol{s}}_0^{\mathrm{T}}\boldsymbol{s}_0 - 2\dot{\boldsymbol{s}}_i^{\mathrm{T}}\boldsymbol{s}_i - n_{i,2} = 2(\boldsymbol{s}_0 - \boldsymbol{s}_i)^{\mathrm{T}}\dot{\boldsymbol{x}} + 2(\dot{\boldsymbol{s}}_0 - \dot{\boldsymbol{s}}_i)^{\mathrm{T}}\boldsymbol{x} - 2\dot{d}_i r_0 - 2d_i\dot{r}_0 \tag{9-37}$$

式中，$n_{i,2}$ 表示噪声。在经过式(9-36)和式(9-37)的变换之后，可以看出，方程中关于目标位置、速度的参数已经转变成线性项，且时差、频差信息也包含在方程中。然而，除了所需要的参数 $\boldsymbol{x}$、$\dot{\boldsymbol{x}}$，方程中也包含其他几个未知参数，即 r_0、$\dot{r}_0$。因此，将 r_0、$\dot{r}_0$ 作为附加参数，定义 $\boldsymbol{u} = [\boldsymbol{x}^{\mathrm{T}} \quad r_0 \quad \dot{\boldsymbol{x}}^{\mathrm{T}} \quad \dot{r}_0]^{\mathrm{T}}$，联立式(9-36)和式(9-37)，则方程组可以被线性化为

$$\boldsymbol{G}_1\boldsymbol{u} = \boldsymbol{b}_1 + \boldsymbol{n} \tag{9-38}$$

式中

$$
\boldsymbol{G}_1 = 2\begin{bmatrix} (\boldsymbol{s}_0 - \boldsymbol{s}_1)^{\mathrm{T}} & -d_1 & \boldsymbol{0}_{1\times 3} & 0 \\ \vdots & \vdots & \vdots & \vdots \\ (\boldsymbol{s}_0 - \boldsymbol{s}_{N-1})^{\mathrm{T}} & -d_{N-1} & \boldsymbol{0}_{1\times 3} & 0 \\ (\dot{\boldsymbol{s}}_0 - \dot{\boldsymbol{s}}_1)^{\mathrm{T}} & -\dot{d}_1 & (\boldsymbol{s}_0 - \boldsymbol{s}_1)^{\mathrm{T}} & -d_1 \\ \vdots & \vdots & \vdots & \vdots \\ (\dot{\boldsymbol{s}}_0 - \dot{\boldsymbol{s}}_{N-1})^{\mathrm{T}} & -\dot{d}_{N-1} & (\boldsymbol{s}_0 - \boldsymbol{s}_{N-1})^{\mathrm{T}} & -d_{N-1} \end{bmatrix} \tag{9-39}
$$

$$
\boldsymbol{b}_1 = \begin{bmatrix} d_1^2 + \boldsymbol{s}_0^{\mathrm{T}}\boldsymbol{s}_0 - \boldsymbol{s}_1^{\mathrm{T}}\boldsymbol{s}_1 \\ \vdots \\ d_{N-1}^2 + \boldsymbol{s}_0^{\mathrm{T}}\boldsymbol{s}_0 - \boldsymbol{s}_{N-1}^{\mathrm{T}}\boldsymbol{s}_{N-1} \\ 2d_1\dot{d}_1 + 2\dot{\boldsymbol{s}}_0^{\mathrm{T}}\boldsymbol{s}_0 - 2\dot{\boldsymbol{s}}_1^{\mathrm{T}}\boldsymbol{s}_1 \\ \vdots \\ 2d_{N-1}\dot{d}_{N-1} + 2\dot{\boldsymbol{s}}_0^{\mathrm{T}}\boldsymbol{s}_0 - 2\dot{\boldsymbol{s}}_{N-1}^{\mathrm{T}}\boldsymbol{s}_{N-1} \end{bmatrix} \tag{9-40}
$$

$$
\boldsymbol{n} = [n_{1,1} \quad n_{2,1} \quad \cdots \quad n_{N-1,1} \quad n_{1,2} \quad n_{2,2} \quad \cdots \quad n_{N-1,2}]^{\mathrm{T}} \tag{9-41}
$$

方程(9-38)给出了关于未知数 $\boldsymbol{u}$ 的线性化方程，要得到方程组的最小二乘解，还需要考虑误差 $\boldsymbol{n}$ 的统计特性。方程(9-36)和方程(9-37)存在误差的主要原因是观测量中存在误差。根据方程(9-36)、方程(9-37)可知

$$
n_{1,i} = 2(2d_i + 2r_0)\Delta_{d_i} + o(\cdot) \tag{9-42}
$$

$$
n_{2,i} = (2\dot{d}_i + 2\dot{r}_0)\Delta_{d_i} + (2d_i + 2r_0)\Delta_{\dot{d}_i} + o(\cdot) \tag{9-43}
$$

式中，$o(\cdot)$ 表示高阶小量。联立式(9-42)、式(9-43)可知

$$
\boldsymbol{n} = \boldsymbol{B}_1\boldsymbol{v} \tag{9-44}
$$

式中，$\boldsymbol{v}$ 的定义如式(9-4)所示，$\boldsymbol{B}_1$ 为

$$
\boldsymbol{B}_1 = \begin{bmatrix} \boldsymbol{B} & \boldsymbol{0}_{3\times 3} \\ \dot{\boldsymbol{B}} & \boldsymbol{B} \end{bmatrix} \tag{9-45}
$$

$$
\begin{aligned} \boldsymbol{B} &= 2\mathrm{diag}(d_1 + r_0, d_2 + r_0, \cdots, d_{N-1} + r_0) \\ \dot{\boldsymbol{B}} &= 2\mathrm{diag}(\dot{d}_1 + \dot{r}_0, \dot{d}_2 + \dot{r}_0, \cdots, \dot{d}_{N-1} + \dot{r}_0) \end{aligned} \tag{9-46}
$$

进一步地

$$
\begin{aligned} E[\boldsymbol{n}] &= \boldsymbol{0} \\ \mathrm{cov}(\boldsymbol{n}) &= \boldsymbol{B}_1\boldsymbol{Q}\boldsymbol{B}_1^{\mathrm{T}} \end{aligned} \tag{9-47}
$$

由方程(9-38)、方程(9-47)可知，$\boldsymbol{u}$ 的加权最小二乘解为

$$\boldsymbol{u}_{\mathrm{WLS}} = (\boldsymbol{G}_1^{\mathrm{T}}\boldsymbol{W}_1\boldsymbol{G}_1)^{-1}\boldsymbol{G}_1^{\mathrm{T}}\boldsymbol{W}_1\boldsymbol{b}_1 \tag{9-48}$$

式中，$\boldsymbol{W}_1=(\mathrm{cov}(\boldsymbol{n}))^{-1}=(\boldsymbol{B}_1\boldsymbol{Q}\boldsymbol{B}_1^{\mathrm{T}})^{-1}$ 表示权系数。

9.4.2 加权梯度法精确解

在方程(9-48)给出的最小二乘解中，假设 $\boldsymbol{u}$ 中各元素是相互独立的。然而实际上，其中的 $\boldsymbol{x}$、$\dot{\boldsymbol{x}}$ 和 r_0、$\dot{r}_0$ 之间存在着相关性。利用这种相关性，可以进一步提升对 $\boldsymbol{x}$、$\dot{\boldsymbol{x}}$ 的估计精度。$\boldsymbol{x}$、$\dot{\boldsymbol{x}}$ 和 r_0、$\dot{r}_0$ 之间的关系可以表述为

$$\begin{aligned}
&\boldsymbol{u}_{\mathrm{WLS}}(1:3) = \boldsymbol{x} + \boldsymbol{e}_{1:3}\\
&\boldsymbol{u}_{\mathrm{WLS}}(5:7) = \dot{\boldsymbol{x}} + \boldsymbol{e}_{4:6}\\
&\boldsymbol{u}_{\mathrm{WLS}}^2(4) = (\boldsymbol{s}_0 - \boldsymbol{x})^{\mathrm{T}}(\boldsymbol{s}_0 - \boldsymbol{x}) + e_7\\
&\boldsymbol{u}_{\mathrm{WLS}}(4)\boldsymbol{u}_{\mathrm{WLS}}(8) = (\dot{\boldsymbol{s}}_0 - \dot{\boldsymbol{x}})^{\mathrm{T}}(\boldsymbol{s}_0 - \boldsymbol{x}) + e_8
\end{aligned} \tag{9-49}$$

式中，$\boldsymbol{e}=[e_1 \quad e_2 \quad \cdots \quad e_8]^{\mathrm{T}}$ 为误差向量。定义

$$\begin{aligned}
&\boldsymbol{z} = [\boldsymbol{x}^{\mathrm{T}} \quad \dot{\boldsymbol{x}}^{\mathrm{T}} \quad r_1^2 \quad \dot{r}_1 r_1]^{\mathrm{T}}\\
&\boldsymbol{y} = [\boldsymbol{x}^{\mathrm{T}} \quad \dot{\boldsymbol{x}}^{\mathrm{T}}]^{\mathrm{T}}
\end{aligned} \tag{9-50}$$

显然，$\boldsymbol{z}$ 既可以看成是变量 $\boldsymbol{y}$ 的函数，也可以看成是变量 $\boldsymbol{u}$ 的函数。当 $\boldsymbol{z}$ 看成是 $\boldsymbol{u}$ 的函数时，其 $\boldsymbol{z}$ 对 $\boldsymbol{u}$ 的偏导数为

$$\boldsymbol{F}_1 = \frac{\partial \boldsymbol{z}}{\partial \boldsymbol{u}^{\mathrm{T}}} = \begin{bmatrix} \boldsymbol{I}_3 & \boldsymbol{0}_{3\times1} & \boldsymbol{0}_{3\times3} & \boldsymbol{0}_{3\times1}\\ \boldsymbol{0}_{3\times3} & \boldsymbol{0}_{3\times1} & \boldsymbol{I}_3 & \boldsymbol{0}_{3\times1}\\ \boldsymbol{0}_{1\times3} & 2r_1 & \boldsymbol{0}_{1\times3} & 0\\ \boldsymbol{0}_{1\times3} & \dot{r}_1 & \boldsymbol{0}_{1\times3} & r_1 \end{bmatrix} \tag{9-51}$$

$\boldsymbol{e}\approx\boldsymbol{F}_1\partial\boldsymbol{u}$，因此 $\boldsymbol{e}=[e_1 \quad e_2 \quad \cdots \quad e_8]^{\mathrm{T}}$ 的均值为 0，协方差矩阵为

$$\mathrm{var}(\boldsymbol{e}) = E[\boldsymbol{e}\boldsymbol{e}^{\mathrm{T}}] = \boldsymbol{F}_1\mathrm{var}(\boldsymbol{u}_{\mathrm{WLS}})\boldsymbol{F}_1^{\mathrm{T}} \tag{9-52}$$

式中，$\mathrm{var}(\boldsymbol{u}_{\mathrm{WLS}})$ 表示 $\boldsymbol{u}_{\mathrm{WLS}}$ 的协方差矩阵，且根据式(9-48)有

$$\mathrm{var}[\boldsymbol{u}_{\mathrm{WLS}}] = (\boldsymbol{G}_1^{\mathrm{T}}\boldsymbol{W}_1\boldsymbol{G}_1)^{-1} \tag{9-53}$$

另外，当 $\boldsymbol{z}$ 看成是 $\boldsymbol{y}$ 的函数时，式(9-49)可以表示为

$$\boldsymbol{z}(\boldsymbol{u}_{\mathrm{WLS}}) = \boldsymbol{z}(\boldsymbol{y}) + \boldsymbol{e} \tag{9-54}$$

由此，可以将 $\boldsymbol{z}(\boldsymbol{u}_{\mathrm{WLS}})$ 视作一组带噪声的测量量，$\boldsymbol{z}(\boldsymbol{y})$ 是 $\boldsymbol{y}$ 的非线性函数，$\boldsymbol{y}$ 的初值可以由 $\boldsymbol{u}_{\mathrm{WLS}}$ 获得，即 $\boldsymbol{y}_1=[\boldsymbol{u}_{\mathrm{WLS}}(1:3)^{\mathrm{T}} \quad \boldsymbol{u}_{\mathrm{WLS}}(5:7)^{\mathrm{T}}]^{\mathrm{T}}$ 是 $\boldsymbol{y}$ 的初值，$\boldsymbol{z}$ 对 $\boldsymbol{y}$ 的偏导数 $\boldsymbol{F}_2$ 为

$$F_2 = \frac{\partial z}{\partial y^{\mathrm{T}}} = \begin{bmatrix} I_3 & 0_{3\times3} \\ 0_{3\times3} & I_3 \\ 2(x-s_0)^{\mathrm{T}} & 0_{1\times3} \\ (\dot{x}-\dot{s}_0)^{\mathrm{T}} & (x-s_0)^{\mathrm{T}} \end{bmatrix} \tag{9-55}$$

利用加权梯度法[5]可以对y进行迭代估计，其迭代估计公式为

$$\hat{y} = (F_2 W_2 F_2^{\mathrm{T}})^{-1} F_2^{\mathrm{T}} W_2 (z(u_{\mathrm{WLS}}) - z(y_1)) + y_1 \tag{9-56}$$

式中，W_2 表示权值，有

$$W_2 = \mathrm{var}(e)^{-1} \tag{9-57}$$

利用式(9-56)，经过若干次迭代，y可以达到其最优解。

9.4.3 算法主要步骤

最终的联合 TDOA、FDOA 的定位算法如算法 9.1 所示。

算法 9.1 联合时频差目标定位算法流程

步骤 1 加权最小二乘初值解。

(1) 初始化权系数W_1。

(2) 利用式(9-48)得到u_{WLS} 的估计值。

(3) 重复以下过程 2～3 次：

① 更新权值W_1；

② 更新u_{WLS}。

步骤 2 梯度加权精确解。

(1) 初始化y: $y_1 = [u_{\mathrm{WLS}}(1:3)^{\mathrm{T}} \quad u_{\mathrm{WLS}}(5:7)^{\mathrm{T}}]^{\mathrm{T}}$。

(2) 利用式(9-55)计算F_2。

(3) 利用式(9-56)更新y。

(4) 重复以下过程 2～3 次：

① 更新F_2；

② 更新y。

整个估计流程分为两个较大的步骤。在步骤 1 中，主要将非线性方程线性化，得到较好的初始解；在步骤 2 中，主要以得到的初始解为起点，迭代得到更好的目标位置速度估计。需要说明的是：

(1) 在对W_1的初始化过程中，根据式(9-46)需要用到r_0、$\dot{r}_0$的值，在初始条

件下，可以根据先验信息进行设置。例如，在卫星对地面辐射源的定位中，最简单的是将其设置为参考卫星相对于星下点的距离、速度。在 $\boldsymbol{W}_1$ 的更新过程中，可以根据估计得到的 r_0 、$\dot{r}_0$ 进行更新，从而得到更为精确的加权最小二乘解。

(2) 在对 $\boldsymbol{F}_2$ 的计算或更新过程中，需要代入当前时刻最新的 $\boldsymbol{y}$ 进行求导。

与传统的算法相比，此处给出的联合 TDOA、FDOA 的定位算法在定位过程中避免了传统算法的矩阵缺秩问题，从而提升了对目标的定位稳健性。在文献[4]中，用到了矩阵 $\boldsymbol{B}_2$：

$$\boldsymbol{B}_2=\begin{bmatrix} 2\mathrm{diag}(\boldsymbol{x}-\boldsymbol{s}_0) & \boldsymbol{0}_{3\times1} & \boldsymbol{0}_{3\times3} & \boldsymbol{0}_{3\times1} \\ \boldsymbol{0}_{1\times3} & 2r_0 & \boldsymbol{0}_{1\times3} & 0 \\ 2\mathrm{diag}(\dot{\boldsymbol{x}}-\dot{\boldsymbol{s}}_1) & \boldsymbol{0}_{3\times1} & 2\mathrm{diag}(\boldsymbol{x}-\boldsymbol{s}_0) & \boldsymbol{0}_{3\times1} \\ \boldsymbol{0}_{1\times3} & \dot{r}_0 & \boldsymbol{0}_{1\times3} & r_0 \end{bmatrix} \tag{9-58}$$

可以看出，当向量 $\boldsymbol{x}-\boldsymbol{s}_0$ 中的任意一个元素为 0，即 $\boldsymbol{x}$ 和 $\boldsymbol{s}_0$ 中的任何一个坐标相同时，都会导致矩阵 $\boldsymbol{B}_2$ 缺秩，造成算法中的求逆不收敛，从而造成算法不稳健。在本章给出的算法中，用到了矩阵 $\boldsymbol{F}_2$，如式(9-55)所示。可以看出，只有在 $\boldsymbol{x}=\boldsymbol{s}_0$ 或者 $\dot{\boldsymbol{x}}=\dot{\boldsymbol{s}}_0$ 的条件下，才能造成 $\boldsymbol{F}_2$ 的缺秩。然而，在实际情况下，$\boldsymbol{x}=\boldsymbol{s}_0$ 或 $\dot{\boldsymbol{x}}=\dot{\boldsymbol{s}}_0$ 成立的可能性几乎为 0。因此，相比于传统的定位算法，本章算法的稳健性明显提升。

9.4.4 性能仿真分析

本仿真对上述加权最小二乘法和加权梯度法进行仿真分析。假设共有 6 个观测平台参与对目标的测速定位，平台的坐标(单位：km，下同)分别为 $\boldsymbol{s}_1=[0\ \ 0\ \ -30]^{\mathrm{T}}$、$\boldsymbol{s}_2=[48\ \ 0\ \ 0]^{\mathrm{T}}$、$\boldsymbol{s}_3=[0\ \ 48\ \ 0]^{\mathrm{T}}$、$\boldsymbol{s}_4=[-47\ \ 29\ \ 0]^{\mathrm{T}}$、$\boldsymbol{s}_5=[-30\ \ -30\ \ 0]^{\mathrm{T}}$、$\boldsymbol{s}_6=[29\ \ -48\ \ 0]^{\mathrm{T}}$，如图 9-7 所示，其中将第一个观测站作为参考站。所有的观测平台都具有相同的速度(单位：km/s)，$\dot{\boldsymbol{s}}=[7.9\ \ 0\ \ 0]^{\mathrm{T}}$。假设辐射源信号是符号速率 B=100kHz、载频为 1GHz、信噪比为 3dB 的二相编码信号，积累时间 T=1s。在此条件下，可以获得较好的观测量估计精度，理论上获得较好的定位精度。假设目标的位置和速度分别为

$$\begin{aligned} &\boldsymbol{x}=[R\cos\theta \quad R\sin\theta \quad 400]^{\mathrm{T}} \quad (\text{单位：km}) \\ &\dot{\boldsymbol{x}}=[0.5 \quad 0.5 \quad 0]^{\mathrm{T}} \quad (\text{单位：km/s}) \end{aligned} \tag{9-59}$$

在不同的半径 R 和方位角 θ 条件下，对目标的测速精度和定位精度进行分析。

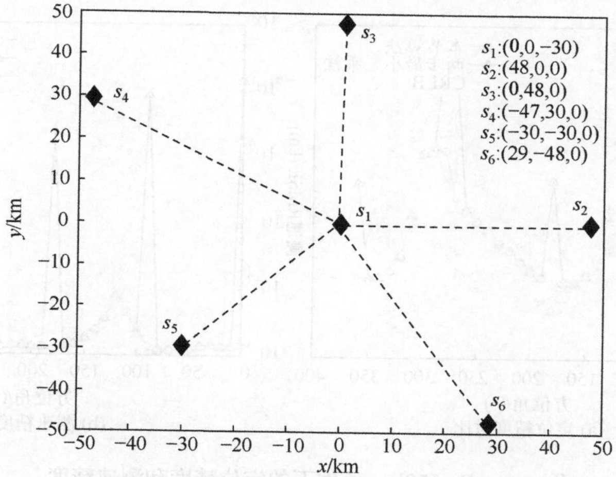

图 9-7　时频差条件下各观测站位置示意图

图 9-8 给出了距离 R=50km 条件下，定位精度和测速精度随着方位角的变化；图 9-9 给出了距离 R=150km 条件下，定位精度和测速精度随着方位角的变化；图 9-10 给出了距离 R=300km 条件下，定位精度和测速精度随着方位角的变化。在以上所有的子图中，都绘制了两步最小二乘法[4]的均方根误差(root mean squared error, RMSE)、本节算法的 RMSE、CRLB。需要说明的是，RMSE 曲线是通过 1000 次蒙特卡罗实验得到的。下面对以上仿真结果进行分析。

(1) 对于所有的仿真结果图，当方位角远离 0°、90°、180° 和 270° 时，本节算法和已有方法都能够接近 CRLB。主要原因是：①当方位角远离 0°、90°、180° 和 270° 时，在两步加权最小二乘中没有缺秩问题，它可以达到理想性能；②在本

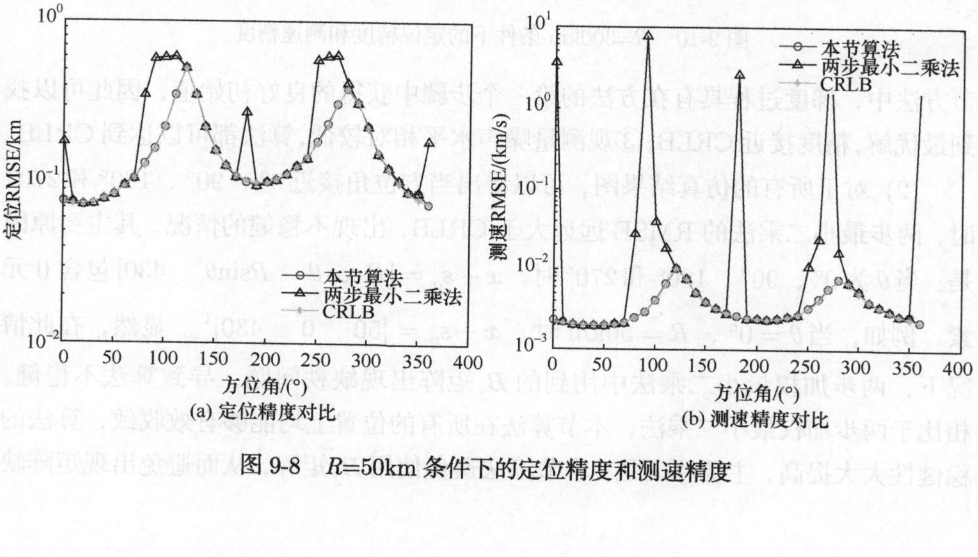

图 9-8　R=50km 条件下的定位精度和测速精度

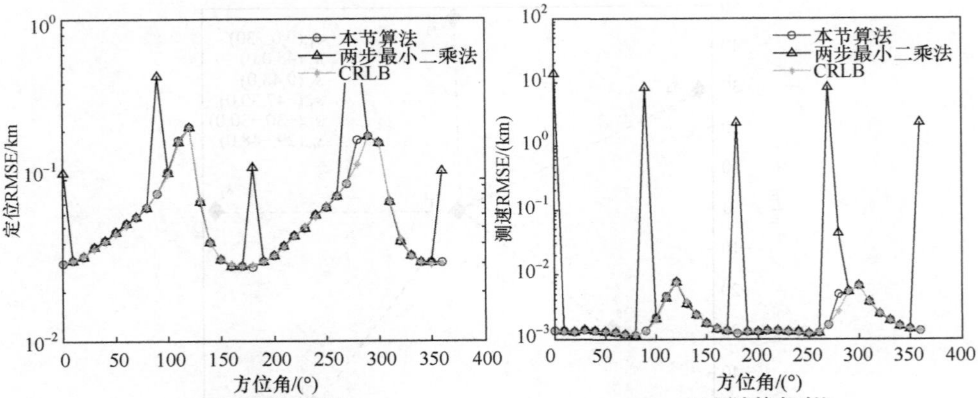

(a) 定位精度对比　　(b) 测速精度对比

图 9-9　R=150km 条件下的定位精度和测速精度

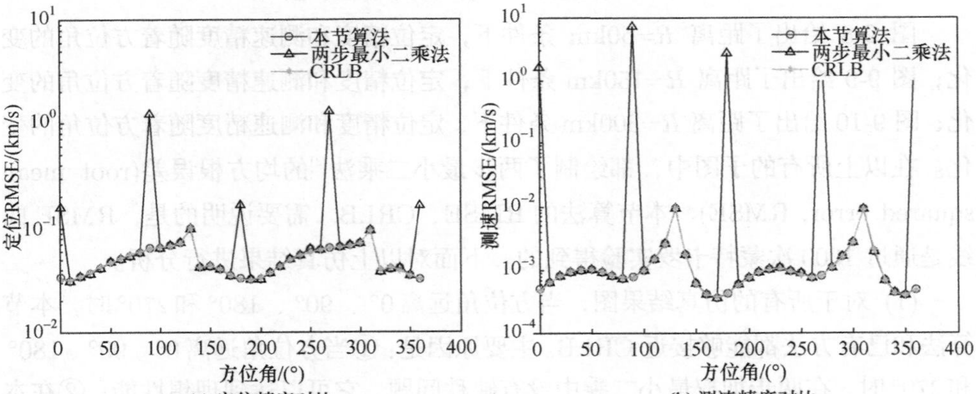

(a) 定位精度对比　　(b) 测速精度对比

图 9-10　R=300km 条件下的定位精度和测速精度

节方法中，梯度过程具有在方法的第一个步骤中获得的良好初始值，因此可以找到最优解，精度接近 CRLB；③观测量噪声水平相对较低，算法都可以达到 CRLB。

(2) 对于所有的仿真结果图，可以看出当方位角接近0°、90°、180°和270°时，两步最小二乘法的 RMSE 远远大于 CRLB，出现不稳健的情况，其主要原因是：当θ为0°、90°、180°和270°时，$\boldsymbol{x}-\boldsymbol{s}_0=[R\cos\theta \quad R\sin\theta \quad 430]$包含 0 元素，例如，当$\theta=0°$、$R=50\text{km}$时，$\boldsymbol{x}-\boldsymbol{s}_0=[50 \quad 0 \quad 430]^{\mathrm{T}}$。显然，在此情况下，两步加权最小二乘法中用到的$\boldsymbol{B}_2$矩阵出现缺秩问题，导致算法不稳健。相比于两步加权最小二乘法，本节算法在所有的位置上均能够有效收敛，算法的稳健性大大提高，主要原因是：本节算法避免使用$\boldsymbol{B}_2$矩阵，从而避免出现矩阵缺秩问题。

(3) 从不同半径 R 下的纵向对比可以看出，当 R 较小时，不稳健区域较宽，当 R 较大时，不稳健区域较窄。其原因仍然在于矩阵的缺秩问题。可以看出，$\boldsymbol{x}-\boldsymbol{s}_1$ 中的第三个元素为 430，当半径 R 较小时，x、y 两个方向的坐标相对 R 较小，因此在矩阵求逆时，数值计算更容易出现不稳健问题。

9.5 小　结

时频差无源定位技术是一种重要的新型定位技术之一。本章重点对时频差无源定位的主要技术问题进行了介绍，包括时频差无源定位的技术原理、时频差参数的估计方法、时频差的定位解算方法等。通过对本章内容的学习，为系统深入地掌握时频差定位技术奠定基础。

参考文献

[1] Hu D X, Huang Z, Zhang S, et al. Joint TDOA, FDOA and differential Doppler rate estimation: Method and its performance analysis[J]. Chinese Journal of Aeronautics, 2018, 31(1): 137-147.

[2] Zhong X, Tay W P, Leng M, et al. TDOA-FDOA based multiple target detection and tracking in the presence of measurement errors and biases[C]. Proceedings of the 17th International Workshop on Signal Processing Advances in Wireless Communications (SPAWC), Edinburgh, 2016: 1-4.

[3] Liu Z, Zhao Y, Hu D, et al. A moving source localization method for distributed passive sensor using TDOA and FDOA measurements[J]. International Journal of Antennas & Propagation, 2016, (4): 1-12.

[4] Ho K C, Xu W W. An accurate algebraic solution for moving source location using TDOA and FDOA measurements[J]. IEEE Transactions on Signal Processing, 2004, 52(9): 2453-2463.

[5] Hu D X, Huang Z, Chen X, et al. A moving source localization method using TDOA, FDOA and Doppler rate measurements[J]. IEICE Transactions on Communications, 2016, E99. B(3): 758-766.

第 10 章　外辐射源定位

无源定位主要通过目标自身辐射[1]或反射[2]的电磁波信号对目标进行定位、识别和跟踪，无源定位系统也称无源雷达，具有隐蔽性强等优势。通常来说，无源定位系统具有两种工作方式。

第一种工作方式是基于目标辐射信号的侦察定位(passive emitter tracking, PET)，即利用目标自身辐射源发射的电磁信号，通过单站或多站完成目标定位。该类定位系统的测量参数一般是信号的到达时间、到达方位、到达频率或其差值，通过相关的算法对这些参数进行计算进而得到目标的位置新息。此类无源定位系统已经得到了广泛的应用，因其具有很多优点：

(1) 生存能力强，隐蔽性好。

(2) 抗干扰能力强。

(3) 无源定位系统只经受单程传播损耗，虽然相比有源雷达接收信号的功率较低，但是通常比双程传播的有源雷达探测距离远。

(4) 无源定位系统利用的是目标自身辐射的电磁信号，信号中包含目标类型、工作模式等有用信息，因此可建立识别数据库，从而能够对目标进行自动分类和识别。

(5) 不受目标反射截面积的限制，具有探测具备隐形技术的目标的能力，如隐形战斗机等[3]。

(6) 工作频带宽，通常从数百兆赫兹到 18GHz，适应性强，可用范围广。

第二种工作方式是通过目标对合作或者非合作的外辐射源电磁信号的反射信号进行定位(passive coherent locator, PCL)，此类定位系统常用的外辐射源频率一般为 100MHz 左右的调频广播或者 48～958MHz 的电视信号等。显然，此类无源定位系统利用广泛分布的外辐射源，接收并测量目标反射的电磁信号，从而实现对目标的探测。对于利用广播电台、电视台、通信基站等外辐射源实现定位的无源雷达来说，实用性较强，可以完成多应用定位任务，由于辐射源分布广泛，具备全天候工作的特点；此外，无源雷达还具备重量轻、机动性好、功率小、可靠性高等优点，且具有较强的生命力。

无源雷达并非一个新概念。早在 1935 年，英国学者 Robert Watson-Watt 就利用 BBC(British Broadcasting Corporation)广播信号，检测到了来自 8mile (1mile≈1.6093km)外的轰炸机的反射回波信号。一年之后，Robert Watson-Watt 团队研制成功主动雷达，其发射功率达到 200kW，能够探测到 100mile 之外的飞机。Robert Watson-Watt 的实验不仅是英国最早的雷达实验，同时是最早的无源雷达实验。Robert Watson-Watt 从侧面展示了外辐射源雷达的难点。发射信号难以自主控制，且一般都是连续的。连续时间系统中，微弱的反射信号混叠在较强的直射信号中，给目标检测造成了极大的困难，且单个接收站只能发现目标，还不能对目标实现定位。因此，这种外辐射源体制的雷达系统逐渐被人们淡忘。直到 20 世纪 80 年代，IBM 发展了一款能够利用多普勒回波信号跟踪空中目标的原型系统，但该工作从未公开发表。该原型系统后来发展成为利用调频作为外辐射源信号的“沉默哨兵”系统。20 世纪 90 年代，随着高速信号采集技术的发展，无源雷达的数字化实现成为现实。此外，GPS 的发展极大地促进了外辐射源雷达的发展，原因在于 GPS 能够提供较为精确、可靠且方便的时间同步。

10.1　外辐射源雷达系统发展现状

国外对外辐射源进行了大量研究，研制了多个产品型号。典型的系统包括[4]美国洛克希德 · 马丁公司推出的“沉默哨兵”全天时无源探测系统，如图 10-1(a)所示。它利用调频广播信号作为机会照射源，通过阵列天线接收空中目标对多个不同广播电台的反射信号，通过高动态的接收机分离直射信号和反射信号，从而实现对目标的定位。其主要功能参数如表 10-1 所示。

表 10-1　“沉默哨兵”主要参数[5]

参数类型	数值
探测距离	220km
覆盖范围	150km
方位覆盖	60°～360°
俯仰覆盖	50°
数据率	8 次/s
批次	≥200
功耗	10kW

条件：目标散射截面积为 10m^2，频率为 100MHz，检测概率大于 0.95，虚警概率小于 10^{-3}。

美国华盛顿大学的 Sahr 等研制了 Manastash Ridge[6]雷达，它是一种双基地无源雷达系统，使用 88～108MHz 的商业调频广播作为信号源，用导航信号做同步。该雷达能够探测电离层的不规则密度，也可以用来跟踪飞机、流星轨迹等。

波兰华沙大学的 Malanowski 等研制了 PaRaDe(passive radar demonstrator) 外辐射源雷达[7]。该系列雷达采用软件化雷达技术，在信号处理的较早阶段就进行数字化，PaRaDe-2 天线由 8 个振子组成，探测距离可由 PaRaDe-1 的 10km 提高到约 260km(120kW 的调频广播信号作为外辐射源信号)。PaRaDe-1 系统和 PaRaDe-2 系统如图 10-1(b)、(c)所示。

法国 Thale 公司开发了 HA100 无源雷达系统[8,9]，如图 10-9(d)所示。该系统采用 8 阵元天线，将调频广播作为机会照射源，探测距离能够达到约 100km。该公司开发了 SINBAD[10](safety improved with a new concept by better awareness on airport approach domain)系统，于 2010 年利用地面数字电视广播(video broascasting-terrestrial, DVB-T)作为外辐射源，验证了 DVB-T 作为外辐射源的可行性。

德国应用科学研究院开发了 CORA 无源探测系统[11]，可以对空中和海事目标进行探测演示，如图 10-1(e)所示。该系统主要使用的外辐射源为编码正交频分复用(coded orthogonal frequency division multiplexing, COFDM)调制的数字音频广播(digtial audio broadcasting, DAB)(1.5MHz 带宽)以及 DVB-T(7.5MHz 带宽)，其带内信号频谱基本是平坦的，很像白噪声，利用两种信号的距离分辨力分别达到了 100m 和 20m，远远超过了使用模拟调频广播的数公里的分辨率。此外，在 2018 年柏林国际航空展上，Hensoldt 公司首次向公众推出了最新研制的无源雷达系统，名为“TwInvis” (其名由单词“twin” + “invisible”构成，意为系统和目标均不辐射电磁信号)，如图 10-1(f)所示。TwInvis 系统同时利用多个频带范围内的调频广播、DAB 和 DVB 信号，可同时监视 250km 半径范围内 200 个目标。

意大利的 SELEX 公司研制了 Aulos 外辐射源探测系统[12]，如图 10-1(g)所示。该系统采用软件化雷达的概念，在射频对调频广播信号进行直接采样，天线由 8 个偶极子圆阵天线组成，利用数字波束形成(digital beam forming, DBF)技术分别获取监视通道和参考通道的信号，8 通道接收机同步对天线单元进行采样处理。

(a) “沉默哨兵”系统

(b) PaRaDe-1系统

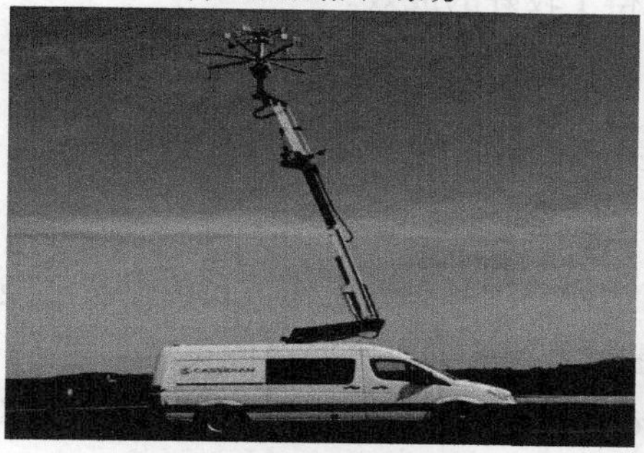

(c) PaRaDe-2系统

(d) HA100无源雷达系统

(e) CORA无源探测系统

(f) TwInvis系统

(g) Aulos 外辐射源探测系统

图 10-1 典型的实验及商用系统

国内无源雷达研究最早起步于 20 世纪 70 年代，但受限于当时国内的软硬件水平，人们仅做了一些初步的理论分析和实验验证，没有形成实用的系统。从 2000 年起，西安电子科技大学、北京理工大学、国防科技大学、南京理工大学、武汉大学、中国电子科技集团公司第十四研究所、中国电子科技集团第三十八研究所等单位先后开展了基于各种照射源的无源雷达系统研究，并且取得了一批具有重要应用价值的研究成果。所采用的外辐射源涵盖 TV 信号、调频广播信号、GSM 信号、GPS 信号及数字广播信号等；针对不同无源雷达系统中的各项关键技术，上述研究机构提出了大量改进方法，并取得了较好的成效。

10.2　典型机会照射源分析

机会照射源的选择是实现外辐射源雷达探测的基础性工作，目前学者已经研究了利用调频广播、DAB、DVB-T、卫星信号等多种机会照射源类型。

调频广播信号是全球分布的甚高频(very high frequency, VHF)信号，频率为 88～108MHz，瞬时带宽为 10～100kHz，当播放谈话类节目时，带宽较小，当播放音乐时带宽稍大，其距离分辨力为 15～1.5km，长时间积分时，可以获得较好的多普勒分辨力，达到每秒数米的量级。调频发射站遵循多频网(multi-frequency network, MFN)配置，即相邻的调频广播电台具有自己独立的频率，这就要求 PCL(passive coherent location)接收机必须能够进行多通道处理。

许多国家采用 DVB-T 作为数字电视标准，其频段为 470～860MHz，包含一路 8MHz 左右带宽的数字调制信号。相比于调频广播信号，由于 DVB-T 的 OFDM 方式及保护间隔技术，DVB-T 采用单频网(single frequency network, SFN)配置，即相邻的发射台采用相同的频率，播出相同的信号。与多频网相比，单频网单个接收机会收到多个发射塔的反射信号，由于不同发射塔的信号完全相同，分不清反射信号与源信号的对应关系，导致模糊问题。此外，DVB-T 发射塔通常会采用向下倾斜的窄波束，可能导致 PCL 接收机在高度上低覆盖。

未来，随着无线通信技术的飞速发展，将会有越来越多的辐射源产生，这为无源雷达提供了丰富的外辐射源信号。在设计无源雷达系统时，首先应根据实际情况，选取合适的外辐射源。目前，主要从可用性、探测距离以及分辨率性能等方面评估外辐射源。

10.2.1 外辐射源信号的可用性、探测距离

可用性，即待监视区域中存在可用的外辐射源信号。例如，常见的调频广播信号和 DVB-T 信号，其发射塔通常会采用向下倾斜的波束，造成无源雷达在高度上低覆盖。这意味着这些信号在高空区域往往是不可用的。星载照射源往往在空间上具有很好的可用性，但由于其轨道周期和工作时间，这类照射源常常仅能在部分时间段内可用，如表 10-2 所示。

表 10-2 常见的星载照射源

类型	名称	轨道	频带	功率流密度/(dBW/m²)	重返周期
雷达	Radarsat-2	LEO	C	–53	24 天
通信	DVB-S	GEO	S	–111	连续
通信	DVB-SH	GEO	S	–97	连续
通信	Inmarsat-4	GEO	L	–95	有通话时
通信	Thuraya	GEO	L	–118, –106	连续
通信	Iridium	LEO	L	–108	有通话时
通信	Globalstar	LEO	S	–97	有通话时
导航	GPS	MEO	L	–130	连续
导航	Glonass	MEO	L	–129, –131	连续
导航	Galileo	MEO	L	–128	连续

注：LEO-low earth orbit；GEO-geostationary earth orbit；MEO-middle earth orbit。

探测距离，即雷达可以稳定探测到目标的最大距离。作为一种特殊的双基地雷达，无源雷达对目标的探测规律符合如下的双基地雷达方程：

$$\frac{P_{\mathrm{r}}}{P_{\mathrm{n}}}=\frac{P_{\mathrm{t}}G_{\mathrm{t}}}{4\pi r_1^2}\sigma_{\mathrm{b}}\frac{1}{4\pi r_2^2}\frac{G_{\mathrm{r}}\lambda^2}{4\pi}\frac{1}{kT_0BFL}G_{\mathrm{p}} \tag{10-1}$$

式中，P_{r} 为接收回波信号功率；P_{n} 为接收机噪声功率；P_{t} 为辐射源的发射功率；G_{t} 为发射天线增益；r_1 为目标到辐射源的距离；σ_{b} 为目标的双基地雷达反射面积；r_2 为目标到接收机的距离；G_{r} 为接收机的接收天线增益；λ 为信号波长；k 为玻尔兹曼常量，$k=1.3806505\times10^{-23}$；$T_0$ 为噪声参考温度，典型值为 290K；B 为接收机有效带宽；F 为接收机有效噪声系数；L 为系统损耗；G_{p} 为积累增益。

在实际信号检测中，由于信号非常微弱，需要通过积累来提高目标回波信号

的信噪比。对于无源雷达，其积累增益约为

$$G_p = T_{max} B \tag{10-2}$$

式中，T_{max} 为最大可积累时间，其概略估计公式为

$$T_{max} = \sqrt{\frac{\lambda}{A_R}} \tag{10-3}$$

式中，A_R 为目标加速度的径向分量。

通常认为，当接收到的目标信号信噪比 $P_r/P_n \geqslant 13\text{dB}$ 时，可以实现对目标的可靠探测，即接收机可以检测到的最小信噪比 $\text{SNR}_{min} = 13\text{dB}$，此时对应的无源雷达最大探测距离为

$$\left(\sqrt{r_1 r_2}\right)_{max} = \left(\frac{P_t G_t \sigma_b G_r \lambda^2 G_p}{(4\pi)^3 k T_0 BFL \cdot \text{SNR}_{min}}\right)^{\frac{1}{4}} \tag{10-4}$$

10.2.2　外辐射源雷达分辨率

雷达的距离分辨率表示雷达系统能够检测分辨的两个目标之间的最小距离间隔，即忽略速度的差异，对多个目标在距离维度上的分辨能力。无源雷达可以看成不发射雷达信号的双基地雷达，其距离分辨率为

$$\Delta R = \frac{c}{2B\cos(\beta/2)} \tag{10-5}$$

式中，c 表示信号传播速度；B 表示信号的带宽；β 表示双基地角，如图 10-2 所示。

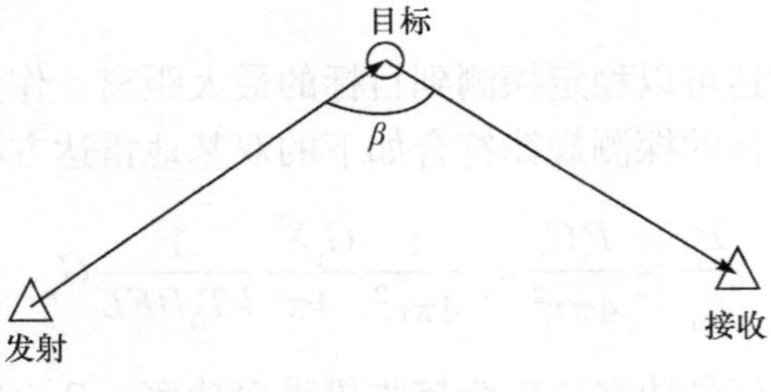

图 10-2　双基地角示意图

类似地，雷达的速度分辨率是指雷达系统能够分辨的两个目标的最小速度差异，即忽略地理位置上的差别，对多个目标在速度维度上的分辨能力。无源雷达系统的多普勒频率分辨率的计算公式为

$$\Delta f_d = \frac{1}{T} \tag{10-6}$$

因为多普勒频率 $f_{\mathrm{d}}=\dfrac{2v_{\mathrm{r}}}{\lambda}$，其中 v_{r} 为两目标径向速度，所以式(10-6)可改写为

$$\Delta v_{\mathrm{r}}=\frac{\lambda}{2T\cos(\beta/2)} \tag{10-7}$$

式中，λ 表示信号的载波波长。可以看出，无源雷达的速度分辨率主要取决于其相干处理时间 T。

模糊函数是用来直观分析雷达信号距离分辨率和速度分辨率的主要工具，它通过计算得出的距离-多普勒图(速度和多普勒频率存在对应关系，因此多普勒分辨率实际等价于速度分辨率)能够直观地分析雷达信号探测目标的分辨率参数，为雷达的目标定位和测速提供依据。雷达信号的模糊函数定义为

$$\chi(\tau,f_{\mathrm{d}})=\left|\int_{-\infty}^{+\infty}s(t)s^{*}(t-\tau)\mathrm{e}^{\mathrm{j}2\pi f_{\mathrm{d}}t}\mathrm{d}t\right| \tag{10-8}$$

式中，$s(t)$ 为辐射源信号；τ 为信号时延，对应于作用距离；f_{d} 为多普勒频移，对应于目标速度。

模糊函数是对辐射源信号特性进行分析和波形设计的有效工具，其给出了利用该信号在最优条件下，雷达系统所能达到的最优探测分辨率、测量精度和杂波抑制等的能力。对信号利用模糊函数进行距离和速度分辨率的研究，可以为无源雷达照射源信号的选取提供理论依据。这里从探测距离和分辨率两个角度，对目前关注较多的几种典型辐射源进行了评估，结果如表 10-3 所示。

表 10-3　典型辐射源评估

辐射源	频率/MHz	带宽	等效发射功率/W	探测距离 $\sqrt{r_1r_2}$ /km	距离分辨率/m	速度分辨率/(m/s)
调频广播	100	50kHz	2×10^5	1180	3200	3.0
DVB-T	600	8MHz	2×10^4	220	20	1.2
Wi-Fi	2412	60MHz	0.1	4	3	0.6
GSM	900	200kHz	20	30	811	1.0
北斗	1207	2.046MHz	5×10^4	180	79	0.9

由表 10-3 可以看出，调频广播信号在探测距离上具有明显的优势，但是距离分辨率和速度分辨率较差，因此调频广播信号较适合远距离预警；Wi-Fi 信号和 GSM 信号的探测距离很小，但是其距离分辨率和速度分辨率很高，并且在实际环境中，这两种辐射源数量众多，非常密集，可以通过组网的方式提高探测距离，比较适合用于对小型低速目标的探测。DVB-T 信号的探测距离分辨率和速度分

辨率都较为适中，而我国正在大力推进电视信号的数字化，未来数字电视信号将日趋增多，因此 DVB-T 是一种较为理想的照射源。以北斗、GPS 为代表的导航卫星信号，其显著优势在于全球覆盖性，且等效功率和探测距离指标均较高，但是由于卫星的轨道高度非常高，对于布设在地面及航空平台上的接收机而言，其对目标的探测距离将大打折扣，因此目前主要停留在理论研究阶段。

10.3　基于外辐射源的单站无源定位技术

根据观测平台的个数，无源定位可分为基于单个平台的单站无源定位和基于多个观测平台的多站无源定位。单站无源定位技术利用一个观测站对目标进行定位和跟踪，这种方式具有不需要多站之间的同步工作和数据传输，且具有结构简单、易于工程实现、成本低等优点。基于外辐射源的单站无源定位系统相当于双、多基地雷达，但外辐射源是非合作的，因此对于辐射源的位置和信号形式等因素需要根据实际的应用来选取。与此同时，有效利用多个外辐射源的信号并获取信号的信息，使得基于外辐射源的单站无源定位系统既有单站无源定位系统的优点，又具有多站无源定位系统丰富的观测数据，可实现对目标的实时定位，且可获取较高的定位精度。

外辐射无源雷达的信号接收系统包含两个信道，分别为参考信道和目标信道。参考信道用于接收来自外辐射源的直达波信号，目标信道用于接收外辐射源信号经过目标反射后的回波信号。受信号传播路径中地形地物的影响，目标信道常常受到多径信号的干扰。加之目标回波信号本身较为微弱，这对目标回波信号的检测提出了更高的要求。

基于外辐射源的单站无源定位系统工作原理上的特点使其相比于有源雷达具有独特的优势，但这也给后续信号处理提出了更多的要求。为了全面了解基于外辐射源的单站无源定位系统的基本构成和工作原理，本节首先简要介绍基于外辐射源的单站无源定位系统组成和信号处理流程，及对应的关键技术，然后对基于外辐射源的单站无源定位的基本原理以及几种定位方法进行介绍。

10.3.1　基于外辐射源的单站无源定位系统构成

基于外辐射源的单站无源定位系统的基本组成如图 10-3 所示。观测站上布设两副天线，分别用于接收外辐射源的直达信号和经目标反射后的回波信号。对于不同的定位方法，其所需的外辐射源的数量也不同，例如，TDOA 定位及联合

TDOA-FDOA 定位需要 3 个外辐射源，FDOA 定位需要 6 个外辐射源，而联合 DOA 和 TDOA 定位仅需 1 个外辐射源。当需要多个外辐射源定位目标时，可根据辐射源频点或其他特征，利用滤波器将天线接收到的不同辐射源信号区分开，分别提取出对应各个外辐射源的 TDOA、FDOA、DOA 信息,用于确定目标位置。

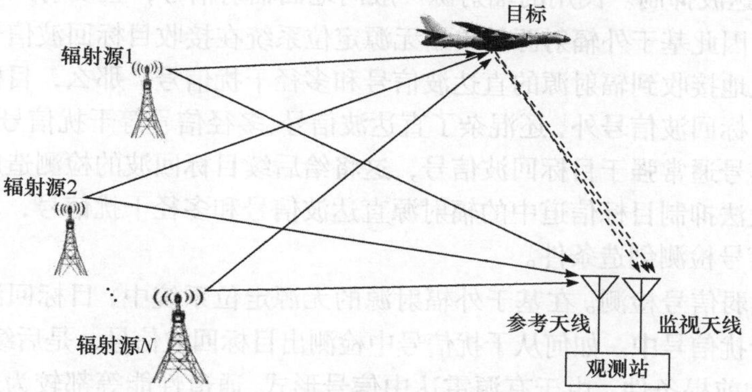

图 10-3 基于外辐射源的单站无源定位系统几何配置图

基于外辐射源的单站无源定位系统工作模式的特点，决定了其在后续信号处理流程上与有源雷达相比具有显著特点。总体上，基于外辐射源的单站无源定位系统的信号处理基本流程如图 10-4 所示。

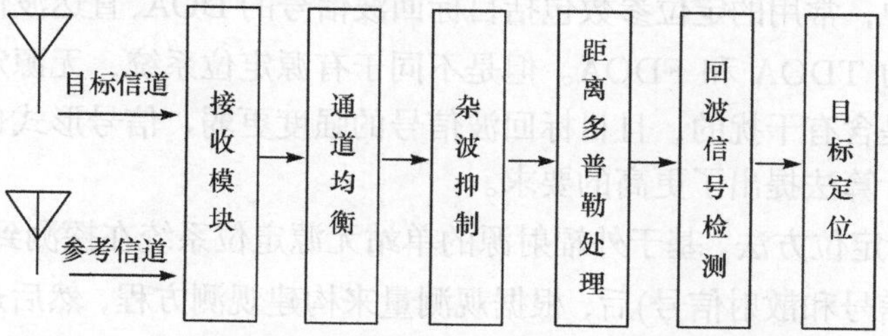

图 10-4 基于外辐射源的单站无源定位系统的信号处理流程图

基于外辐射源的单站无源定位系统信号处理的关键技术归纳起来主要有以下方面：

(1) 信号分选。基于外辐射源的单站无源定位系统常常需要同时接收多个外辐射源的直达信号和其经过目标反射后的回波信号，需要将多个外辐射源的信号区分开，以便为后续参数估计模块提供基础信号数据。

(2) 参考信号提纯。基于外辐射源的单站无源定位系统的参考天线接收外辐射源的直达信号作为参考信号。受杂波干扰和多径信号的影响，参考天线接收到的直达波信号并不纯净。参考信号的纯度将直接影响后续目标回波信号的匹配接收和相干检测，并最终影响系统目标检测和定位的效果。在充分了解外辐射源信号结构特征的条件下，可以考虑根据接收的直达波信号重构出纯净的参考信号。在对外辐射源信号结构了解不充分的条件下，需要将参考信道中的多径信号和杂波干扰进行抑制或消除，从而提高参考信号的纯度。

(3) 直达波抑制。民用的辐射源一般向地面辐射信号，且发射天线一般多为全向天线，因此基于外辐射源的单站无源定位系统在接收目标回波信号的同时，会不可避免地接收到辐射源的直达波信号和多径干扰信号。那么，目标信道中除了微弱的目标回波信号外，还混杂了直达波信号、多径信号等干扰信号，且混杂的这些干扰信号通常强于目标回波信号，这将给后续目标回波的检测造成干扰。因此，需要设法抑制目标信道中的辐射源直达波信号和多径干扰信号，从而为后续目标回波信号检测创造条件。

(4) 微弱信号检测。在基于外辐射源的无源定位系统中，目标回波信号常常被淹没在干扰信号中。如何从干扰信号中检测出目标回波信号，是后续参数估计、目标定位的前提条件。由于有源雷达中信号形式、通道性能等都较为理想，有源雷达中目标回波信号检测的信杂比较高。基于外辐射源的无源定位系统由于工作模式的特殊性，在目标回波信号检测中的信杂比更低，需要的累积时间更长。

(5) 定位参数估计。在检测到目标信号以后，需要提取出信号的来波方向、时差、频差等信息，以用于构建定位方程，确定目标位置。在基于外辐射源的单站无源定位系统中，常用的定位参数包括目标回波信号的 DOA、直达波信号与目标回波信号之间的 TDOA 和 FDOA。但是不同于有源定位系统，无源定位系统中参考信号通常是含有干扰的，且目标回波信号的强度更弱，信号形式也不理想，因此对参数估计算法提出了更高的要求。

(6) 目标定位方法。基于外辐射源的单站无源定位系统在探测到目标信号(包括目标辐射信号和散射信号)后，根据观测量来构建观测方程，然后通过求解观测方程来间接获得目标位置等信息。根据观测方程形式的不同，相应的求解算法也不尽相同。可以利用单一的观测信息，也可以联合多种信息共同定位。总体上，联合多种观测信息的定位系统的硬件组成要比仅利用单一信息定位系统更加复杂，但由于应用的观测信息更加丰富，求解出的目标位置也更加准确。

10.3.2 基于外辐射源的单站无源定位的基本原理

基于外辐射源的无源定位中，可以利用的观测信息主要包括目标回波信号的 DOA、直达波与目标回波之间的 TDOA，若被定位的目标是移动的，则可利用直达波与目标回波之间的 FDOA 来实现目标的定位。此外，可以联合几种观测量进行目标定位。下面主要分析基于外辐射源的单站无源定位的基本原理。

典型的基于外辐射源的单站无源定位模型如图 10-5 所示，以观测站为原点，建立空间直角坐标系。外辐射源位置 $\boldsymbol{s}_k=[x_k \quad y_k \quad z_k]^{\mathrm{T}}$ 为已知量，目标的位置 $\boldsymbol{u}=[x \quad y \quad z]^{\mathrm{T}}$ 和速度 $\dot{\boldsymbol{u}}=[\dot{x} \quad \dot{y} \quad \dot{z}]^{\mathrm{T}}$ 为未知的待估参量。

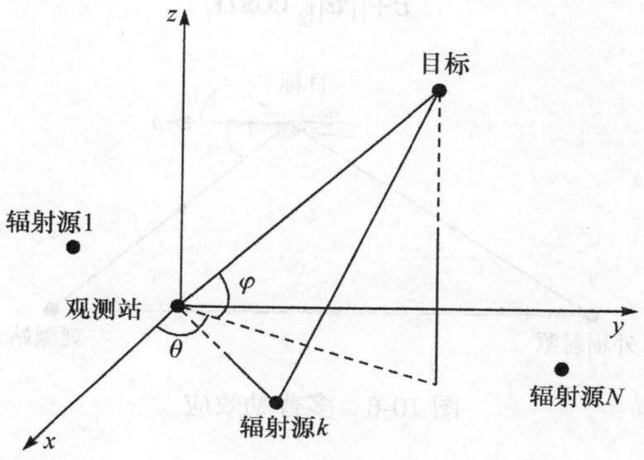

图 10-5　基于外辐射源的单站无源定位模型

根据外辐射源、目标和观测站的几何关系，目标到观测站的距离为 $\sqrt{x^2+y^2+z^2}$，目标到外辐射源 k 的距离为 $\sqrt{(x-x_k)^2+(y-y_k)^2+(z-z_k)^2}$，外辐射源 k 到观测站的距离为 $\sqrt{x_k^2+y_k^2+z_k^2}$。假设信号传播速度为 c，则来自外辐射源 k 的直达信号与相应的目标回波信号到达观测站的时差为

$$\tau_k=\frac{1}{c}\left(\sqrt{x^2+y^2+z^2}+\sqrt{(x-x_k)^2+(y-y_k)^2+(z-z_k)^2}-\sqrt{x_k^2+y_k^2+z_k^2}\right) \tag{10-9}$$

根据目标和观测站的几何位置关系，目标方位角和俯仰角与目标位置之间的函数关系为

$$\begin{cases}\theta=\arctan\dfrac{y}{x}\\[2ex] \varphi=\arctan\dfrac{z}{\sqrt{x^2+y^2}}\end{cases} \tag{10-10}$$

对于运动目标，到达观测站的目标回波信号与直达信号之间还存在频率差，其中包含目标位置和速度信息。

不同于多站定位系统中目标辐射源信号直接被观测站接收，对于基于外辐射源的单站无源定位系统，外辐射源信号首先经过目标反射，然后被观测站接收。根据多普勒效应，对于这种反射波的频率，可以看成两个接收过程，如图 10-6 所示。

假设外辐射源 k 的信号频率为 f_{ck}，由于目标运动，目标接收到的外辐射源频率 f'_{ck} 为

$$f'_{ck} = \frac{\sqrt{c^2 - \|\dot{\boldsymbol{u}}\|_2^2}}{c + \|\dot{\boldsymbol{u}}\|_2 \cos\alpha_1} f_{ck} \tag{10-11}$$

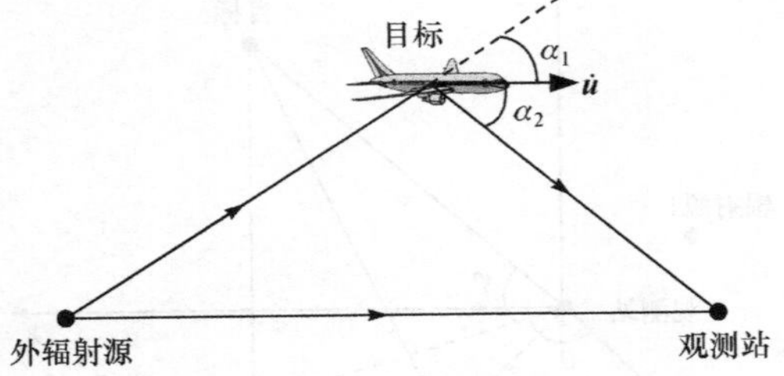

图 10-6 多普勒效应

经目标反射后的信号被接收站接收到的频率 f''_{ck} 为

$$f''_{ck} = \frac{\sqrt{c^2 - \|\dot{\boldsymbol{u}}\|_2^2}}{c - \|\dot{\boldsymbol{u}}\|_2 \cos\alpha_2} f'_{ck} \tag{10-12}$$

式中，$\|\cdot\|_2$ 表示 2-范数；$\cos\alpha_1$、$\cos\alpha_2$ 满足

$$\cos\alpha_1 = \frac{\dot{x}(x - x_k) + \dot{y}(y - y_k) + \dot{z}(z - z_k)}{\sqrt{\dot{x}^2 + \dot{y}^2 + \dot{z}^2}\sqrt{(x - x_k)^2 + (y - y_k)^2 + (z - z_k)^2}} \tag{10-13}$$

$$\cos\alpha_2 = \frac{-\dot{x}x - \dot{y}y - \dot{z}z}{\sqrt{\dot{x}^2 + \dot{y}^2 + \dot{z}^2}\sqrt{x^2 + y^2 + z^2}} \tag{10-14}$$

那么反射信号与直达信号之间的频差为

$$f_k^o = \frac{c\|\dot{\boldsymbol{u}}\|_2 \cos\alpha_1 + c\|\dot{\boldsymbol{u}}\|_2 \cos\alpha_2 + \|\dot{\boldsymbol{u}}\|_2^2(1 + \cos\alpha_1 \cos\alpha_2)}{(c + \|\dot{\boldsymbol{u}}\|_2 \cos\alpha_1)(c - \|\dot{\boldsymbol{u}}\|_2 \cos\alpha_2)} f_{ck} \tag{10-15}$$

考虑到 $c \gg \|\dot{\boldsymbol{u}}\|_2$，可将式(10-15)近似为

$$f_k \approx \frac{f_{ck}}{c}\left(\frac{\dot{x}x + \dot{y}y + \dot{z}z}{\sqrt{x^2 + y^2 + z^2}} + \frac{\dot{x}(x - x_k) + \dot{y}(y - y_k) + \dot{z}(z - z_k)}{\sqrt{(x - x_k)^2 + (y - y_k)^2 + (z - z_k)^2}}\right) \tag{10-16}$$

式(10-9)、式(10-10)、式(10-16)分别为基于外辐射源的单站无源定位系统中 TDOA、DOA、FDOA 观测量与目标位置信息之间的函数关系。在利用参数估计算法从接收信号中提取出上述参量后，便可依据式(10-9)、式(10-10)、式(10-16)中的函数关系构建定位方程，然后设计合适的方程求解算法估计出目标位置信息。不同的

定位方法，本质上就是选取不同的定位参数来构建定位方程，例如，TDOA 定位方法仅利用式(10-9)中的时差观测来构建方程，联合 TDOA 和 FDOA 定位方法利用式(10-9)中的时差观测和式(10-16)中的频差观测来构建方程，联合 DOA 和 TDOA 定位方法利用式(10-9)中的时差观测和式(10-10)中的角度观测来构建方程。

10.3.3　基于时差的单站无源定位技术

三维单站外辐射源 TDOA 定位场景如下：假设场景中有 N 个外辐射源、1 个目标、1 个观测站，其上布设两副天线，分别用来接收外辐射源直达信号和目标回波信号。

如图 10-7 所示，以观测站为原点，建立空间直角坐标系。目标位置 $\boldsymbol{X}=[x\quad y\quad z]^{\mathrm{T}}$ 为待估参量，外辐射源位置 $\boldsymbol{s}_k=[x_k\quad y_k\quad z_k]^{\mathrm{T}}(k=1,2,\cdots,N)$。基于外辐射源的单站无源定位系统至少需要 3 个外辐射源，以构造 3 个时差，从而实现对目标位置坐标的 3 个未知参数的估计。

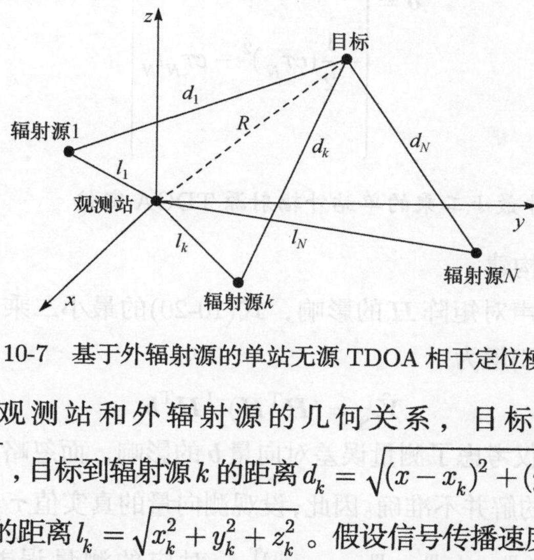

图 10-7　基于外辐射源的单站无源 TDOA 相干定位模型

根据目标、观测站和外辐射源的几何关系，目标到观测站的距离 $R=\sqrt{x^2+y^2+z^2}$，目标到辐射源 k 的距离 $d_k=\sqrt{(x-x_k)^2+(y-y_k)^2+(z-z_k)^2}$，辐射源 k 到观测站的距离 $l_k=\sqrt{x_k^2+y_k^2+z_k^2}$。假设信号传播速度为 c，那么外辐射源 k 的直达信号与其经过目标反射后的回波信号到达观测站的时间差为

$$\tau_k=\frac{1}{c}(R+d_k-l_k) \tag{10-17}$$

式(10-17)中时差方程是非线性的。为了将其线性化，将式(10-17)写为

$$c\tau_k-R+l_k=d_k \tag{10-18}$$

将式(10-18)两边进行平方，并移项整理，得

$$x_k x + y_k y + z_k z - (c\tau_k + l_k)R = -c\tau_k l_k - \frac{1}{2}(c\tau_k)^2 \tag{10-19}$$

定义辅助向量$\boldsymbol{Y} = [x \quad y \quad z \quad R]^{\mathrm{T}}$，那么式(10-19)可以写为如下矩阵形式：

$$\boldsymbol{HY} = \boldsymbol{b} \tag{10-20}$$

式中

$$\boldsymbol{H} = \begin{bmatrix} x_1 & y_1 & z_1 & -(c\tau_1 + l_1) \\ x_2 & y_2 & z_2 & -(c\tau_2 + l_2) \\ \vdots & \vdots & \vdots & \vdots \\ x_N & y_N & z_N & -(c\tau_N + l_N) \end{bmatrix} \tag{10-21}$$

$$\boldsymbol{b} = \begin{bmatrix} -\frac{1}{2}(c\tau_1)^2 - c\tau_1 l_1 \\ -\frac{1}{2}(c\tau_2)^2 - c\tau_2 l_2 \\ \vdots \\ -\frac{1}{2}(c\tau_N)^2 - c\tau_N l_N \end{bmatrix} \tag{10-22}$$

1. 基于约束总体最小二乘的单站外辐射源 TDOA 定位

1) CTLS 模型构建

不考虑观测噪声对矩阵$\boldsymbol{H}$的影响，式(10-20)的最小二乘(constrained total least squares, CTLS)解为

$$\hat{\boldsymbol{Y}}_{\mathrm{LS}} = (\boldsymbol{H}^{\mathrm{T}}\boldsymbol{H})^{-1}\boldsymbol{H}^{\mathrm{T}}\boldsymbol{b} \tag{10-23}$$

由于最小二乘估计仅考虑了测量误差对向量$\boldsymbol{b}$的影响，而忽略了测量误差对矩阵$\boldsymbol{H}$的影响，其得到的解并不准确。因此，设观测向量的真实值$\boldsymbol{\tau} = [\tau_1 \quad \tau_2 \quad \cdots \quad \tau_N]^{\mathrm{T}}$，其对应的测量值$\boldsymbol{\tau}^{\mathrm{m}} = [\tau_1^{\mathrm{m}} \quad \tau_2^{\mathrm{m}} \quad \cdots \quad \tau_N^{\mathrm{m}}]^{\mathrm{T}}$，对应的测量误差$\boldsymbol{n} = [n_{\tau 1} \quad n_{\tau 2} \quad \cdots \quad n_{\tau N}]^{\mathrm{T}}$，则有

$$\boldsymbol{\tau} = \boldsymbol{\tau}^{\mathrm{m}} - \boldsymbol{n} \tag{10-24}$$

同时考虑测量误差对$\boldsymbol{H}$和$\boldsymbol{b}$的影响，式(10-20)可以表示为测量值$\boldsymbol{\tau}^{\mathrm{m}}$的函数，即

$$\boldsymbol{H}(\boldsymbol{\tau}^{\mathrm{m}} - \boldsymbol{n})\boldsymbol{Y} = \boldsymbol{b}(\boldsymbol{\tau}^{\mathrm{m}} - \boldsymbol{n}) \tag{10-25}$$

将$\boldsymbol{H}(\boldsymbol{\tau}^{\mathrm{m}} - \boldsymbol{n})$和$\boldsymbol{b}(\boldsymbol{\tau}^{\mathrm{m}} - \boldsymbol{n})$在$\boldsymbol{\tau}^{\mathrm{m}}$处进行泰勒展开，并忽略二阶及以上误差项，

得

$$\boldsymbol{H}=\boldsymbol{H}^{\mathrm{m}}-\Delta\boldsymbol{H},\quad \boldsymbol{b}=\boldsymbol{b}^{\mathrm{m}}-\Delta\boldsymbol{b} \tag{10-26}$$

则式(10-20)可以表示为

$$(\boldsymbol{H}^{\mathrm{m}}-\Delta\boldsymbol{H})\boldsymbol{Y}=\boldsymbol{b}^{\mathrm{m}}-\Delta\boldsymbol{b} \tag{10-27}$$

式中，$\Delta\boldsymbol{H}=[\boldsymbol{0}\ \ \boldsymbol{0}\ \ \boldsymbol{0}\ \ \boldsymbol{F}_1\boldsymbol{n}]$，$\Delta\boldsymbol{b}=\boldsymbol{F}_2\boldsymbol{n}$，其中

$$\boldsymbol{F}_1=\operatorname{diag}\{-c,-c,\cdots,-c\} \tag{10-28}$$

$$\boldsymbol{F}_2=\operatorname{diag}\{-c^2\tau_1-cl_1,-c^2\tau_2-cl_2,\cdots,-c^2\tau_N-cl_N\} \tag{10-29}$$

若$\boldsymbol{n}$中各项误差具有相关性，或方差不同，则需对其进行白化处理。假设$\boldsymbol{Q}=E(\boldsymbol{n}\boldsymbol{n}^{\mathrm{T}})=\boldsymbol{P}_n\boldsymbol{P}_n^{\mathrm{T}}$ (Cholesky 分解)，可得到白化后的噪声$\varepsilon=\boldsymbol{P}_n^{-1}\boldsymbol{n}$。此时有

$$\Delta\boldsymbol{H}=[\boldsymbol{0}\ \ \boldsymbol{0}\ \ \boldsymbol{0}\ \ \boldsymbol{F}_1\boldsymbol{n}]=[\boldsymbol{0}\ \ \boldsymbol{0}\ \ \boldsymbol{0}\ \ \boldsymbol{G}_1\boldsymbol{\varepsilon}] \tag{10-30}$$

$$\Delta\boldsymbol{b}=\boldsymbol{F}_2\boldsymbol{P}_n\boldsymbol{\varepsilon}=\boldsymbol{G}_2\boldsymbol{\varepsilon} \tag{10-31}$$

将式(10-27)移项整理，得

$$\boldsymbol{H}^{\mathrm{m}}\boldsymbol{Y}-\boldsymbol{b}^{\mathrm{m}}=\Delta\boldsymbol{H}\boldsymbol{Y}-\Delta\boldsymbol{b}=R\boldsymbol{G}_1\boldsymbol{\varepsilon}-\boldsymbol{G}_2\boldsymbol{\varepsilon}=\boldsymbol{G}_Y\boldsymbol{\varepsilon} \tag{10-32}$$

式中，$\boldsymbol{G}_Y=R\boldsymbol{G}_1-\boldsymbol{G}_2$。

求解目标位置的 CTLS 解，即在满足式(10-32)的约束条件下，寻找一个合适的$\boldsymbol{Y}$，使得误差项$\boldsymbol{\varepsilon}$的范数平方最小。其数学表示如下：

$$\begin{cases}\min\limits_{\boldsymbol{\varepsilon},\boldsymbol{Y}}\|\boldsymbol{\varepsilon}\|^2\\ \text{s.t. } \boldsymbol{H}^{\mathrm{m}}\boldsymbol{Y}-\boldsymbol{b}^{\mathrm{m}}=\boldsymbol{G}_Y\boldsymbol{\varepsilon}\end{cases} \tag{10-33}$$

由式(10-32)可得

$$\boldsymbol{\varepsilon}=\boldsymbol{G}_Y^{+}(\boldsymbol{H}^{\mathrm{m}}\boldsymbol{Y}-\boldsymbol{b}^{\mathrm{m}}) \tag{10-34}$$

式中，$\boldsymbol{G}_Y^{+}=(\boldsymbol{G}_Y\boldsymbol{G}_Y^{\mathrm{T}})^{-1}\boldsymbol{G}_Y^{\mathrm{T}}$表示矩阵$\boldsymbol{G}_Y$的 Moore-Penrose 逆。将式(10-34)代入式(10-33)，则式(10-33)中$\boldsymbol{Y}$的 CTLS 解即满足下列目标函数极小化的变量$\boldsymbol{Y}$：

$$\begin{aligned}F(\boldsymbol{Y})&=[\boldsymbol{G}_Y^{+}(\boldsymbol{H}^{\mathrm{m}}\boldsymbol{Y}-\boldsymbol{b}^{\mathrm{m}})]^{\mathrm{T}}[\boldsymbol{G}_Y^{+}(\boldsymbol{H}^{\mathrm{m}}\boldsymbol{Y}-\boldsymbol{b}^{\mathrm{m}})]\\&=(\boldsymbol{H}^{\mathrm{m}}\boldsymbol{Y}-\boldsymbol{b}^{\mathrm{m}})^{\mathrm{T}}(\boldsymbol{G}_Y\boldsymbol{G}_Y^{\mathrm{T}})^{-1}(\boldsymbol{H}^{\mathrm{m}}\boldsymbol{Y}-\boldsymbol{b}^{\mathrm{m}})\end{aligned} \tag{10-35}$$

辅助向量$\boldsymbol{Y}$中除了待估参数x、y、z外，还引入了冗余参数R，而R与x、y、z存在函数关系$R=(\boldsymbol{X}^{\mathrm{T}}\boldsymbol{X})^{1/2}$。将其代入式(10-35)，则式(10-35)中目标位置的 CTLS 解即满足下列目标函数极小化的变量$\boldsymbol{X}$：

$$F(\boldsymbol{X})=[\boldsymbol{H}_{13}^{\mathrm{m}}\boldsymbol{X}+\boldsymbol{H}_4^{\mathrm{m}}(\boldsymbol{X}^{\mathrm{T}}\boldsymbol{X})^{1/2}-\boldsymbol{b}^{\mathrm{m}}]^{\mathrm{T}}(\boldsymbol{G}_Y\boldsymbol{G}_Y^{\mathrm{T}})^{-1}[\boldsymbol{H}_{13}^{\mathrm{m}}\boldsymbol{X}+\boldsymbol{H}_4^{\mathrm{m}}(\boldsymbol{X}^{\mathrm{T}}\boldsymbol{X})^{1/2}-\boldsymbol{b}^{\mathrm{m}}] \tag{10-36}$$

式中，$\boldsymbol{H}_{13}^{\mathrm{m}}=[\boldsymbol{H}^{\mathrm{m}}(:,1)\ \ \boldsymbol{H}^{\mathrm{m}}(:,2)\ \ \boldsymbol{H}^{\mathrm{m}}(:,3)]$，$\boldsymbol{H}_{4}^{\mathrm{m}}=\boldsymbol{H}^{\mathrm{m}}(:,4)$，其中$\boldsymbol{H}^{\mathrm{m}}(:,i)$表示矩阵$\boldsymbol{H}^{\mathrm{m}}$的第$i$列元素($i$=1,2,3,4)。求解式(10-36)的极小化是非线性问题，很难得到解析解。此处，采用牛顿迭代算法对其求解。将式(10-36)中目标函数进行二阶泰勒展开，得

$$F(\boldsymbol{X})\approx F(\boldsymbol{X}_0)+(\boldsymbol{X}-\boldsymbol{X}_0)^{\mathrm{T}}\boldsymbol{A}_1(\boldsymbol{X}-\boldsymbol{X}_0)+\frac{1}{2}(\boldsymbol{X}-\boldsymbol{X}_0)^{\mathrm{T}}\boldsymbol{A}_2(\boldsymbol{X}-\boldsymbol{X}_0) \tag{10-37}$$

式中，$\boldsymbol{A}_1=\left.\dfrac{\partial F(\boldsymbol{X})}{\partial \boldsymbol{X}}\right|_{\boldsymbol{X}=\boldsymbol{X}_0}$，$\boldsymbol{A}_2=\left.\dfrac{\partial^2 F(\boldsymbol{X})}{\partial \boldsymbol{X}\partial \boldsymbol{X}^{\mathrm{T}}}\right|_{\boldsymbol{X}=\boldsymbol{X}_0}$。令$\boldsymbol{\beta}=\boldsymbol{H}_{13}^{\mathrm{m}}\boldsymbol{X}+\boldsymbol{H}_{4}^{\mathrm{m}}(\boldsymbol{X}^{\mathrm{T}}\boldsymbol{X})^{1/2}-\boldsymbol{b}^{\mathrm{m}}$，$\boldsymbol{\mu}=(\boldsymbol{G}_Y\boldsymbol{G}_Y^{\mathrm{T}})^{-1}\boldsymbol{\beta}$，则

$$\begin{aligned}\frac{\partial F(\boldsymbol{X})}{\partial \boldsymbol{X}}&=\frac{\partial \boldsymbol{\beta}^{\mathrm{T}}}{\partial \boldsymbol{X}}\boldsymbol{\mu}+\boldsymbol{\beta}^{\mathrm{T}}\frac{\partial \boldsymbol{\mu}}{\partial \boldsymbol{X}}\\&=2\boldsymbol{\psi}\boldsymbol{\mu}-2(\boldsymbol{X}^{\mathrm{T}}\boldsymbol{X})^{-1/2}\boldsymbol{X}\boldsymbol{\mu}^{\mathrm{T}}\boldsymbol{G}_1\boldsymbol{G}_Y^{\mathrm{T}}\boldsymbol{\mu}\end{aligned} \tag{10-38}$$

式中，$\boldsymbol{\psi}=(\boldsymbol{H}_{13}^{\mathrm{m}})^{\mathrm{T}}+(\boldsymbol{X}^{\mathrm{T}}\boldsymbol{X})^{-1/2}\boldsymbol{X}(\boldsymbol{H}_{4}^{\mathrm{m}})^{\mathrm{T}}$。对式(10-38)中$\partial F(\boldsymbol{X})/\partial \boldsymbol{X}$关于$\boldsymbol{X}$求偏导，得

$$\begin{aligned}\frac{\partial^2 F(\boldsymbol{X})}{\partial \boldsymbol{X}\partial \boldsymbol{X}^{\mathrm{T}}}=&\,2[(\boldsymbol{X}^{\mathrm{T}}\boldsymbol{X})^{-1/2}\boldsymbol{I}_3-(\boldsymbol{X}^{\mathrm{T}}\boldsymbol{X})^{-3/2}\boldsymbol{X}\boldsymbol{X}^{\mathrm{T}}][(\boldsymbol{H}_{4}^{\mathrm{m}})^{\mathrm{T}}\boldsymbol{\mu}-\boldsymbol{\mu}^{\mathrm{T}}\boldsymbol{G}_1\boldsymbol{G}_Y^{\mathrm{T}}\boldsymbol{\mu})]\\&-2(\boldsymbol{X}^{\mathrm{T}}\boldsymbol{X})^{-1/2}\boldsymbol{\psi}\boldsymbol{W}_Y\boldsymbol{\Omega}\boldsymbol{\mu}\boldsymbol{X}^{\mathrm{T}}+2(\boldsymbol{X}^{\mathrm{T}}\boldsymbol{X})^{-1}\boldsymbol{X}\boldsymbol{X}^{\mathrm{T}}\boldsymbol{\mu}^{\mathrm{T}}(\boldsymbol{\Omega}\boldsymbol{W}_Y\boldsymbol{\Omega}-\boldsymbol{G}_1\boldsymbol{G}_1^{\mathrm{T}})\boldsymbol{\mu}\\&-2(\boldsymbol{X}^{\mathrm{T}}\boldsymbol{X})^{-1/2}\boldsymbol{X}\boldsymbol{\mu}^{\mathrm{T}}\boldsymbol{\Omega}\boldsymbol{W}_Y\boldsymbol{\psi}^{\mathrm{T}}+2\boldsymbol{\psi}\boldsymbol{W}_Y\boldsymbol{\psi}^{\mathrm{T}}\end{aligned} \tag{10-39}$$

式中，$\boldsymbol{W}_Y=(\boldsymbol{G}_Y\boldsymbol{G}_Y^{\mathrm{T}})^{-1}$，$\boldsymbol{\Omega}=\boldsymbol{G}_1\boldsymbol{G}_Y^{\mathrm{T}}+\boldsymbol{G}_Y\boldsymbol{G}_1^{\mathrm{T}}$。

$F(\boldsymbol{X})$极小化的必要条件为$\partial F(\boldsymbol{X})/\partial \boldsymbol{X}=0$，由式(10-37)得

$$\frac{\partial F(\boldsymbol{X})}{\partial \boldsymbol{X}}=\boldsymbol{A}_1+\boldsymbol{A}_2(\boldsymbol{X}-\boldsymbol{X}_0)=0 \tag{10-40}$$

对式(10-40)求解，可得

$$\boldsymbol{X}=\boldsymbol{X}_0-\boldsymbol{A}_2^{-1}\boldsymbol{A}_1 \tag{10-41}$$

2) 初值估计

牛顿迭代算法是一种局部最优算法，需要给定迭代初始解，否则难以保证其收敛性。为此，这里利用最小二乘方法推导目标位置的粗略代数解，并将其作为牛顿迭代的初始解。

首先，对时差的观测方程进行伪线性化处理。当不存在测量误差时，式(10-17)

可以写为

$$(c\tau_k - R + l_k)^2 - d_k^2 = 2x_k x + 2y_k y + 2z_k z - 2(c\tau_k + l_k)R + 2c\tau_k l_k + (c\tau_k)^2 = 0 \tag{10-42}$$

将式(10-42)写成矩阵形式为

$$\boldsymbol{DX} = \boldsymbol{b}_R \tag{10-43}$$

式中

$$\boldsymbol{D} = 2\begin{bmatrix} x_1 & y_1 & z_1 \\ x_2 & y_2 & z_2 \\ \vdots & \vdots & \vdots \\ x_N & y_N & z_N \end{bmatrix} \tag{10-44}$$

$$\boldsymbol{b}_R = \boldsymbol{b}_0 + \boldsymbol{b}_1 R \tag{10-45}$$

式中

$$\boldsymbol{b}_0 = \begin{bmatrix} 2c\tau_1 l_1 + (c\tau_1)^2 \\ 2c\tau_2 l_2 + (c\tau_2)^2 \\ \vdots \\ 2c\tau_N l_N + (c\tau_N)^2 \end{bmatrix}, \quad \boldsymbol{b}_1 = \begin{bmatrix} -2(c\tau_1 + l_1) \\ -2(c\tau_2 + l_2) \\ \vdots \\ -2(c\tau_N + l_N) \end{bmatrix} \tag{10-46}$$

式(10-43)的最小二乘解为

$$\boldsymbol{X} = (\boldsymbol{D}^{\mathrm{T}}\boldsymbol{Q}^{-1}\boldsymbol{D})^{-1}\boldsymbol{D}^{\mathrm{T}}\boldsymbol{Q}^{-1}\boldsymbol{b}_R \tag{10-47}$$

由于$\boldsymbol{b}$中含有未知参数R，式(10-47)得到的结果是关于R的函数，将其代入方程$R = \sqrt{x^2 + y^2 + z^2} = \sqrt{\boldsymbol{X}^{\mathrm{T}}\boldsymbol{X}}$，可以构建一个关于$R$的二次方程：

$$a_2 R^2 + a_1 R + a_0 = 0 \tag{10-48}$$

式中

$$\begin{cases} a_2 = \boldsymbol{b}_1^{\mathrm{T}}\boldsymbol{Q}^{-1}\boldsymbol{D}(\boldsymbol{D}^{\mathrm{T}}\boldsymbol{Q}^{-1}\boldsymbol{D})^{-2}\boldsymbol{D}^{\mathrm{T}}\boldsymbol{Q}^{-1}\boldsymbol{b}_1 - 1 \\ a_1 = \boldsymbol{b}_0^{\mathrm{T}}\boldsymbol{Q}^{-1}\boldsymbol{D}(\boldsymbol{D}^{\mathrm{T}}\boldsymbol{Q}^{-1}\boldsymbol{D})^{-2}\boldsymbol{D}^{\mathrm{T}}\boldsymbol{Q}^{-1}\boldsymbol{b}_1 + \boldsymbol{b}_1^{\mathrm{T}}\boldsymbol{Q}^{-1}\boldsymbol{D}(\boldsymbol{D}^{\mathrm{T}}\boldsymbol{Q}^{-1}\boldsymbol{D})^{-2}\boldsymbol{D}^{\mathrm{T}}\boldsymbol{Q}^{-1}\boldsymbol{b}_0 \\ a_0 = \boldsymbol{b}_0^{\mathrm{T}}\boldsymbol{Q}^{-1}\boldsymbol{D}(\boldsymbol{D}^{\mathrm{T}}\boldsymbol{Q}^{-1}\boldsymbol{D})^{-2}\boldsymbol{D}^{\mathrm{T}}\boldsymbol{Q}^{-1}\boldsymbol{b}_0 \end{cases} \tag{10-49}$$

式(10-48)中的二次方程至多有两个R的根，但其中可能存在复数或者负实数，因此需要对式(10-48)的根加以选择。令$\varDelta = \sqrt{a_1^2 - 4a_2 a_0}$，由于$R$恒为正实数，按照下述方式选择$R$的根。

(1) 若$\varDelta < 0$，即R只有复数根，则：

① 若$-a_1/(2a_2) \geqslant 0$，则$R = -a_1/(2a_2) \geqslant 0$，即仅保留根的实数部分。

② 若$-a_1/(2a_2) < 0$，则$R = 0$。

(2) 若$\Delta \geqslant 0$，即R有两个实数根，分别为$(-a_1 + \Delta)/(2a_2)$和$(-a_1 - \Delta)/(2a_2)$，则：

① 若一个根为正，另一个根为负，则保留正数根。

② 若两个根均为正，则保留其中使式(10-33)中目标函数最小的根作为R的解。

③ 若两个根均为负，则$R = 0$。

上述选择R的方案中，正常定位场景下一般仅会出现第二种情况中的①和②。而其余几种情况则一般出现在测量噪声较大的异常定位场景中。

2. 定位精度分析

1) CRLB 分析

通过推导单站外辐射源 TDOA 定位系统的 CRLB 来分析算法的理论性能。假设观测向量$\boldsymbol{\tau} = [\tau_1 \ \ \tau_2 \ \ \cdots \ \ \tau_N]^{\mathrm{T}}$的观测误差$\boldsymbol{v} = [v_{\tau 1} \ \ v_{\tau 2} \ \ \cdots \ \ v_{\tau N}]^{\mathrm{T}}$服从零均值的高斯分布，其协方差矩阵$\boldsymbol{Q} = \mathrm{diag}\{\sigma_{\tau 1}^2, \sigma_{\tau 2}^2, \cdots, \sigma_{\tau N}^2\}$，则给定目标位置$\boldsymbol{X}$的条件下，观测向量$\boldsymbol{\tau}$的概率密度函数为

$$p(\boldsymbol{\tau}, \boldsymbol{X}) = \frac{1}{(2\pi)^{\frac{N}{2}} \left|\boldsymbol{Q}\right|^{\frac{1}{2}}} \exp\left(-\frac{1}{2}\left[\boldsymbol{\tau} - \boldsymbol{h}(\boldsymbol{X})\right]^{\mathrm{T}} \boldsymbol{Q}^{-1} \left[\boldsymbol{\tau} - \boldsymbol{h}(\boldsymbol{X})\right]\right) \tag{10-50}$$

式中

$$\boldsymbol{h}(\boldsymbol{X}) = \begin{bmatrix} \dfrac{1}{c}\left(R + d_1 - l_1\right) \\ \dfrac{1}{c}\left(R + d_2 - l_2\right) \\ \vdots \\ \dfrac{1}{c}\left(R + d_N - l_N\right) \end{bmatrix} \tag{10-51}$$

对式(10-50)中概率密度函数取对数，并关于$\boldsymbol{X}$求偏导，得

$$\frac{\partial \ln p(\boldsymbol{\tau}, \boldsymbol{X})}{\partial \boldsymbol{X}_i} = \left(\frac{\partial \boldsymbol{h}(\boldsymbol{X})}{\partial \boldsymbol{X}_i}\right)^{\mathrm{T}} \boldsymbol{Q}^{-1}\left(\boldsymbol{\tau} - \boldsymbol{h}(\boldsymbol{X})\right) \tag{10-52}$$

式中，$\boldsymbol{X}_i$ 表示向量 $\boldsymbol{X}$ 中的第 i 个变量。设 $\boldsymbol{J}(\boldsymbol{X})$ 为系统的 Fisher 信息矩阵，则有

$$\boldsymbol{J}=\begin{bmatrix} J_{11} & J_{12} & J_{13} \\ J_{12} & J_{22} & J_{23} \\ J_{13} & J_{23} & J_{33} \end{bmatrix}$$

$$\begin{aligned}[\boldsymbol{J}(\boldsymbol{X})]_{ij} &= E\left[\frac{\partial \ln p(\boldsymbol{\tau},\boldsymbol{X})}{\partial \boldsymbol{X}_i}\left(\frac{\partial \ln p(\boldsymbol{\tau},\boldsymbol{X})}{\partial \boldsymbol{X}_j}\right)^{\mathrm{T}}\right] \\ &= \left(\frac{\partial \boldsymbol{h}(\boldsymbol{X})}{\partial \boldsymbol{X}_i}\right)^{\mathrm{T}}(\boldsymbol{Q}^{-1})^{\mathrm{T}}\left(\frac{\partial \boldsymbol{h}(\boldsymbol{X})}{\partial \boldsymbol{X}_j}\right)\end{aligned} \tag{10-53}$$

进而得到 Fisher 信息矩阵中的元素为

$$\begin{aligned}
J_{11} &= \sum_{k=1}^{N}\frac{1}{c^2\sigma_{\tau k}^2}\left(\frac{x}{R}+\frac{x-x_k}{d_k}\right)^2 \\
J_{12} &= \sum_{k=1}^{N}\frac{1}{c^2\sigma_{\tau k}^2}\left(\frac{x}{R}+\frac{x-x_k}{d_k}\right)\left(\frac{y}{R}+\frac{y-y_k}{d_k}\right) \\
J_{13} &= \sum_{k=1}^{N}\frac{1}{c^2\sigma_{\tau k}^2}\left(\frac{x}{R}+\frac{x-x_k}{d_k}\right)\left(\frac{z}{R}+\frac{z-z_k}{d_k}\right) \\
J_{22} &= \sum_{k=1}^{N}\frac{1}{c^2\sigma_{\tau k}^2}\left(\frac{y}{R}+\frac{y-y_k}{d_k}\right)^2 \\
J_{23} &= \sum_{k=1}^{N}\frac{1}{c^2\sigma_{\tau k}^2}\left(\frac{y}{R}+\frac{y-y_k}{d_k}\right)\left(\frac{z}{R}+\frac{z-z_k}{d_k}\right) \\
J_{33} &= \sum_{k=1}^{N}\frac{1}{c^2\sigma_{\tau k}^2}\left(\frac{z}{R}+\frac{z-z_k}{d_k}\right)^2
\end{aligned} \tag{10-54}$$

根据 CRLB 的定义，系统的 CRLB 为 Fisher 信息矩阵的逆，因此有

$$\mathrm{CRLB}(\boldsymbol{X})=\boldsymbol{J}^{-1}(\boldsymbol{X})=\left[\left(\frac{\partial \boldsymbol{h}(\boldsymbol{X})}{\partial \boldsymbol{X}}\right)^{\mathrm{T}}\boldsymbol{Q}^{-1}\frac{\partial \boldsymbol{h}(\boldsymbol{X})}{\partial \boldsymbol{X}}\right]^{-1} \tag{10-55}$$

那么，系统的估计误差的均方误差 MSE 满足

$$E[(\hat{\boldsymbol{X}}_i-\boldsymbol{X}_i)^2]\geqslant \mathrm{CRLB}(i,i),\quad i=1,2,3 \tag{10-56}$$

式中，$\hat{\boldsymbol{X}}_i$ 为向量 $\boldsymbol{X}$ 中第 i 个元素的估计值。

2) 理论误差

通过一阶小噪声扰动分析来推导基于 CTLS 的单站外辐射源 TDOA 定位算法的理论误差。假设目标位置的估计误差为$\Delta \boldsymbol{X}$，即

$$\hat{\boldsymbol{X}} = \boldsymbol{X} + \Delta \boldsymbol{X} \tag{10-57}$$

将式(10-57)代入$\partial F(\boldsymbol{X}) / \partial \boldsymbol{X}$，并忽略二阶及以上误差项，得

$$\begin{aligned}\boldsymbol{\beta} &= (\boldsymbol{H}_{13} + \Delta \boldsymbol{H}_{13})(\boldsymbol{X} + \Delta \boldsymbol{X}) - (\boldsymbol{b} - \Delta \boldsymbol{b}) + \boldsymbol{H}_4[(\boldsymbol{X} + \Delta \boldsymbol{X})^{\mathrm{T}}(\boldsymbol{X} + \Delta \boldsymbol{X})]^{1/2} \\ &= \boldsymbol{H}_{13}\Delta \boldsymbol{X} + \frac{\boldsymbol{X}^{\mathrm{T}}\Delta \boldsymbol{X}}{(\boldsymbol{X}^{\mathrm{T}}\boldsymbol{X})^{1/2}}\boldsymbol{H}_4 + \boldsymbol{G}_Y\boldsymbol{\varepsilon}\end{aligned} \tag{10-58}$$

$$\boldsymbol{\Theta} = (\boldsymbol{H}_{13} + \Delta \boldsymbol{H}_{13}) + [(\boldsymbol{X} + \Delta \boldsymbol{X})^{\mathrm{T}}(\boldsymbol{X} + \Delta \boldsymbol{X})]^{-1/2}(\boldsymbol{X} + \Delta \boldsymbol{X})^{\mathrm{T}}\boldsymbol{H}_4^{\mathrm{T}} \tag{10-59}$$

$$\frac{\partial F(\boldsymbol{X})}{\partial \boldsymbol{X}} \approx 2\boldsymbol{\Theta}\boldsymbol{\mu} = 2\boldsymbol{\Theta}(\boldsymbol{G}_Y\boldsymbol{G}_Y^{\mathrm{T}})^{-1}\boldsymbol{\beta} = 0 \tag{10-60}$$

式中，$\boldsymbol{H}_{13}$、$\boldsymbol{H}_4$为矩阵$\boldsymbol{H}_{13}^{\mathrm{m}}$、$\boldsymbol{H}_4^{\mathrm{m}}$的真实值；$\Delta \boldsymbol{H}_{13}$、$\Delta \boldsymbol{H}_4$为其误差。又由于

$$\Delta \boldsymbol{H}_{13} = 0, \quad \Delta \boldsymbol{H}_4 = \boldsymbol{G}_Y\boldsymbol{\varepsilon} \tag{10-61}$$

忽略式(10-60)中二阶及以上误差项，得

$$\boldsymbol{\Psi}^{\mathrm{T}}(\boldsymbol{G}_Y\boldsymbol{G}_Y^{\mathrm{T}})^{-1}(\boldsymbol{\Psi}^{\mathrm{T}}\Delta \boldsymbol{X} + \boldsymbol{G}_Y\boldsymbol{\varepsilon}) = 0 \tag{10-62}$$

式中，$\boldsymbol{\Psi} = \boldsymbol{H}_{13} + \boldsymbol{H}_4\boldsymbol{X}^{\mathrm{T}}\Delta \boldsymbol{X}(\boldsymbol{X}^{\mathrm{T}}\boldsymbol{X})^{-1/2}$。由式(10-62)可得

$$\Delta \boldsymbol{X} = -[\boldsymbol{\Psi}^{\mathrm{T}}(\boldsymbol{G}_Y\boldsymbol{G}_Y^{\mathrm{T}})^{-1}\boldsymbol{\Psi}]^{-1}\boldsymbol{\Psi}^{\mathrm{T}}(\boldsymbol{G}_Y\boldsymbol{G}_Y^{\mathrm{T}})^{-1}\boldsymbol{G}_Y\boldsymbol{\varepsilon} \tag{10-63}$$

将$\Delta \boldsymbol{X}$乘以其转置并求期望，可得算法的误差协方差矩阵为

$$\begin{aligned}&E[\Delta \boldsymbol{X}\Delta \boldsymbol{X}^{\mathrm{T}}] \\ &= [\boldsymbol{\Psi}^{\mathrm{T}}(\boldsymbol{G}_Y\boldsymbol{G}_Y^{\mathrm{T}})^{-1}\boldsymbol{\Psi}]^{-1}\boldsymbol{\Psi}^{\mathrm{T}}(\boldsymbol{G}_Y\boldsymbol{G}_Y^{\mathrm{T}})^{-1}\boldsymbol{G}_Y E[\boldsymbol{\varepsilon}\boldsymbol{\varepsilon}^{\mathrm{T}}]\boldsymbol{G}_Y^{\mathrm{T}}(\boldsymbol{G}_Y\boldsymbol{G}_Y^{\mathrm{T}})^{-1}\boldsymbol{\Psi}[\boldsymbol{\Psi}^{\mathrm{T}}(\boldsymbol{G}_Y\boldsymbol{G}_Y^{\mathrm{T}})^{-1}\boldsymbol{\Psi}]^{-1} \\ &= [\boldsymbol{\Psi}^{\mathrm{T}}(\boldsymbol{G}_Y\boldsymbol{G}_Y^{\mathrm{T}})^{-1}\boldsymbol{\Psi}]^{-1}\end{aligned} \tag{10-64}$$

3. 仿真实验

通过仿真实验评估算法的估计性能，并分析影响算法估计性能的因素。仿真场景设计如下：场景中有 1 个固定目标和 8 个待选外辐射源，其位置如表 10-4 所示，时差测量误差设置为 1～1000ns。

表 10-4 TDOA 定位中外辐射源位置

外辐射源	1	2	3	4	5	6	7	8
x 坐标/m	20000	−20000	−20000	20000	50000	0	−50000	0
y 坐标/m	20000	20000	−20000	−20000	0	50000	0	−50000
z 坐标/m	100	200	300	400	500	600	700	800

算法的定位误差为 5000 次蒙特卡罗仿真的均方根误差，其定义如下：

$$\mathrm{RMSE}(\boldsymbol{X})=\sqrt{\frac{1}{5000}\sum_{n=1}^{5000}\left\|\hat{\boldsymbol{X}}^{(n)}-\boldsymbol{X}\right\|^2} \tag{10-65}$$

式中，$\hat{\boldsymbol{X}}^{(n)}$ 为向量 $\boldsymbol{X}$ 在第 n 次蒙特卡罗仿真中的估计值。

1) 不同测量误差条件下算法的实际定位误差

为了评估基于 CTLS 的单站外辐射源 TDOA 定位算法的估计性能，在不同时差测量误差下，利用算法进行仿真定位，统计算法估计的均方根误差，并将其与 CRLB 对比。定位系统的几何分布如图 10-8 所示。外辐射源选取表 10-4 中的第 1～4 个。目标位置设置为近场和远场两种情况，近场目标设置在 4 个外辐射源所围成的区域内，位置(单位：m，下同)为 $[1000 \quad 1000 \quad 1000]^{\mathrm{T}}$。远场目标设置在远离 4 个外辐射源所围成的区域外，位置为 $[100000 \quad 100000 \quad 10000]^{\mathrm{T}}$。定位结果如图 10-9 所示。

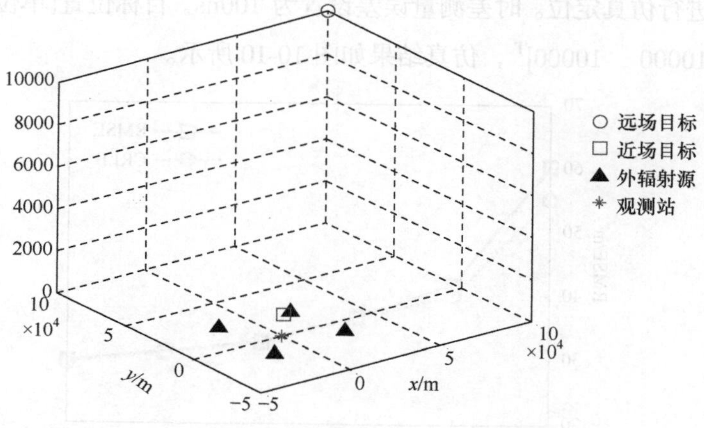

图 10-8 TDOA 定位系统几何分布图

图 10-9(a)给出了不同时差测量误差条件下基于 CTLS 的单站外辐射源 TDOA 定位算法对近场目标定位的均方根误差。从图中可以看出，在时差测量误差为 1～1000ns 范围内，算法的均方根误差始终逼近 CRLB。

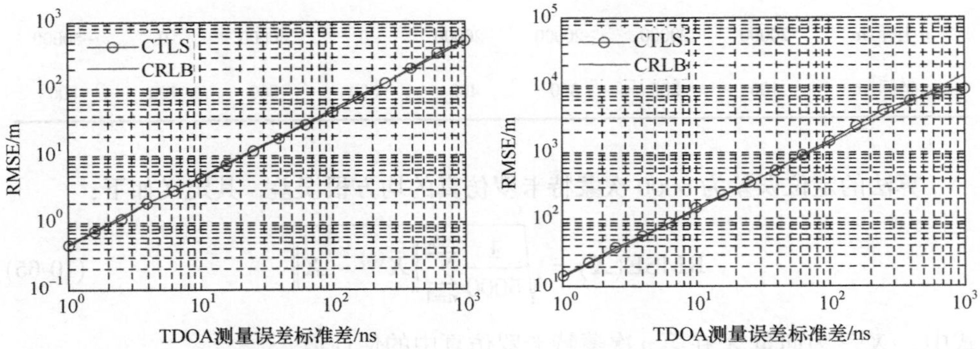

(a) 近场目标　　(b) 远场目标

图 10-9　TDOA 定位算法对远场目标的定位误差

图 10-9(b)给出了不同时差测量误差条件下算法对远场目标定位的均方根误差。可以看出，对于远场目标，TDOA 定位算法同样表现出了较高的定位精度。但较为异常的是，在时差测量误差大于 400ns 时，算法的定位误差低于 CRLB。原因可能是在时差测量误差较大时，算法的结果是有偏的，而对于有偏估计，其误差可以低于 CRLB。此时，定位误差达数十千米，已无实际意义。

2) 外辐射源数量对定位精度的影响

为分析外辐射源数量对 TDOA 定位误差的影响，利用表 10-4 中不同数量的外辐射源进行仿真定位。时差测量误差设置为 100ns。目标位置(单位：m)设置为 $[10000 \quad 10000 \quad 10000]^{\mathrm{T}}$，仿真结果如图 10-10 所示。

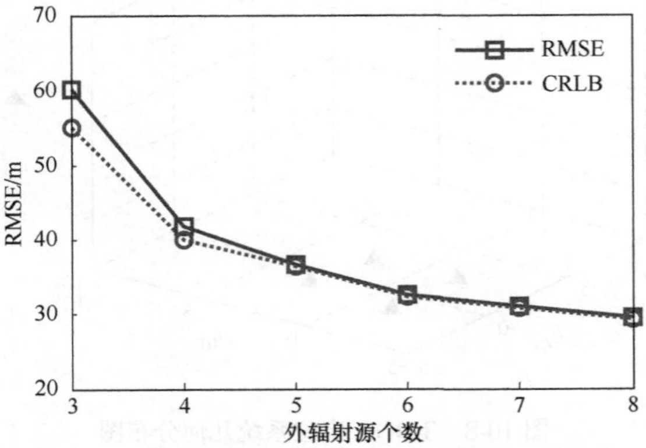

图 10-10　外辐射源数量对 TDOA 定位误差的影响

图 10-10 给出了不同辐射源数量对应的定位误差。从图中可以看出，利用时差对目标定位至少需要 3 个外辐射源。随着外辐射源数量的增加，目标位置估计的误差越来越小，且逼近 CRLB。

3) GDOP 图分析

GDOP 是衡量系统定位性能的重要指标，其定义为

$$\mathrm{GDOP}=\sqrt{\sigma_x^2+\sigma_y^2+\sigma_z^2} \tag{10-66}$$

式中，σ_x^2、σ_y^2、σ_z^2 分别为目标位置估计在 x、y、z 方向上的误差方差。根据式(10-64)中估计误差 $\Delta\boldsymbol{X}$ 的协方差矩阵，有

$$\boldsymbol{P}_X=E(\Delta\boldsymbol{X}\Delta\boldsymbol{X}^{\mathrm{T}})=\left[\boldsymbol{\Psi}^{\mathrm{T}}(\boldsymbol{G}_Y\boldsymbol{G}_Y^{\mathrm{T}})^{-1}\boldsymbol{\Psi}\right]^{-1} \tag{10-67}$$

$\boldsymbol{P}_X$ 主对角线上的三个元素分别对应 σ_x^2、σ_y^2、σ_z^2。此时，系统的 GDOP 为

$$\mathrm{GDOP}(\boldsymbol{X})=\sqrt{\mathrm{tr}(\boldsymbol{P}_X)} \tag{10-68}$$

为分析目标位置对系统估计精度的影响，需要绘制不同目标位置上的 GDOP 等高线图。然而，目标位置有三个坐标变量，而 GDOP 等高线图是二维的，为此，这里分别展示目标高度为 1000m 和 10000m 时系统的 GDOP 等高线图。时差测量误差设置为 100ns。仿真结果如图 10-11 所示，图中黑色三角形为外辐射源所在位置。

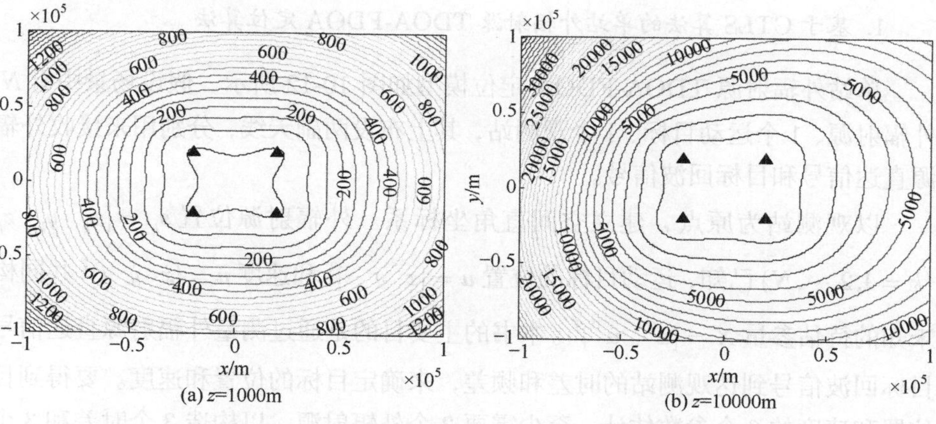

图 10-11　TDOA 定位系统的 GDOP 图(σ_τ=100ns)

图 10-11(a)和图 10-11(b)分别描述了目标高度 z 为 1000m 和 10000m 的 GDOP 图。对比图 10-11(a)和图 10-11(b)可以看出，当 x、y 坐标相同时，目标高度越高，

定位误差越小。当目标高度较低时，目标位置和外辐射源位置对定位精度的影响较为显著。当目标位于外辐射源和观测站所在的中央区域上方时，定位精度最高，随着目标远离该中心区域，定位误差增大，且在观测站和外辐射源连线方向，定位误差增加相对较快。总体上，当目标位于外辐射源和观测站所在的中央区域上方且高度较高时，定位精度最高。

10.3.4 联合时差和频差的单站外辐射源目标定位算法

当目标静止时，TDOA 定位算法可以较好地获取目标的位置信息。然而，对于运动目标，仅获取目标的位置信息是不够的，还应获取目标的速度信息。基于外辐射源的单站无源定位系统中，当目标运动时，目标回波信号中将同时含有时差和频差信息，如果能够联合 FDOA 观测信息，那么理论上不仅可以通过更加丰富的观测信息提高目标位置估计，而且由于 FDOA 信息和目标速度密切相关，联合 TDOA 和 FDOA 定位还可以得到运动目标的速度信息。

在多站无源定位系统中，联合 TDOA 和 FDOA 定位同时利用目标辐射源的信号到达不同观测站的时差和频差信息来构建方程并确定目标位置，是多站无源定位系统中处理运动目标定位问题的有效方法，目前已经拓展出了多种定位算法，主要包括 Taylor 迭代算法、两步加权最小二乘算法、约束加权最小二乘算法、CTLS 算法等，其中 CTLS 算法被认为是处理多站 TDOA-FDOA 定位问题的有效算法，具有较高的定位精度。

1. 基于 CTLS 算法的单站外辐射源 TDOA-FDOA 定位算法

单站外辐射源 TDOA-FDOA 定位模型如图 10-12 所示，假设场景中有 N 个外辐射源、1 个运动目标、1 个观测站，其上布设两副天线，分别用来接收外辐射源直达信号和目标回波信号。

以观测站为原点，建立空间直角坐标系。外辐射源位置 $\boldsymbol{s}_k=[x_k\ \ y_k\ \ z_k]^{\mathrm{T}}$ $(k=1,2,\cdots,N)$ 已知，运动目标的位置 $\boldsymbol{u}=[x\ \ y\ \ z]^{\mathrm{T}}$ 和速度 $\dot{\boldsymbol{u}}=[\dot{x}\ \ \dot{y}\ \ \dot{z}]^{\mathrm{T}}$ 共同构成未知的待估参量 $\boldsymbol{X}=[\boldsymbol{u}^{\mathrm{T}}\ \ \dot{\boldsymbol{u}}^{\mathrm{T}}]^{\mathrm{T}}$。本书的主要目的是通过测量外辐射源直达信号和目标回波信号到达观测站的时差和频差，来确定目标的位置和速度。要得到目标位置和速度的 6 个参数估计，至少需要 3 个外辐射源，以构造 3 个时差和 3 个频差的观测方程。

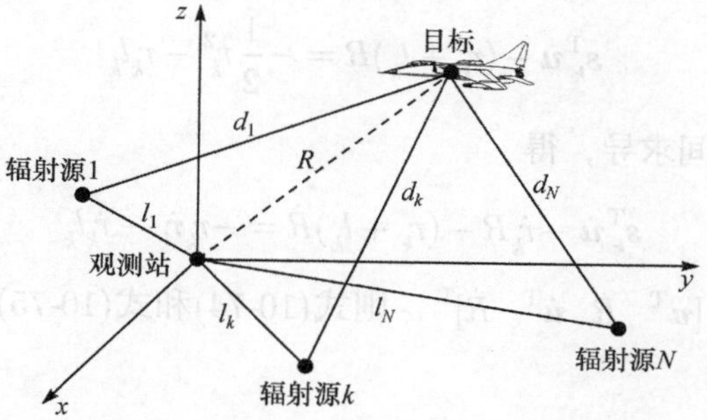

图 10-12　单站外辐射源 TDOA-FDOA 定位模型

根据外辐射源、目标和观测站的几何关系，目标到观测站的距离 $R=\|\boldsymbol{u}\|_2$，外辐射源 k 到观测站的距离 $l_k=\|\boldsymbol{s}_k\|_2$，目标到外辐射源 k 的距离 $d_k=\|\boldsymbol{u}-\boldsymbol{s}_k\|_2$，其中 $\|\cdot\|_2$ 表示 2-范数。假设信号传播速度为 c，则来自外辐射源 k 的直达信号与相应的目标回波信号到达观测站的时差为

$$\tau_k=\frac{r_k}{c}=\frac{1}{c}(R+d_k-l_k) \tag{10-69}$$

式中，$r_k=R+d_k-l_k$ 为来自外辐射源 k 的直达信号与目标回波信号之间路径差。

利用 TDOA 信息只能得到目标位置估计，无法得到速度估计。结合 FDOA 信息，可同时得到目标速度估计值。FDOA 信息与目标位置和速度之间的关系为

$$f_k=\frac{f_{ck}}{c}\dot{r}_k=\frac{f_{ck}}{c}(\dot{R}+\dot{d}_k) \tag{10-70}$$

式中，f_{ck} 为外辐射源 k 的频率；$\dot{r}_k=\dot{R}+\dot{d}_k$ 为来自外辐射源 k 的直达信号与目标回波信号之间路径差变化率；$\dot{R}$ 和 $\dot{d}_k$ 分别表示 R 和 d_k 关于时间的导数：

$$\dot{R}=\frac{\boldsymbol{u}^{\mathrm{T}}\dot{\boldsymbol{u}}}{R} \tag{10-71}$$

$$\dot{d}_k=\frac{(\boldsymbol{u}-\boldsymbol{s}_k)^{\mathrm{T}}\dot{\boldsymbol{u}}}{d_k} \tag{10-72}$$

式(10-69)中 TDOA 方程和式(10-70)中 FDOA 方程均是非线性的。为了将其线性化处理，首先将时差方程式(10-69)写为

$$r_k-R+l_k=d_k \tag{10-73}$$

然后将式(10-73)两边平方并移项，整理得

$$\boldsymbol{s}_k^{\mathrm{T}}\boldsymbol{u}-(r_k+l_k)R=-\frac{1}{2}r_k^2-r_kl_k \tag{10-74}$$

将式(10-74)关于时间求导，得

$$\boldsymbol{s}_k^{\mathrm{T}}\dot{\boldsymbol{u}}-\dot{r}_kR-(r_k+l_k)\dot{R}=-r_k\dot{r}_k-\dot{r}_kl_k \tag{10-75}$$

定义向量$\boldsymbol{Y}=[\boldsymbol{u}^{\mathrm{T}} \quad R \quad \dot{\boldsymbol{u}}^{\mathrm{T}} \quad \dot{R}]^{\mathrm{T}}$，则式(10-74)和式(10-75)可以表示成如下线性形式：

$$\boldsymbol{HY}=\boldsymbol{b} \tag{10-76}$$

式中

$$\boldsymbol{H}=\begin{bmatrix} \boldsymbol{s}_1^{\mathrm{T}} & -(r_1+l_1) & \boldsymbol{0}^{\mathrm{T}} & 0 \\ \vdots & \vdots & \vdots & \vdots \\ \boldsymbol{s}_N^{\mathrm{T}} & -(r_N+l_N) & \boldsymbol{0}^{\mathrm{T}} & 0 \\ \boldsymbol{0}^{\mathrm{T}} & -\dot{r}_1 & \boldsymbol{s}_1^{\mathrm{T}} & -(r_1+l_1) \\ \vdots & \vdots & \vdots & \vdots \\ \boldsymbol{0}^{\mathrm{T}} & -\dot{r}_N & \boldsymbol{s}_N^{\mathrm{T}} & -(r_N+l_N) \end{bmatrix} \tag{10-77}$$

$$\boldsymbol{b}=\begin{bmatrix} -\frac{1}{2}r_1^2-r_1l_1 \\ \vdots \\ -\frac{1}{2}r_N^2-r_Nl_N \\ -r_1\dot{r}_1-\dot{r}_1l_1 \\ \vdots \\ -r_N\dot{r}_N-\dot{r}_Nl_N \end{bmatrix} \tag{10-78}$$

不考虑时差和频差观测噪声对系数矩阵$\boldsymbol{H}$的影响，式(10-76)的最小二乘解为

$$\hat{\boldsymbol{Y}}_{\mathrm{LS}}=(\boldsymbol{H}^{\mathrm{T}}\boldsymbol{H})^{-1}\boldsymbol{H}^{\mathrm{T}}\boldsymbol{b} \tag{10-79}$$

由于最小二乘估计仅考虑了测量误差对向量$\boldsymbol{b}$的影响，而忽略了测量误差对矩阵$\boldsymbol{H}$的影响，其得到的解并不准确。设观测向量的真实值$\boldsymbol{\alpha}=[r_1 \quad r_2 \quad \cdots \quad r_N \quad \dot{r}_1 \quad \cdots \quad \dot{r}_N]^{\mathrm{T}}$，其对应测量值$\boldsymbol{\alpha}^{\mathrm{m}}=[r_1^{\mathrm{m}} \quad \cdots \quad r_N^{\mathrm{m}} \quad \dot{r}_1^{\mathrm{m}} \quad \cdots \quad \dot{r}_N^{\mathrm{m}}]^{\mathrm{T}}$，对应的测量误差$\boldsymbol{n}=[n_{r1} \quad \cdots \quad n_{rN} \quad \dot{n}_{r1} \quad \cdots \quad \dot{n}_{rN}]^{\mathrm{T}}$，则有

$$\boldsymbol{H}(\boldsymbol{\alpha}^{\mathrm{m}}-\boldsymbol{n})\boldsymbol{Y}=\boldsymbol{b}(\boldsymbol{\alpha}^{\mathrm{m}}-\boldsymbol{n}) \tag{10-80}$$

将$\boldsymbol{H}(\boldsymbol{\alpha}^{\mathrm{m}}-\boldsymbol{n})$和$\boldsymbol{b}(\boldsymbol{\alpha}^{\mathrm{m}}-\boldsymbol{n})$在$\boldsymbol{\alpha}^{\mathrm{m}}$处进行泰勒级数展开，并忽略二阶及以上误

差项，得

$$\boldsymbol{H}=\boldsymbol{H}^{\mathrm{m}}-\Delta\boldsymbol{H},\quad \boldsymbol{b}=\boldsymbol{b}^{\mathrm{m}}-\Delta\boldsymbol{b} \tag{10-81}$$

则式(10-80)可以表示为

$$(\boldsymbol{H}^{\mathrm{m}}-\Delta\boldsymbol{H})\boldsymbol{Y}=\boldsymbol{b}^{\mathrm{m}}-\Delta\boldsymbol{b} \tag{10-82}$$

$$\Delta\boldsymbol{H}=[\boldsymbol{F}_1\boldsymbol{n}\ \ \boldsymbol{F}_2\boldsymbol{n}\ \ \ldots\ \ \boldsymbol{F}_8\boldsymbol{n}],\quad \Delta\boldsymbol{b}=\boldsymbol{F}_9\boldsymbol{n} \tag{10-83}$$

式中，$\boldsymbol{F}_i(i=1,2,\cdots,9)$ 的计算公式为

$$\begin{cases}\boldsymbol{F}_i(j,k)=\dfrac{\partial \boldsymbol{H}_{ji}}{\partial \boldsymbol{\alpha}_k}, & i=1,2,\cdots,8;\ \ j,k=1,2,\cdots,2N\\[2ex] \boldsymbol{F}_9(j,k)=\dfrac{\partial \boldsymbol{b}_j}{\partial \boldsymbol{\alpha}_k}, & j,k=1,2,\cdots,2N\end{cases} \tag{10-84}$$

按照式(10-84)，计算得 $\boldsymbol{F}_i(i=1,2,\cdots,9)$ 为

$$\boldsymbol{F}_1=\boldsymbol{F}_2=\boldsymbol{F}_3=\boldsymbol{F}_5=\boldsymbol{F}_6=\boldsymbol{F}_7=\boldsymbol{O}_{2N\times 2N}$$

$$\boldsymbol{F}_4=\begin{bmatrix}-\boldsymbol{I}_{N\times N} & \boldsymbol{O}_{N\times N}\\ \boldsymbol{O}_{N\times N} & \boldsymbol{I}_{N\times N}\end{bmatrix},\quad \boldsymbol{F}_8=\begin{bmatrix}\boldsymbol{O}_{N\times N} & \boldsymbol{O}_{N\times N}\\ -\boldsymbol{I}_{N\times N} & \boldsymbol{O}_{N\times N}\end{bmatrix},\quad \boldsymbol{F}_9=\begin{bmatrix}\boldsymbol{\Sigma} & \boldsymbol{O}_{N\times N}\\ \dot{\boldsymbol{\Sigma}} & \boldsymbol{\Sigma}\end{bmatrix}$$

$$\boldsymbol{\Sigma}=\mathrm{diag}\left\{-(r_1+l_1),-(r_2+l_2),\cdots,-(r_N+l_N)\right\},\ \dot{\boldsymbol{\Sigma}}=\mathrm{diag}\left\{-\dot{r}_1,-\dot{r}_2,\cdots,-\dot{r}_N\right\}$$

若 $\boldsymbol{n}$ 中各项误差具有相关性或具有不同的方差，则需对其进行白化处理。令 $\boldsymbol{Q}=E[\boldsymbol{n}\boldsymbol{n}^{\mathrm{T}}]$，对 $\boldsymbol{Q}$ 做 Cholesky 分解 $\boldsymbol{Q}=\boldsymbol{P}_n\boldsymbol{P}_n^{\mathrm{T}}$，得到白化的噪声向量 $\varepsilon=\boldsymbol{P}_n^{-1}\boldsymbol{n}$，则有 $\boldsymbol{F}_i\boldsymbol{n}=\boldsymbol{F}_i\boldsymbol{P}_n\boldsymbol{\varepsilon}=\boldsymbol{G}_i\boldsymbol{\varepsilon}$，其中 $\boldsymbol{G}_i=\boldsymbol{F}_i\boldsymbol{P}_n$。

将式(10-82)移项整理，得

$$\boldsymbol{H}^{\mathrm{m}}\boldsymbol{Y}-\boldsymbol{b}^{\mathrm{m}}=\Delta\boldsymbol{H}\boldsymbol{Y}-\Delta\boldsymbol{b}=\boldsymbol{G}_Y\boldsymbol{\varepsilon} \tag{10-85}$$

式中，$\boldsymbol{G}_Y=\sum_{i=1}^{8}\boldsymbol{G}_i\boldsymbol{Y}_i-\boldsymbol{G}_9$。

求解目标位置的 CTLS 解，即在满足约束条件(10-85)下，寻找一个合适的 $\boldsymbol{Y}$，使误差项 $\boldsymbol{\varepsilon}$ 的范数平方最小。其数学表示如下：

$$\begin{cases}\min\limits_{\boldsymbol{\varepsilon},\boldsymbol{Y}}\|\boldsymbol{\varepsilon}\|^2\\ \text{s.t. } \boldsymbol{H}^{\mathrm{m}}\boldsymbol{Y}-\boldsymbol{b}^{\mathrm{m}}=\boldsymbol{G}_Y\boldsymbol{\varepsilon}\end{cases} \tag{10-86}$$

由式(10-86)中的约束条件可得

$$\boldsymbol{u} = \boldsymbol{G}_Y^{+}(\boldsymbol{H}^{\mathrm{m}}\boldsymbol{Y} - \boldsymbol{b}^{\mathrm{m}}) \tag{10-87}$$

式中，$\boldsymbol{G}_Y^{+} = (\boldsymbol{G}_Y\boldsymbol{G}_Y^{\mathrm{T}})^{-1}\boldsymbol{G}_Y^{\mathrm{T}}$ 为矩阵 $\boldsymbol{G}_Y$ 的 Moore-Penrose 逆。

将式(10-87)代入式(10-86)中的带约束优化模型中，可将式(10-86)转化为满足下列目标函数极小化的无约束优化问题：

$$\boldsymbol{F}(\boldsymbol{Y}) = (\boldsymbol{H}^{\mathrm{m}}\boldsymbol{Y} - \boldsymbol{b}^{\mathrm{m}})^{\mathrm{T}}\boldsymbol{W}_Y(\boldsymbol{H}^{\mathrm{m}}\boldsymbol{Y} - \boldsymbol{b}^{\mathrm{m}}) \tag{10-88}$$

式中，$\boldsymbol{W}_Y = (\boldsymbol{G}_Y\boldsymbol{G}_Y^{\mathrm{T}})^{-1}$，是一个可逆的对称矩阵。

考虑到冗余变量 R、$\dot{R}$ 和待估参量 $\boldsymbol{u}$、$\dot{\boldsymbol{u}}$ 之间存在函数关系：

$$R^2 = \boldsymbol{u}^{\mathrm{T}}\boldsymbol{u} \tag{10-89}$$

$$R\dot{R} = \boldsymbol{u}^{\mathrm{T}}\dot{\boldsymbol{u}} \tag{10-90}$$

式(10-89)可以写成如下矩阵形式：

$$\boldsymbol{Y}^{\mathrm{T}}\boldsymbol{\Sigma}\boldsymbol{Y} = 0 \tag{10-91}$$

式中

$$\boldsymbol{\Sigma} = \begin{bmatrix} \mathrm{diag}\{1,1,1,-1\} & \mathrm{diag}\{1,1,1,-1\} \\ \mathrm{diag}\{1,1,1,-1\} & \boldsymbol{O}_{4\times4} \end{bmatrix} \tag{10-92}$$

目标位置和速度的 CTLS 解，即满足式(10-91)约束条件下，使得式(10-88)中目标函数极小化的变量 $\boldsymbol{Y}$，其数学表示为

$$\begin{cases} \min\limits_{\boldsymbol{Y}} F(\boldsymbol{Y}) = (\boldsymbol{H}^{\mathrm{m}}\boldsymbol{Y} - \boldsymbol{b}^{\mathrm{m}})^{\mathrm{T}}\boldsymbol{W}_Y(\boldsymbol{H}^{\mathrm{m}}\boldsymbol{Y} - \boldsymbol{b}^{\mathrm{m}}) \\ \mathrm{s.t.}\ \boldsymbol{Y}^{\mathrm{T}}\boldsymbol{\Sigma}\boldsymbol{Y} = 0 \end{cases} \tag{10-93}$$

利用拉格朗日乘子法，可将式(10-93)中约束优化问题转化为无约束问题。首先，构建如下拉格朗日函数：

$$L(\boldsymbol{Y},\xi) = (\boldsymbol{H}^{\mathrm{m}}\boldsymbol{Y} - \boldsymbol{b}^{\mathrm{m}})^{\mathrm{T}}\boldsymbol{W}_Y(\boldsymbol{H}^{\mathrm{m}}\boldsymbol{Y} - \boldsymbol{b}^{\mathrm{m}}) + \xi\boldsymbol{Y}^{\mathrm{T}}\boldsymbol{\Sigma}\boldsymbol{Y} \tag{10-94}$$

式中，ξ 为拉格朗日乘子。

目标位置和速度的估计可以通过对式(10-94)中拉格朗日函数 $L(\boldsymbol{Y},\xi)$ 关于 $\boldsymbol{Y}$ 求偏导并令偏导数为零得到：

$$\frac{\partial L(\boldsymbol{Y},\xi)}{\partial \boldsymbol{Y}} = 2(\boldsymbol{H}^{\mathrm{m}})^{\mathrm{T}}\boldsymbol{W}_Y(\boldsymbol{H}^{\mathrm{m}}\boldsymbol{Y} - \boldsymbol{b}^{\mathrm{m}}) + 2\xi\boldsymbol{\Sigma}\boldsymbol{Y} = 0 \tag{10-95}$$

对式(10-95)求解，得

$$\hat{\boldsymbol{Y}} = [(\boldsymbol{H}^{\mathrm{m}})^{\mathrm{T}}\boldsymbol{W}_Y\boldsymbol{H}^{\mathrm{m}} + \xi\boldsymbol{\Sigma}]^{-1}(\boldsymbol{H}^{\mathrm{m}})^{\mathrm{T}}\boldsymbol{W}_Y\boldsymbol{b}^{\mathrm{m}} \tag{10-96}$$

式中，ξ 是未知的。为了求解 ξ，将式(10-96)中 $\boldsymbol{Y}$ 的解代入式(10-93)的约束条件

$\boldsymbol{Y}^{\mathrm{T}}\boldsymbol{\Sigma}\boldsymbol{Y}=0$ 中，构造一个关于 ξ 的方程：

$$(\boldsymbol{b}^{\mathrm{m}})^{\mathrm{T}}\boldsymbol{W}_Y\boldsymbol{H}^{\mathrm{m}}\boldsymbol{\Sigma}^{-1}[(\boldsymbol{H}^{\mathrm{m}})^{\mathrm{T}}\boldsymbol{W}_Y\boldsymbol{H}^{\mathrm{m}}\boldsymbol{\Sigma}^{-1}+\xi\boldsymbol{I}_{8\times 8}]^{-2}(\boldsymbol{H}^{\mathrm{m}})^{\mathrm{T}}\boldsymbol{W}_Y\boldsymbol{b}^{\mathrm{m}}=0 \quad (10\text{-}97)$$

利用特征值分解，可将式(10-97)中 $(\boldsymbol{H}^{\mathrm{m}})^{\mathrm{T}}\boldsymbol{W}_Y\boldsymbol{H}^{\mathrm{m}}\boldsymbol{\Sigma}^{-1}$ 对角化为

$$(\boldsymbol{H}^{\mathrm{m}})^{\mathrm{T}}\boldsymbol{W}_Y\boldsymbol{H}^{\mathrm{m}}\boldsymbol{\Sigma}^{-1}=\boldsymbol{U}\boldsymbol{\Lambda}\boldsymbol{U}^{\mathrm{T}} \quad (10\text{-}98)$$

式中，$\boldsymbol{\Lambda}=\mathrm{diag}\{\eta_1,\eta_2,\cdots,\eta_8\}$。将式(10-98)代入式(10-97)，可将 ξ 的方程进一步转化为

$$\boldsymbol{p}^{\mathrm{T}}(\boldsymbol{\Lambda}+\xi\boldsymbol{I})^{-2}\boldsymbol{q}=\sum_{i=1}^{8}\frac{p_iq_i}{(\xi+\eta_i)^2}=\sum_{i=1}^{8}\frac{p_iq_i}{(\xi+\eta_i)^2}\prod_{i=1}^{8}(\xi+\eta_i)^2=0 \quad (10\text{-}99)$$

式中，$\boldsymbol{p}=[p_1\ \ p_2\ \ \cdots\ \ p_8]^{\mathrm{T}}=\boldsymbol{U}^{\mathrm{T}}\boldsymbol{\Sigma}^{-\mathrm{T}}(\boldsymbol{H}^{\mathrm{m}})^{\mathrm{T}}\boldsymbol{W}_Y\boldsymbol{b}^{\mathrm{m}}$，$\boldsymbol{q}=[q_1\ \ q_2\ \ \cdots\ \ q_8]^{\mathrm{T}}=\boldsymbol{U}^{-1}(\boldsymbol{H}^{\mathrm{m}})^{\mathrm{T}}\boldsymbol{W}_Y\boldsymbol{b}^{\mathrm{m}}$。式(10-99)是一个关于 ξ 的 14 次多项式，最多有 14 个根。通过计算伴随矩阵的特征值，可以快速地给出这类多项式的根。

由于式(10-98)中矩阵 $\boldsymbol{W}_Y$ 是关于 $\boldsymbol{Y}$ 的函数，需对算法进行一定次数的迭代，以得到较为准确的 $\boldsymbol{W}_Y$ 估计，从而提高定位精度。算法的具体步骤总结如下：

(1) 初始化 $\boldsymbol{W}_Y$。

(2) 求解方程(10-99)，得到 ξ 的根。保留其中的实数根 $\xi^{(l)}(l=1,2,\cdots,L)$，其中 $L\leqslant 14$。

(3) 将 $\xi^{(l)}$ 代入式(10-96)，得到 $\boldsymbol{Y}$ 的估计，记为 $\hat{\boldsymbol{Y}}^{(l)}$。

(4) 将 $\hat{\boldsymbol{Y}}^{(l)}(l=1,2,\cdots,L)$ 代入式(10-93)中的目标函数，选择其中使式(10-93)中目标函数最小的予以保留，记为 $\hat{\boldsymbol{Y}}$。

(5) 将得到的 $\hat{\boldsymbol{Y}}$ 代入 $\boldsymbol{W}_Y=(\boldsymbol{G}_Y\boldsymbol{G}_Y^{\mathrm{T}})^{-1}$，更新矩阵 $\boldsymbol{W}_Y$，返回步骤(2)。

以上步骤迭代 1～2 次即可收敛，再增加迭代次数不会显著提高定位精度，也不会导致定位精度降低。

2. 定位精度分析

1) CRLB 分析

假设观测向量 $\boldsymbol{\alpha}=[r_1\ \ \cdots\ \ r_N\ \ \dot{r}_1\ \ \cdots\ \ \dot{r}_N]^{\mathrm{T}}$ 的观测误差 $\boldsymbol{n}=[n_{r1}\ \ \cdots\ \ n_{rN}\ \ \dot{n}_{r1}\ \ \cdots\ \ \dot{n}_{rN}]^{\mathrm{T}}$ 服从零均值的高斯分布，其协方差矩阵为 $\boldsymbol{Q}$，则在给定目标位置和速度参数 $\boldsymbol{X}=[\boldsymbol{u}^{\mathrm{T}}\ \ \dot{\boldsymbol{u}}]^{\mathrm{T}}$ 的条件下，观测向量 $\boldsymbol{\alpha}$ 的概率密度函数为

$$p(\boldsymbol{\alpha},\boldsymbol{X})=\frac{1}{(2\pi)^N\left|\boldsymbol{Q}\right|^{1/2}}\exp\left(-\frac{1}{2}\left[\boldsymbol{\alpha}-\boldsymbol{h}(\boldsymbol{X})\right]^{\mathrm{T}}\boldsymbol{Q}^{-1}\left[\boldsymbol{\alpha}-\boldsymbol{h}(\boldsymbol{X})\right]\right) \tag{10-100}$$

式中

$$\boldsymbol{h}(\boldsymbol{X})=\begin{bmatrix} R+d_1-l_1 \\ \vdots \\ R+d_N-l_N \\ \dot{R}+\dot{d}_1 \\ \vdots \\ \dot{R}+\dot{d}_N \end{bmatrix} \tag{10-101}$$

CRLB 等于 Fisher 信息矩阵的逆。根据 Fisher 信息矩阵的定义，对式(10-100)中的概率密度函数取对数，并关于 $\boldsymbol{X}$ 求偏导，得

$$\frac{\partial \ln p(\boldsymbol{\alpha},\boldsymbol{X})}{\partial \boldsymbol{X}}=\left(\frac{\partial \boldsymbol{h}(\boldsymbol{X})}{\partial \boldsymbol{X}}\right)^{\mathrm{T}}\boldsymbol{Q}^{-1}\left(\boldsymbol{\alpha}-\boldsymbol{h}(\boldsymbol{X})\right) \tag{10-102}$$

进而得到 Fisher 信息矩阵为

$$\begin{aligned}\boldsymbol{J}(\boldsymbol{X})&=E\left[\frac{\partial \ln p(\boldsymbol{\alpha},\boldsymbol{X})}{\partial \boldsymbol{X}}\left(\frac{\partial \ln p(\boldsymbol{\alpha},\boldsymbol{X})}{\partial \boldsymbol{X}}\right)^{\mathrm{T}}\right]\\&=\left(\frac{\partial \boldsymbol{h}(\boldsymbol{X})}{\partial \boldsymbol{X}}\right)^{\mathrm{T}}(\boldsymbol{Q}^{-1})^{\mathrm{T}}\left(\frac{\partial \boldsymbol{h}(\boldsymbol{X})}{\partial \boldsymbol{X}}\right)\end{aligned} \tag{10-103}$$

根据式(10-101)中 $\boldsymbol{h}(\boldsymbol{X})$ 的表达式，得到 $\boldsymbol{h}(\boldsymbol{X})$ 的一阶偏导矩阵为

$$\frac{\partial \boldsymbol{h}(\boldsymbol{X})}{\partial \boldsymbol{X}}=\begin{bmatrix} \left(\dfrac{\boldsymbol{u}}{R}+\dfrac{\boldsymbol{u}-\boldsymbol{s}_1}{d_1}\right)^{\mathrm{T}} & \boldsymbol{0}^{\mathrm{T}} \\ \vdots & \vdots \\ \left(\dfrac{\boldsymbol{u}}{R}+\dfrac{\boldsymbol{u}-\boldsymbol{s}_N}{d_N}\right)^{\mathrm{T}} & \boldsymbol{0}^{\mathrm{T}} \\ \dfrac{\dot{\boldsymbol{u}}^{\mathrm{T}}R^2-\boldsymbol{u}^{\mathrm{T}}\dot{\boldsymbol{u}}\boldsymbol{u}^{\mathrm{T}}}{R^3}+\dfrac{\dot{\boldsymbol{u}}^{\mathrm{T}}d_1^2-(\boldsymbol{u}-\boldsymbol{s}_1)^{\mathrm{T}}\dot{\boldsymbol{u}}(\boldsymbol{u}-\boldsymbol{s}_1)^{\mathrm{T}}}{d_1^3} & \left(\dfrac{\boldsymbol{u}}{R}+\dfrac{\boldsymbol{u}-\boldsymbol{s}_1}{d_1}\right)^{\mathrm{T}} \\ \vdots & \vdots \\ \dfrac{\dot{\boldsymbol{u}}^{\mathrm{T}}R^2-\boldsymbol{u}^{\mathrm{T}}\dot{\boldsymbol{u}}\boldsymbol{u}^{\mathrm{T}}}{R^3}+\dfrac{\dot{\boldsymbol{u}}^{\mathrm{T}}d_N^2-(\boldsymbol{u}-\boldsymbol{s}_N)^{\mathrm{T}}\dot{\boldsymbol{u}}(\boldsymbol{u}-\boldsymbol{s}_N)^{\mathrm{T}}}{d_N^3} & \left(\dfrac{\boldsymbol{u}}{R}+\dfrac{\boldsymbol{u}-\boldsymbol{s}_N}{d_N}\right)^{\mathrm{T}} \end{bmatrix} \tag{10-104}$$

CRLB 是算法估计方差的下限。算法估计误差的均方误差满足下列不等式：

$$E[(\hat{\boldsymbol{X}}_i-\boldsymbol{X}_i)^2]\geqslant[\boldsymbol{J}^{-1}]_{ii} \tag{10-105}$$

式中，$\hat{\boldsymbol{X}}_i$ 表示向量 $\boldsymbol{X}$ 中的第 i 个变量的估计值；$\boldsymbol{X}_i$ 为其真实值；$[\boldsymbol{J}^{-1}]_{ii}$ 表示 Fisher 信息矩阵的逆矩阵主对角线上第 i 个元素。

2) 理论误差

通过一阶小噪声扰动来分析算法的理论误差。首先，将矩阵 $\boldsymbol{H}^{\mathrm{m}}$ 分为 $\boldsymbol{H}^{\mathrm{m}}=[\boldsymbol{H}_{13}^{\mathrm{m}}\ \ \boldsymbol{H}_{4}^{\mathrm{m}}\ \ \boldsymbol{H}_{57}^{\mathrm{m}}\ \ \boldsymbol{H}_{8}^{\mathrm{m}}]$，其中 $\boldsymbol{H}_{13}^{\mathrm{m}}$、$\boldsymbol{H}_{4}^{\mathrm{m}}$、$\boldsymbol{H}_{57}^{\mathrm{m}}$、$\boldsymbol{H}_{8}^{\mathrm{m}}$ 分别表示矩阵的第 1～3 列、4 列、5～7 列、8 列。此时，式(10-93)等价为

$$F(\boldsymbol{Y})=(\boldsymbol{\beta}^{\mathrm{m}})^{\mathrm{T}}\boldsymbol{W}_Y(\boldsymbol{\beta}^{\mathrm{m}})=F(\boldsymbol{X}) \tag{10-106}$$

式中

$$\boldsymbol{\beta}^{\mathrm{m}}=\boldsymbol{H}_{13}^{\mathrm{m}}\boldsymbol{u}+\boldsymbol{H}_{4}^{\mathrm{m}}(\boldsymbol{u}^{\mathrm{T}}\boldsymbol{u})^{1/2}+\boldsymbol{H}_{57}^{\mathrm{m}}\dot{\boldsymbol{u}}+\boldsymbol{H}_{8}^{\mathrm{m}}\frac{\boldsymbol{u}^{\mathrm{T}}\dot{\boldsymbol{u}}}{(\boldsymbol{u}^{\mathrm{T}}\boldsymbol{u})^{1/2}}-\boldsymbol{b}^{\mathrm{m}} \tag{10-107}$$

对式(10-106)关于 $\boldsymbol{X}$ 求偏导，得

$$\frac{\partial F(\boldsymbol{X})}{\partial \boldsymbol{X}}=\frac{\partial(\boldsymbol{\beta}^{\mathrm{m}})^{\mathrm{T}}\boldsymbol{W}_Y\boldsymbol{\beta}^{\mathrm{m}}}{\partial \boldsymbol{X}}\approx 2\frac{\partial(\boldsymbol{\beta}^{\mathrm{m}})^{\mathrm{T}}}{\partial \boldsymbol{X}}\boldsymbol{W}_Y\boldsymbol{\beta}^{\mathrm{m}} \tag{10-108}$$

$$\frac{\partial(\boldsymbol{\beta}^{\mathrm{m}})^{\mathrm{T}}}{\partial \boldsymbol{X}}=\begin{bmatrix}(\boldsymbol{H}_{13}^{\mathrm{m}})^{\mathrm{T}}+\dfrac{\boldsymbol{u}(\boldsymbol{H}_{4}^{\mathrm{m}})^{\mathrm{T}}}{(\boldsymbol{u}^{\mathrm{T}}\boldsymbol{u})^{1/2}}+\dfrac{\dot{\boldsymbol{u}}(\boldsymbol{H}_{8}^{\mathrm{m}})^{\mathrm{T}}}{(\boldsymbol{u}^{\mathrm{T}}\boldsymbol{u})^{1/2}}-\dfrac{(\boldsymbol{u}^{\mathrm{T}}\dot{\boldsymbol{u}})\boldsymbol{u}(\boldsymbol{H}_{8}^{\mathrm{m}})^{\mathrm{T}}}{(\boldsymbol{u}^{\mathrm{T}}\boldsymbol{u})^{3/2}}\\(\boldsymbol{H}_{57}^{\mathrm{m}})^{\mathrm{T}}+\dfrac{\boldsymbol{u}(\boldsymbol{H}_{8}^{\mathrm{m}})^{\mathrm{T}}}{(\boldsymbol{u}^{\mathrm{T}}\boldsymbol{u})^{1/2}}\end{bmatrix} \tag{10-109}$$

目标位置和速度的 CTLS 解 $\hat{\boldsymbol{X}}=\boldsymbol{X}+\Delta\boldsymbol{X}$ 应满足 $\partial F(\boldsymbol{X})/\partial\boldsymbol{X}=0$。设目标位置和速度的误差分别为 $\Delta\boldsymbol{u}$、$\Delta\dot{\boldsymbol{u}}$，即 $\hat{\boldsymbol{u}}=\boldsymbol{u}+\Delta\boldsymbol{u}$、$\hat{\dot{\boldsymbol{u}}}=\dot{\boldsymbol{u}}+\Delta\dot{\boldsymbol{u}}$，将其代入式(10-108)，得

$$\frac{\partial F(\boldsymbol{X})}{\partial \boldsymbol{X}}\approx 2\boldsymbol{A}^{\mathrm{m}}\boldsymbol{W}_Y\boldsymbol{\beta}^{\mathrm{m}}=\boldsymbol{0} \tag{10-110}$$

式中

$$\begin{aligned}\boldsymbol{\beta}^{\mathrm{m}}=&(\boldsymbol{H}_{13}+\Delta\boldsymbol{H}_{13})(\boldsymbol{u}+\Delta\boldsymbol{u})+(\boldsymbol{H}_{4}+\Delta\boldsymbol{H}_{4})[(\boldsymbol{u}+\Delta\boldsymbol{u})^{\mathrm{T}}(\boldsymbol{u}+\Delta\boldsymbol{u})]^{1/2}\\&+(\boldsymbol{H}_{57}+\Delta\boldsymbol{H}_{57})(\dot{\boldsymbol{u}}+\Delta\dot{\boldsymbol{u}})\\&+(\boldsymbol{H}_{8}+\Delta\boldsymbol{H}_{8})\frac{(\boldsymbol{u}+\Delta\boldsymbol{u})^{\mathrm{T}}(\dot{\boldsymbol{u}}+\Delta\dot{\boldsymbol{u}})}{[(\boldsymbol{u}+\Delta\boldsymbol{u})^{\mathrm{T}}(\boldsymbol{u}+\Delta\boldsymbol{u})]^{1/2}}-(\boldsymbol{b}+\Delta\boldsymbol{b})\end{aligned} \tag{10-111}$$

$$
\boldsymbol{A}^{\mathrm{m}}=\begin{bmatrix}
(\boldsymbol{H}_{13}+\Delta\boldsymbol{H}_{13})^{\mathrm{T}}+\dfrac{(\boldsymbol{u}+\Delta\boldsymbol{u})(\boldsymbol{H}_4+\Delta\boldsymbol{H}_4)^{\mathrm{T}}}{[(\boldsymbol{u}+\Delta\boldsymbol{u})^{\mathrm{T}}(\boldsymbol{u}+\Delta\boldsymbol{u})]^{1/2}}+\dfrac{(\dot{\boldsymbol{u}}+\Delta\dot{\boldsymbol{u}})(\boldsymbol{H}_8+\Delta\boldsymbol{H}_8)^{\mathrm{T}}}{[(\boldsymbol{u}+\Delta\boldsymbol{u})^{\mathrm{T}}(\boldsymbol{u}+\Delta\boldsymbol{u})]^{1/2}} \\
-\dfrac{(\boldsymbol{u}+\Delta\boldsymbol{u})^{\mathrm{T}}(\dot{\boldsymbol{u}}+\Delta\dot{\boldsymbol{u}})(\boldsymbol{u}+\Delta\boldsymbol{u})(\boldsymbol{H}_8+\Delta\boldsymbol{H}_8)^{\mathrm{T}}}{[(\boldsymbol{u}+\Delta\boldsymbol{u})^{\mathrm{T}}(\boldsymbol{u}+\Delta\boldsymbol{u})]^{3/2}} \\
(\boldsymbol{H}_{57}+\Delta\boldsymbol{H}_{57})^{\mathrm{T}}+\dfrac{(\boldsymbol{u}+\Delta\boldsymbol{u})(\boldsymbol{H}_8+\Delta\boldsymbol{H}_8)^{\mathrm{T}}}{[(\boldsymbol{u}+\Delta\boldsymbol{u})^{\mathrm{T}}(\boldsymbol{u}+\Delta\boldsymbol{u})]^{1/2}}
\end{bmatrix}
\tag{10-112}
$$

式中，$\boldsymbol{H}_{13}$、$\boldsymbol{H}_4$、$\boldsymbol{H}_{57}$、$\boldsymbol{H}_8$、$\boldsymbol{b}$ 分别表示矩阵 $\boldsymbol{H}_{13}^{\mathrm{m}}$、$\boldsymbol{H}_4^{\mathrm{m}}$、$\boldsymbol{H}_{57}^{\mathrm{m}}$、$\boldsymbol{H}_8^{\mathrm{m}}$、$\boldsymbol{b}^{\mathrm{m}}$ 的真实值；$\Delta\boldsymbol{H}_{13}$、$\Delta\boldsymbol{H}_4$、$\Delta\boldsymbol{H}_{57}$、$\Delta\boldsymbol{H}_8$、$\Delta\boldsymbol{b}$ 为其误差值；且有

$$
[(\boldsymbol{u}+\Delta\boldsymbol{u})^{\mathrm{T}}(\boldsymbol{u}+\Delta\boldsymbol{u})]^{1/2}\approx(\boldsymbol{u}^{\mathrm{T}}\boldsymbol{u})^{1/2}+\frac{\boldsymbol{u}^{\mathrm{T}}\Delta\boldsymbol{u}}{(\boldsymbol{u}^{\mathrm{T}}\boldsymbol{u})^{1/2}}
\tag{10-113}
$$

$$
\frac{(\boldsymbol{u}+\Delta\boldsymbol{u})^{\mathrm{T}}(\dot{\boldsymbol{u}}+\Delta\dot{\boldsymbol{u}})}{[(\boldsymbol{u}+\Delta\boldsymbol{u})^{\mathrm{T}}(\boldsymbol{u}+\Delta\boldsymbol{u})]^{1/2}}\approx\frac{\boldsymbol{u}^{\mathrm{T}}\dot{\boldsymbol{u}}}{(\boldsymbol{u}^{\mathrm{T}}\boldsymbol{u})^{1/2}}+\frac{\dot{\boldsymbol{u}}^{\mathrm{T}}\Delta\boldsymbol{u}}{(\boldsymbol{u}^{\mathrm{T}}\boldsymbol{u})^{1/2}}+\frac{\boldsymbol{u}^{\mathrm{T}}\dot{\boldsymbol{u}}\boldsymbol{u}^{\mathrm{T}}\Delta\boldsymbol{u}}{(\boldsymbol{u}^{\mathrm{T}}\boldsymbol{u})^{3/2}}+\frac{\boldsymbol{u}^{\mathrm{T}}\Delta\dot{\boldsymbol{u}}}{(\boldsymbol{u}^{\mathrm{T}}\boldsymbol{u})^{1/2}}
\tag{10-114}
$$

将式(10-113)和式(10-114)代入式(10-110)，并忽略式中的二阶及以上误差项，得

$$
\boldsymbol{A}^{\mathrm{T}}\boldsymbol{W}_Y(\boldsymbol{A}\Delta\boldsymbol{X}-\boldsymbol{G}_Y\boldsymbol{\varepsilon})=\boldsymbol{0}
\tag{10-115}
$$

式中

$$
\boldsymbol{A}=\begin{bmatrix}
\boldsymbol{H}_{13}^{\mathrm{T}}+\dfrac{\boldsymbol{H}_4\boldsymbol{u}^{\mathrm{T}}}{(\boldsymbol{u}^{\mathrm{T}}\boldsymbol{u})^{1/2}}+\dfrac{\boldsymbol{H}_8\dot{\boldsymbol{u}}^{\mathrm{T}}}{(\boldsymbol{u}^{\mathrm{T}}\boldsymbol{u})^{1/2}}-\dfrac{\boldsymbol{H}_8\dot{\boldsymbol{u}}\boldsymbol{u}\boldsymbol{u}^{\mathrm{T}}}{(\boldsymbol{u}^{\mathrm{T}}\boldsymbol{u})^{3/2}} \\
\boldsymbol{H}_{57}+\dfrac{\boldsymbol{H}_8\boldsymbol{u}^{\mathrm{T}}}{(\boldsymbol{u}^{\mathrm{T}}\boldsymbol{u})^{1/2}}
\end{bmatrix},\quad \Delta\boldsymbol{X}=\begin{bmatrix}\Delta\boldsymbol{u}\\ \Delta\dot{\boldsymbol{u}}\end{bmatrix}
\tag{10-116}
$$

由式(10-115)解得

$$
\Delta\boldsymbol{X}=(\boldsymbol{A}^{\mathrm{T}}\boldsymbol{W}_Y\boldsymbol{A})^{-1}\boldsymbol{A}^{\mathrm{T}}\boldsymbol{W}_Y\boldsymbol{G}_Y\boldsymbol{\varepsilon}
\tag{10-117}
$$

将 $\Delta\boldsymbol{X}$ 乘以其转置并求期望，得到 $\Delta\boldsymbol{X}$ 的协方差矩阵为

$$
\begin{aligned}
E(\Delta\boldsymbol{X}\Delta\boldsymbol{X}^{\mathrm{T}})&=(\boldsymbol{A}^{\mathrm{T}}\boldsymbol{W}_Y\boldsymbol{A})^{-1}\boldsymbol{A}^{\mathrm{T}}\boldsymbol{W}_Y\boldsymbol{G}_Y E(\boldsymbol{\varepsilon}\boldsymbol{\varepsilon}^{\mathrm{T}})\boldsymbol{G}_Y^{\mathrm{T}}\boldsymbol{W}_Y\boldsymbol{A}(\boldsymbol{A}^{\mathrm{T}}\boldsymbol{W}_Y\boldsymbol{A})^{-\mathrm{T}}\\
&=(\boldsymbol{A}^{\mathrm{T}}\boldsymbol{W}_Y\boldsymbol{A})^{-1}
\end{aligned}
\tag{10-118}
$$

3. 仿真实验

通过仿真实验评估基于 CTLS 的单站外辐射源 TDOA-FDOA 定位算法的估计性能，分析影响定位精度的主要因素。仿真场景设计如下：观测站位置(单位：m，下同)为$[0\ \ 0\ \ 0]^{\mathrm{T}}$，目标位置为$[5000\ \ 5000\ \ 5000]^{\mathrm{T}}$，速度(单位：m/s)为$[200\ \ 200\ 200]^{\mathrm{T}}$。共有 8 个待选外辐射源，其位置和频率如表 10-5 所示。时差和频差的观测误差服从零均值的高斯分布，协方差为$\boldsymbol{Q}=\mathrm{diag}(\sigma_r^2\boldsymbol{\Lambda}_r,\dot{\sigma}_r^2\dot{\boldsymbol{\Lambda}}_r)$，其中，$\boldsymbol{\Lambda}_r$和$\dot{\boldsymbol{\Lambda}}_r$为$N\times N$的单位矩阵。在仿真实验中，每个实验做 5000 次蒙特卡罗仿真。目标位置和速度估计的均方根误差定义如下：

$$\begin{cases}\mathrm{RMSE}(\boldsymbol{u})=\sqrt{\dfrac{1}{5000}\displaystyle\sum_{n=1}^{5000}\left\|\hat{\boldsymbol{u}}^{(n)}-\boldsymbol{u}\right\|_2^2}\\ \mathrm{RMSE}(\dot{\boldsymbol{u}})=\sqrt{\dfrac{1}{5000}\displaystyle\sum_{n=1}^{5000}\left\|\hat{\dot{\boldsymbol{u}}}^{(n)}-\dot{\boldsymbol{u}}\right\|_2^2}\end{cases}\tag{10-119}$$

式中，$\hat{\boldsymbol{u}}^{(n)}$、$\hat{\dot{\boldsymbol{u}}}^{(n)}$分别为目标位置和速度在第$n$次蒙特卡罗仿真中的估计值。

表 10-5 TDOA-FDOA 定位实验中外辐射源位置和频率

外辐射源	1	2	3	4	5	6	7	8
x坐标/m	20000	0	−20000	0	50000	−50000	−50000	50000
y坐标/m	0	20000	0	−20000	50000	50000	−50000	−50000
z坐标/m	100	200	300	400	500	600	700	800
频率/MHz	100	150	200	250	300	350	400	450

1）迭代次数对算法定位误差影响的仿真

基于 CTLS 的单站外辐射源 TDOA-FDOA 定位算法在估计目标位置和速度的过程中，需要通过迭代来更新加权矩阵$\boldsymbol{W}_Y$，从而得到目标位置的更精确估计。通过迭代收敛至全局最优解所需的迭代次数也是衡量算法性能的重要指标。为此，这里统计不同迭代次数时算法估计的均方根误差。测量误差设置为$\sigma_r=10\mathrm{m}$，$\dot{\sigma}_r=1\mathrm{m/s}$。

图 10-13 给出了不同迭代次数对应的算法定位误差。可以看出，算法仅需 1 次迭代，定位误差即可收敛至逼近 CRLB。

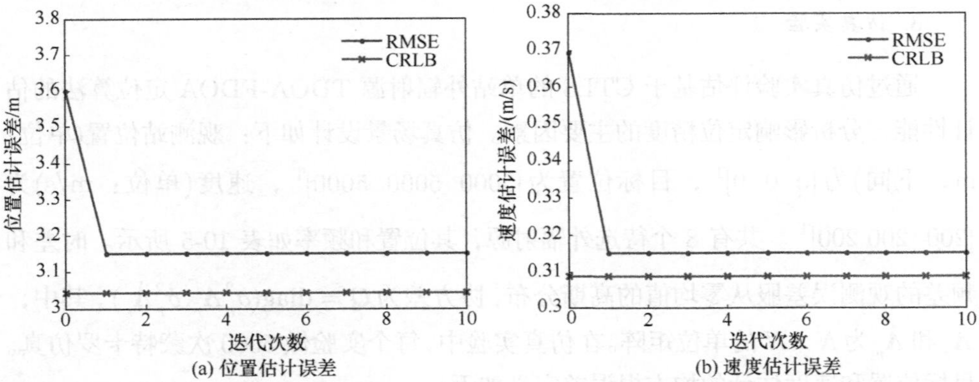

图 10-13　迭代次数对 TDOA-FDOA 定位算法估计精度的影响

2) 不同误差条件下算法的实际定位误差仿真

为评估算法实际定位误差，在不同测量误差条件下，利用算法进行仿真定位实验，并统计其均方根误差。测量误差设置为 $10\lg\sigma_r^2$，取值为 $-40\sim60\,\mathrm{dB}$，$\dot{\sigma}_r=0.1\sigma_r$，其中 σ_r、$\dot{\sigma}_r$ 的单位分别为 m、m/s。

图 10-14 给出了不同测量误差条件下基于 CTLS 的单站外辐射源 TDOA-FDOA 定位算法的实际定位误差。可以看出，算法的理论误差可以达到 CRLB，在测量误差较小时，算法的实际估计误差逼近 CRLB。当测量误差较大时（$10\lg\sigma_r^2>30\,\mathrm{dB}$），算法开始偏离 CRLB。

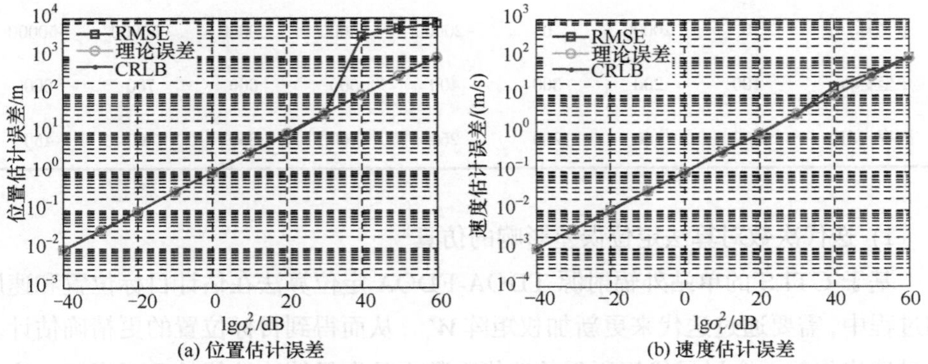

图 10-14　不同测量误差条件下 TDOA-FDOA 定位算法的实际定位误差

3) CRLB 对比

为比较 TDOA-FDOA 定位系统与 TDOA、FDOA 定位系统的定位精度，分别计算不同测量误差条件下三种定位系统的 CRLB。

图 10-15 给出了 TDOA-FDOA 定位系统与 TDOA、FDOA 定位系统的 CRLB 比较情况。可以看出，在频差测量误差较小时，TDOA-FDOA 定位系统的定位误

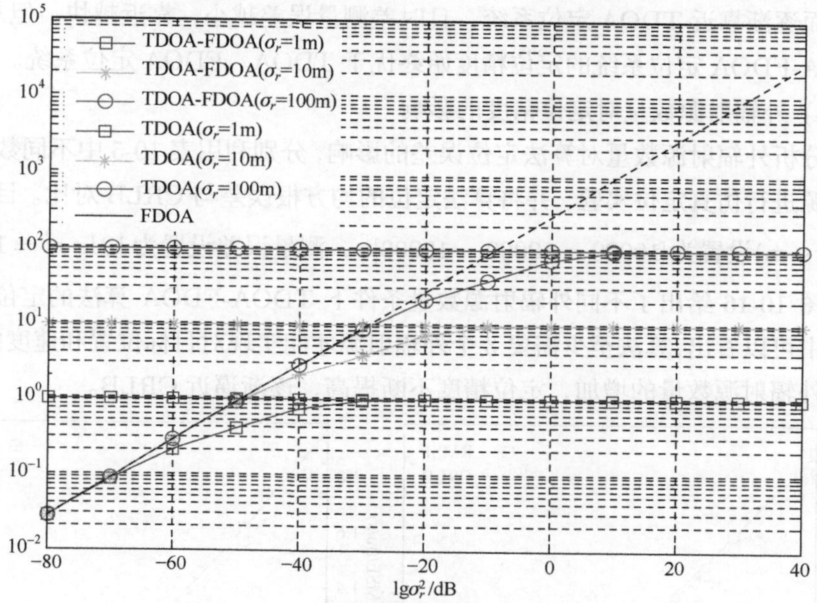

(a) 位置估计CRLB

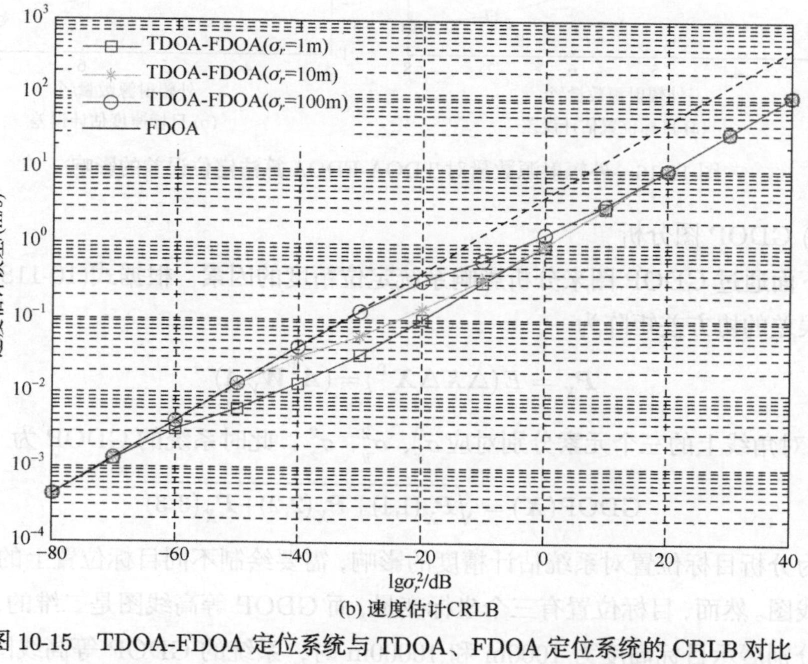

(b) 速度估计CRLB

图 10-15　TDOA-FDOA 定位系统与 TDOA、FDOA 定位系统的 CRLB 对比

差接近仅 FDOA 系统，而 TDOA 系统与之相比定位精度相对较差。当频差测量误差较大时，TDOA-FDOA 定位系统的定位误差开始偏离并低于 FDOA 定位系统，而逐渐靠近 TDOA 定位系统，且时差测量误差越小，靠近越快。但总体上，TDOA-FDOA 定位系统的定位精度始终优于 TDOA、FDOA 定位系统。

4) 外辐射源数量对定位精度的影响

分析外辐射源数量对算法定位误差的影响，分别利用表 10-5 中不同数量的外辐射源进行仿真定位实验，并将算法定位的均方根误差与 CRLB 对比。目标位置(单位：m)设置为$[10000 \quad 10000 \quad 10000]^{\mathrm{T}}$，测量误差设置为$10\lg\sigma_r^2 = 10\mathrm{dB}$。

图 10-16 给出了不同外辐射源数量条件下 TDOA-FDOA 算法的定位误差。从图中可以看出，算法至少需要 3 个外辐射源才能实现对目标位置和速度的估计，随着外辐射源数量的增加，定位精度不断提高，逐渐逼近 CRLB。

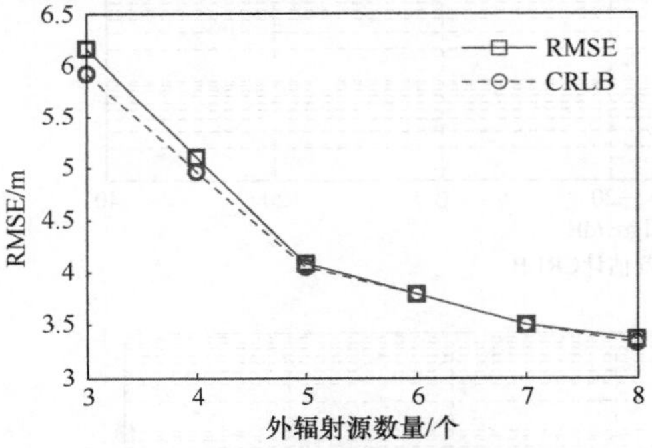

(a) 目标位置估计误差

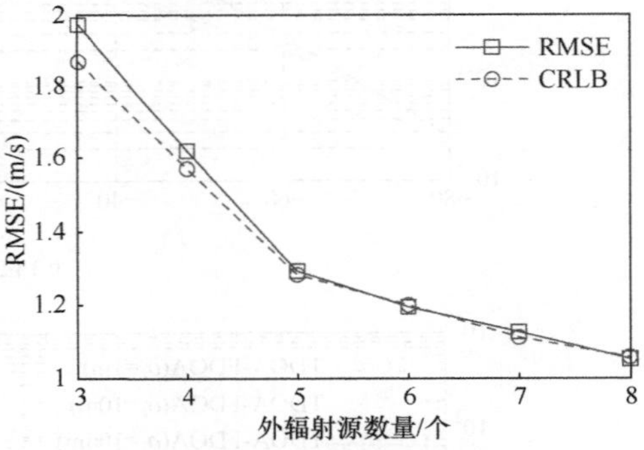

(b) 目标速度估计误差

图 10-16　外辐射源数量对 TDOA-FDOA 算法定位误差的影响

5) GDOP 图分析

下面通过 GDOP 图来分析影响系统定位精度的因素。根据式(10-118)，算法定位误差的协方差矩阵为

$$\boldsymbol{P}_X = E(\Delta\boldsymbol{X}\Delta\boldsymbol{X}^{\mathrm{T}}) = (\boldsymbol{A}^{\mathrm{T}}\boldsymbol{W}_Y\boldsymbol{A})^{-1} \tag{10-120}$$

$\boldsymbol{P}_X$ 主对角线上的三个元素分别对应σ_x^2、σ_y^2、σ_z^2，此时系统的 GDOP 为

$$\mathrm{GDOP}(\boldsymbol{X}) = \sqrt{\boldsymbol{P}_X(1,1)+\boldsymbol{P}_X(2,2)+\boldsymbol{P}_X(3,3)} \tag{10-121}$$

为分析目标位置对系统估计精度的影响，需要绘制不同目标位置上的 GDOP 等高线图。然而，目标位置有三个坐标变量，而 GDOP 等高线图是二维的，为此，这里分别展示目标高度为 1000m 和 10000m 时，系统的 GDOP 等高线图。测量

误差设置为$10\lg\sigma_r^2 = 10\text{dB}$。外辐射源选取表 10-5 中的第 1～4 个。仿真结果如图 10-17 所示。

图 10-17 给出了目标高度分别为 1000m 和 10000m 的 GDOP 图。对比图 10-17(a)和图 10-17(b)可以看出，目标高度越高，定位误差越小。目标高度较低时，目标位置对定位精度的影响较为显著。当目标位于外辐射源和观测站所在的中央区域上方时，定位精度最高，随着目标远离该中心区域，定位误差增大，且在观测站和外辐射源连线方向，定位误差增加相对较快。

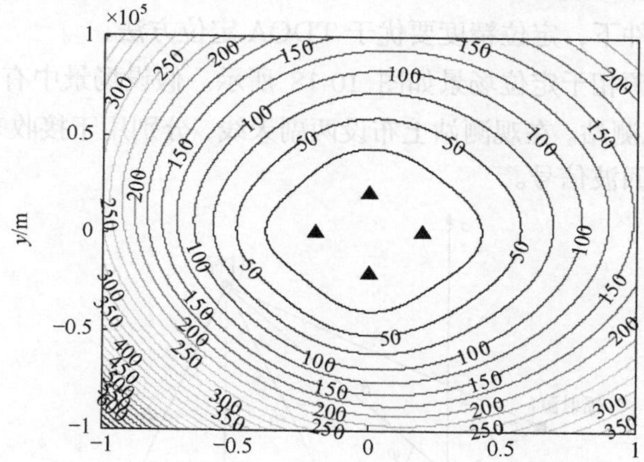

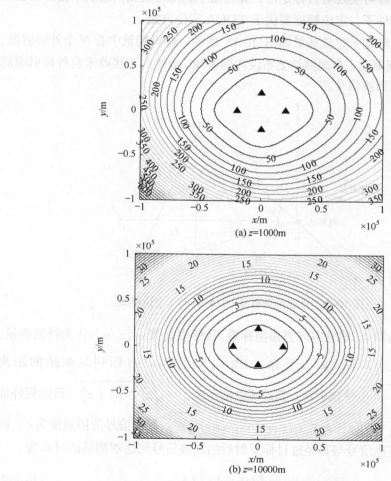

图 10-17　TDOA-FDOA 定位系统的 GDOP 图

10.3.5 联合角度和时差的单站外辐射源目标定位算法

仅利用 TDOA 定位系统的系统构成相对简单，是现代定位的常用方法。但是,TDOA 定位方法要实现对目标三维位置坐标的估计,至少需要 3 个外辐射源。在实际应用中，某些地区可能难以找到 3 个及以上符合要求的外辐射源。并且，在时差测量误差较大时，TDOA 定位方法的定位精度并不理想。如果能够得到反射信号的 DOA 信息，那么联合 DOA 和 TDOA 信息对目标进行定位，理论上需要一个外辐射源即可实现对目标定位，并且由于利用的观测信息较丰富，在相同数量外辐射源条件下，定位精度要优于 TDOA 定位方法。

三维单站无源相干定位场景如图 10-18 所示。假设场景中有 N 个外辐射源、1 个目标、1 个观测站。在观测站上布设两副天线，分别用于接收来自外辐射源的直达信号和目标回波信号。

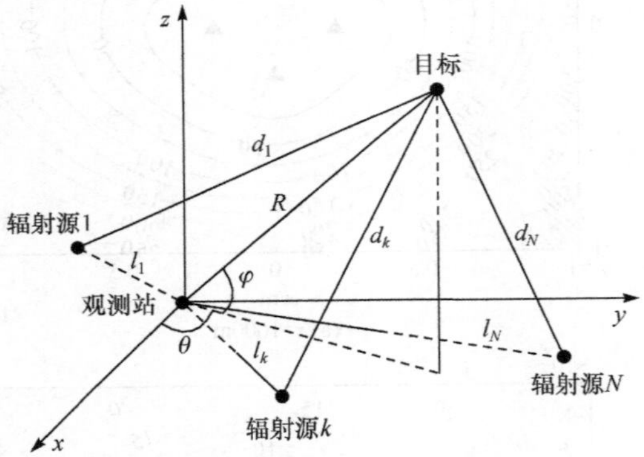

图 10-18　单站外辐射源 DOA-TDOA 定位模型

以观测站为原点,建立空间直角坐标系。目标位置 $\boldsymbol{X}=[x\quad y\quad z]^{\mathrm{T}}$ 为待估参量,外辐射源位置 $\boldsymbol{s}_k=[x_k\quad y_k\quad z_k]^{\mathrm{T}}\ (k=1,2,\cdots,N)$ 已知。目标到观测站的距离 $R=\sqrt{x^2+y^2+z^2}$ ，外辐射源 k 到观测站的距离 $l_k=\sqrt{x_k^2+y_k^2+z_k^2}$ ，目标到外辐射源 k 的距离 $d_k=\sqrt{(x-x_k)^2+(y-y_k)^2+(z-z_k)^2}$ 。假设信号传播速度为 c ，则外辐射源 k 的直达信号与其经过目标反射后的回波信号到达观测站的时差为

$$\tau_k=\frac{1}{c}(R+d_k-l_k) \tag{10-122}$$

假设目标到观测站的方位角为 θ ，俯仰角为 φ ，则根据目标和观测站的几何关系，得

$$\begin{cases}\theta = \arctan\dfrac{y}{x} \\ \varphi = \arctan\dfrac{z}{\sqrt{x^2+y^2}}\end{cases} \tag{10-123}$$

不难证明角度和时差的观测方程可以转化为如下的线性形式：

$$\begin{aligned}&-x\tan\theta + y = 0 \\ &-x\tan\varphi\sqrt{1+\tan^2\theta} + z = 0 \\ &\frac{x_k x + y_k y + z_k z}{c\tau_k + l_k} - \frac{\sqrt{1+\tan^2\varphi}}{\tan\varphi} z = -\frac{(c\tau_k + l_k)^2 - l_k^2}{2(c\tau_k + l_k)}\end{aligned} \tag{10-124}$$

将该线性方程组表示成矩阵形式为

$$\boldsymbol{HX} = \boldsymbol{b} \tag{10-125}$$

式中

$$\boldsymbol{H} = \begin{bmatrix} -\tan\theta & 1 & 0 \\ -\tan\varphi\sqrt{1+\tan^2\theta} & 0 & 1 \\ \dfrac{x_1}{c\tau_1 + l_1} & \dfrac{y_1}{c\tau_1 + l_1} & \dfrac{z_1}{c\tau_1 + l_1} - \dfrac{\sqrt{1+\tan^2\varphi}}{\tan\varphi} \\ \vdots & \vdots & \vdots \\ \dfrac{x_N}{c\tau_N + l_N} & \dfrac{y_N}{c\tau_N + l_N} & \dfrac{z_N}{c\tau_N + l_N} - \dfrac{\sqrt{1+\tan^2\varphi}}{\tan\varphi} \end{bmatrix} \tag{10-126}$$

$$\boldsymbol{b} = \begin{bmatrix} 0 \\ 0 \\ \dfrac{(c\tau_1 + l_1)^2 - l_1^2}{2(c\tau_1 + l_1)} \\ \vdots \\ \dfrac{(c\tau_N + l_N)^2 - l_N^2}{2(c\tau_N + l_N)} \end{bmatrix} \tag{10-127}$$

1. 矩阵病态问题分析

对于式(10-125)中的线性方程组，其最小二乘解为

$$\hat{\boldsymbol{X}}_{\mathrm{LS}} = (\boldsymbol{H}^{\mathrm{T}}\boldsymbol{H})^{-1}\boldsymbol{H}^{\mathrm{T}}\boldsymbol{b} \tag{10-128}$$

然而，以目标 z 坐标近似为 0 时的定位场景为例，当目标的 z 坐标很小，近

似为 0 时，$\tan\varphi$ 的值近似为 0，从而导致矩阵 $\boldsymbol{H}$ 中的第 3 列元素 $z_k\big/(c\tau_k + l_k) - \sqrt{1+\tan^2\varphi}/\tan\varphi \to \infty$，此时矩阵 $\boldsymbol{H}$ 出现近似于式(10-129)中等号右侧矩阵的病态性。

$$\boldsymbol{H} \leftrightarrow \begin{bmatrix} -\tan\theta & 1 & 0 \\ 0 & 0 & 1 \\ 0 & 0 & 1 \\ \vdots & \vdots & \vdots \\ 0 & 0 & 1 \end{bmatrix} \tag{10-129}$$

此时，目标位置的求解即一个病态的求逆问题。对于病态求逆问题，系数矩阵 $\boldsymbol{H}$ 或向量矩阵 $\boldsymbol{b}$ 的微小误差，会引起方程组 $\boldsymbol{HX} = \boldsymbol{b}$ 解的巨大偏差。为克服方程求解的病态问题，本节采用基于 RCTLS 算法估计目标位置。

2. 基于 RCTLS 的单站外辐射源 DOA-TDOA 定位算法

假设观测量的真实值 $\boldsymbol{Z} = [\theta\ \ \varphi\ \ \tau_1\ \ \tau_2\ \ \cdots\ \ \tau_N]^{\mathrm{T}}$，其测量值 $\boldsymbol{Z}^{\mathrm{m}} = [\theta^{\mathrm{m}}\ \ \varphi^{\mathrm{m}}\ \ \tau_1^{\mathrm{m}}\ \ \tau_2^{\mathrm{m}}\ \ \cdots\ \ \tau_N^{\mathrm{m}}]^{\mathrm{T}}$，测量误差 $\boldsymbol{n} = [n_\theta\ \ n_\varphi\ \ n_{\tau 1}\ \ n_{\tau 2}\ \ \cdots\ \ n_{\tau N}]^{\mathrm{T}}$，则有

$$\boldsymbol{Z} = \boldsymbol{Z}^{\mathrm{m}} - \boldsymbol{n} \tag{10-130}$$

同时考虑测量误差对 $\boldsymbol{H}$ 和 $\boldsymbol{b}$ 的影响，式(10-125)可以表示为测量值 $\boldsymbol{Z}^{\mathrm{m}}$ 的函数，即

$$\boldsymbol{H}(\boldsymbol{Z}^{\mathrm{m}} - \boldsymbol{n})\boldsymbol{X} = \boldsymbol{b}(\boldsymbol{Z}^{\mathrm{m}} - \boldsymbol{n}) \tag{10-131}$$

将 $\boldsymbol{H}(\boldsymbol{Z}^{\mathrm{m}} - \boldsymbol{n})$ 和 $\boldsymbol{b}(\boldsymbol{Z}^{\mathrm{m}} - \boldsymbol{n})$ 在 $\boldsymbol{Z}^{\mathrm{m}}$ 处进行泰勒级数展开，并忽略二阶及以上误差项，得

$$\boldsymbol{H} = \boldsymbol{H}^{\mathrm{m}} - \Delta\boldsymbol{H}, \quad \boldsymbol{b} = \boldsymbol{b}^{\mathrm{m}} - \Delta\boldsymbol{b} \tag{10-132}$$

式中

$$\Delta\boldsymbol{H} = (\boldsymbol{F}_1\boldsymbol{n}, \boldsymbol{F}_2\boldsymbol{n}, \boldsymbol{F}_3\boldsymbol{n}) \tag{10-133}$$

$$\Delta\boldsymbol{b} = \boldsymbol{F}_4\boldsymbol{n} \tag{10-134}$$

$\boldsymbol{F}_i\ (i = 1,2,3,4)$ 的计算公式为

$$\boldsymbol{F}_i(j,k) = \frac{\partial \boldsymbol{H}_{ji}}{\partial \boldsymbol{Z}_k}, \quad i = 1,2,3;\ j,k = 1,2,\cdots,N+2 \tag{10-135}$$

$$\boldsymbol{F}_4(j,k)=\frac{\partial \boldsymbol{b}_j}{\partial \boldsymbol{Z}_k},\quad j,k=1,2,\cdots,N+2 \tag{10-136}$$

根据式(10-135)和式(10-136)，计算得到

$$\boldsymbol{F}_1=\begin{bmatrix} \dfrac{-1}{\cos^2\theta} & 0 & \boldsymbol{0}^{1\times N} \\ \dfrac{-\sin\theta\tan\varphi}{\cos^3\theta\sqrt{1+\tan^2\theta}} & \dfrac{\sqrt{1+\tan^2\theta}}{\cos^2\varphi} & \boldsymbol{0}^{1\times N} \\ \boldsymbol{0}^{1\times N} & \boldsymbol{0}^{1\times N} & \boldsymbol{\Sigma}_1 \end{bmatrix} \tag{10-137}$$

$$\boldsymbol{F}_2=\begin{bmatrix} \boldsymbol{0}^{2\times 2} & \boldsymbol{0}^{2\times N} \\ \boldsymbol{0}^{N\times 2} & \boldsymbol{\Sigma}_2 \end{bmatrix},\quad \boldsymbol{F}_3=\begin{bmatrix} \boldsymbol{0}^{2\times 2} & \boldsymbol{0}^{2\times N} \\ \boldsymbol{\Sigma}_3 & \boldsymbol{\Sigma}_4 \end{bmatrix},\quad \boldsymbol{F}_4=\begin{bmatrix} \boldsymbol{0}^{2\times 2} & \boldsymbol{0}^{2\times N} \\ \boldsymbol{0}^{N\times 2} & \boldsymbol{\Sigma}_5 \end{bmatrix} \tag{10-138}$$

式中

$$\begin{aligned}
\boldsymbol{\Sigma}_1&=\operatorname{diag}\left(\frac{-cx_1}{(c\tau_1+l_1)^2},\frac{-cx_2}{(c\tau_2+l_2)^2},\cdots,\frac{-cx_N}{(c\tau_N+l_N)^2}\right)\\
\boldsymbol{\Sigma}_2&=\operatorname{diag}\left(\frac{-cy_1}{(c\tau_1+l_1)^2},\frac{-cy_2}{(c\tau_2+l_2)^2},\cdots,\frac{-cy_N}{(c\tau_N+l_N)^2}\right)\\
\boldsymbol{\Sigma}_3&=\begin{bmatrix} 0 & \dfrac{1}{\sin^2\varphi\sqrt{1+\tan^2\varphi}} \\ 0 & \dfrac{1}{\sin^2\varphi\sqrt{1+\tan^2\varphi}} \\ \vdots & \vdots \\ 0 & \dfrac{1}{\sin^2\varphi\sqrt{1+\tan^2\varphi}} \end{bmatrix}\\
\boldsymbol{\Sigma}_4&=\operatorname{diag}\left(\frac{-cz_1}{(c\tau_1+l_1)^2},\frac{-cz_2}{(c\tau_2+l_2)^2},\cdots,\frac{-cz_N}{(c\tau_N+l_N)^2}\right)\\
\boldsymbol{\Sigma}_5&=\operatorname{diag}\left(\frac{-cl_1^2}{2(c\tau_1+l_1)^2}-\frac{c}{2},\frac{-cl_2^2}{2(c\tau_2+l_2)^2}-\frac{c}{2},\cdots,\frac{-cl_N^2}{2(c\tau_N+l_N)^2}-\frac{c}{2}\right)
\end{aligned} \tag{10-139}$$

若 $\boldsymbol{n}$ 中各项误差具有相关性或具有不同的方差，则需对其进行白化处理。令 $\boldsymbol{Q}=E[\boldsymbol{n}\boldsymbol{n}^{\mathrm{T}}]$，对 $\boldsymbol{Q}=E[\boldsymbol{n}\boldsymbol{n}^{\mathrm{T}}]$ 做 Cholesky 分解 $\boldsymbol{Q}=\boldsymbol{P}_n\boldsymbol{P}_n^{\mathrm{T}}$，得到白化的噪声向量 $\boldsymbol{\varepsilon}=\boldsymbol{P}_n^{-1}\boldsymbol{n}$，将其代入式(10-133)、式(10-134)，得

$$\Delta \boldsymbol{H} = (\boldsymbol{F}_1\boldsymbol{P}_n\boldsymbol{\varepsilon}, \boldsymbol{F}_2\boldsymbol{P}_n\boldsymbol{\varepsilon}, \boldsymbol{F}_3\boldsymbol{P}_n\boldsymbol{\varepsilon}) = (\boldsymbol{G}_1\boldsymbol{\varepsilon}, \boldsymbol{G}_2\boldsymbol{\varepsilon}, \boldsymbol{G}_3\boldsymbol{\varepsilon}), \quad \Delta \boldsymbol{b} = \boldsymbol{F}_4\boldsymbol{P}_n\boldsymbol{\varepsilon} = \boldsymbol{G}_4\boldsymbol{\varepsilon} \tag{10-140}$$

将式(10-132)代入式(10-131)，并移项整理，得

$$\boldsymbol{H}^{\mathrm{m}}\boldsymbol{X} - \boldsymbol{b}^{\mathrm{m}} = \Delta\boldsymbol{H}\boldsymbol{X} - \Delta\boldsymbol{b} \tag{10-141}$$

求解目标位置的 RCTLS 解，即在满足式(10-141)约束下，确定一个合适的解向量 $\boldsymbol{X}$，使得目标函数 $\|\boldsymbol{\varepsilon}\|_2^2 + \lambda\|\boldsymbol{X}\|_2^2$ 最小。令 $\boldsymbol{W}_X = x\boldsymbol{G}_1 + y\boldsymbol{G}_2 + z\boldsymbol{G}_3 - \boldsymbol{G}_4$，则 RCTLS 问题的数学表示为

$$\begin{cases} \min(\|\boldsymbol{\varepsilon}\|_2^2 + \lambda\|\boldsymbol{X}\|_2^2) \\ \text{s.t. } \boldsymbol{H}^{\mathrm{m}}\boldsymbol{X} - \boldsymbol{b}^{\mathrm{m}} + \boldsymbol{W}_X\boldsymbol{\varepsilon} = 0 \end{cases} \tag{10-142}$$

式中，λ 为正则化参数。当 $\lambda = 0$ 时，式(10-142)退化为 CTLS 模型。式(10-142)是一个在约束方程约束下的二次型函数的极小化问题，可以变换成一个对极小化变量 $\boldsymbol{X}$ 的非约束极小化问题。由式(10-142)的约束条件得

$$\boldsymbol{\varepsilon} = \boldsymbol{W}_X^{+}(\boldsymbol{H}^{\mathrm{m}}\boldsymbol{X} - \boldsymbol{b}^{\mathrm{m}}) \tag{10-143}$$

式中，$\boldsymbol{W}_X^{+} = (\boldsymbol{W}_X\boldsymbol{W}_X^{\mathrm{T}})^{-1}\boldsymbol{W}_X^{\mathrm{T}}$ 表示矩阵 $\boldsymbol{W}_X$ 的 Moore-Penrose 逆。将式(10-143)代入式(10-142)的目标函数中，则式(10-142)中目标位置的 RCTLS 解即满足下列目标函数极小化的变量 $\boldsymbol{X}$：

$$F(\boldsymbol{X}) = (\boldsymbol{H}^{\mathrm{m}}\boldsymbol{X} - \boldsymbol{b}^{\mathrm{m}})^{\mathrm{T}}(\boldsymbol{W}_X\boldsymbol{W}_X^{\mathrm{T}})^{-1}(\boldsymbol{H}^{\mathrm{m}}\boldsymbol{X} - \boldsymbol{b}^{\mathrm{m}}) + \lambda\boldsymbol{X}^{\mathrm{T}}\boldsymbol{X} \tag{10-144}$$

由于 $F(\boldsymbol{X})$ 的非线性，利用解析方法得到 $F(\boldsymbol{X})$ 的极小化非常困难。这里采用牛顿迭代方法对其进行求解。假设已经获得了目标位置的初始解 $\boldsymbol{X}_0$，将式(10-144)中 $F(\boldsymbol{X})$ 在 $\boldsymbol{X}_0$ 处进行泰勒级数展开，并忽略三阶及以上误差项，得

$$F(\boldsymbol{X}) = F(\boldsymbol{X}_0) + (\boldsymbol{X} - \boldsymbol{X}_0)^{\mathrm{T}}\boldsymbol{A}_1 + \frac{1}{2}(\boldsymbol{X} - \boldsymbol{X}_0)^{\mathrm{T}}\boldsymbol{A}_2(\boldsymbol{X} - \boldsymbol{X}_0) \tag{10-145}$$

式中，$\boldsymbol{A}_1 = \left.\dfrac{\partial F(\boldsymbol{X})}{\partial \boldsymbol{X}}\right|_{\boldsymbol{X}=\boldsymbol{X}_0}$，$\boldsymbol{A}_2 = \left.\dfrac{\partial^2 F(\boldsymbol{X})}{\partial \boldsymbol{X}\partial \boldsymbol{X}^{\mathrm{T}}}\right|_{\boldsymbol{X}=\boldsymbol{X}_0}$，其中

$$\frac{\partial F(\boldsymbol{X})}{\partial \boldsymbol{X}} = 2(\boldsymbol{U}^{\mathrm{T}}\boldsymbol{H}^{\mathrm{m}} - \boldsymbol{U}^{\mathrm{T}}\boldsymbol{T}_1 + \lambda\boldsymbol{X}^{\mathrm{T}})^{\mathrm{T}} \tag{10-146}$$

$$\frac{\partial^2 F(\boldsymbol{X})}{\partial \boldsymbol{X}\partial \boldsymbol{X}^{\mathrm{T}}} = 2(\boldsymbol{H}^{\mathrm{m}} - \boldsymbol{T}_1 - \boldsymbol{T}_2)^{\mathrm{T}}(\boldsymbol{W}_X\boldsymbol{W}_X^{\mathrm{T}})^{-1}(\boldsymbol{H}^{\mathrm{m}} - \boldsymbol{T}_1 - \boldsymbol{T}_2) - 2\boldsymbol{T}_3^{\mathrm{T}}\boldsymbol{T}_3 + 2\lambda\boldsymbol{I}_{3\times 3} \tag{10-147}$$

式中，$\boldsymbol{I}_{3\times 3}$ 表示 3×3 的单位矩阵；$\boldsymbol{U} = (\boldsymbol{W}_X\boldsymbol{W}_X^{\mathrm{T}})^{-1}(\boldsymbol{H}^{\mathrm{m}}\boldsymbol{X} - \boldsymbol{b}^{\mathrm{m}})$，且有

$$\begin{cases}\boldsymbol{T}_1=[\boldsymbol{W}_X\boldsymbol{G}_1^{\mathrm{T}}\boldsymbol{U}\quad \boldsymbol{W}_X\boldsymbol{G}_2^{\mathrm{T}}\boldsymbol{U}\quad \boldsymbol{W}_X\boldsymbol{G}_3^{\mathrm{T}}\boldsymbol{U}]\\ \boldsymbol{T}_2=[\boldsymbol{G}_1\boldsymbol{W}_X^{\mathrm{T}}\boldsymbol{U}\quad \boldsymbol{G}_2\boldsymbol{W}_X^{\mathrm{T}}\boldsymbol{U}\quad \boldsymbol{G}_3\boldsymbol{W}_X^{\mathrm{T}}\boldsymbol{U}]\\ \boldsymbol{T}_3=[\boldsymbol{G}_1^{\mathrm{T}}\boldsymbol{U}\quad \boldsymbol{G}_2^{\mathrm{T}}\boldsymbol{U}\quad \boldsymbol{G}_3^{\mathrm{T}}\boldsymbol{U}]\end{cases}$$

根据式(10-145)，令 $F(\boldsymbol{X})/\boldsymbol{X}=0$ ，得

$$\boldsymbol{A}_1+\boldsymbol{A}_2(\boldsymbol{X}-\boldsymbol{X}_0)=0 \tag{10-148}$$

对式(10-148)求解，得到牛顿迭代公式为

$$\boldsymbol{X}=\boldsymbol{X}_0-\boldsymbol{A}_2^{-1}\boldsymbol{A}_1 \tag{10-149}$$

1) 定位精度分析

(1) 理论误差。

这里通过一阶小噪声扰动分析方法来推导 RCTLS 算法的理论误差。设 RCTLS 的解 $\boldsymbol{X}_{\mathrm{RCTLS}}$ 与目标位置真实值 $\boldsymbol{X}$ 之间的误差为 $\Delta\boldsymbol{X}$ ，即

$$\boldsymbol{X}_{\mathrm{RCTLS}}=\boldsymbol{X}+\Delta\boldsymbol{X} \tag{10-150}$$

式(10-144)中 $F(\boldsymbol{X})$ 取得极小值的必要条件为 $F(\boldsymbol{X})/\boldsymbol{X}=0$ ，即

$$2(\boldsymbol{H}^{\mathrm{m}})^{\mathrm{T}}(\boldsymbol{W}_X\boldsymbol{W}_X^{\mathrm{T}})^{-1}[\boldsymbol{H}^{\mathrm{m}}\boldsymbol{X}_{\mathrm{RCTLS}}-\boldsymbol{b}^{\mathrm{m}}]+2\lambda\boldsymbol{X}_{\mathrm{RCTLS}}+\boldsymbol{\gamma}=0 \tag{10-151}$$

式中

$$\boldsymbol{\gamma}=\begin{bmatrix}\boldsymbol{\varepsilon}^{\mathrm{T}}\boldsymbol{W}_X^{\mathrm{T}}\dfrac{\partial(\boldsymbol{W}_X\boldsymbol{W}_X^{\mathrm{T}})^{-1}}{\partial x}\boldsymbol{W}_X\boldsymbol{\varepsilon}\\ \boldsymbol{\varepsilon}^{\mathrm{T}}\boldsymbol{W}_X^{\mathrm{T}}\dfrac{\partial(\boldsymbol{W}_X\boldsymbol{W}_X^{\mathrm{T}})^{-1}}{\partial y}\boldsymbol{W}_X\boldsymbol{\varepsilon}\\ \boldsymbol{\varepsilon}^{\mathrm{T}}\boldsymbol{W}_X^{\mathrm{T}}\dfrac{\partial(\boldsymbol{W}_X\boldsymbol{W}_X^{\mathrm{T}})^{-1}}{\partial z}\boldsymbol{W}_X\boldsymbol{\varepsilon}\end{bmatrix} \tag{10-152}$$

将 $\boldsymbol{H}^{\mathrm{m}}=\boldsymbol{H}+\Delta\boldsymbol{H}$ 、 $\boldsymbol{b}^{\mathrm{m}}=\boldsymbol{b}+\Delta\boldsymbol{b}$ 及式(10-150)代入式(10-151)，得

$$\begin{aligned}&2(\boldsymbol{H}+\Delta\boldsymbol{H})^{\mathrm{T}}(\boldsymbol{W}_X\boldsymbol{W}_X^{\mathrm{T}})^{-1}[(\boldsymbol{H}+\Delta\boldsymbol{H})(\boldsymbol{X}+\Delta\boldsymbol{X})-(\boldsymbol{b}+\Delta\boldsymbol{b})]\\&+2\lambda(\boldsymbol{X}+\Delta\boldsymbol{X})+\boldsymbol{\gamma}=0\end{aligned} \tag{10-153}$$

忽略式(10-153)中的二阶及以上误差项，得

$$\boldsymbol{H}^{\mathrm{T}}(\boldsymbol{W}_X\boldsymbol{W}_X^{\mathrm{T}})^{-1}(\boldsymbol{H}\Delta\boldsymbol{X}+\boldsymbol{W}_X\boldsymbol{\varepsilon})+\lambda(\boldsymbol{X}+\Delta\boldsymbol{X})=0 \tag{10-154}$$

令 $\boldsymbol{K}=\boldsymbol{H}^{\mathrm{T}}(\boldsymbol{W}_X\boldsymbol{W}_X^{\mathrm{T}})^{-1}$ ，则由式(10-154)解得

$$\Delta\boldsymbol{X}=-(\boldsymbol{K}\boldsymbol{H}+\lambda\boldsymbol{I}_{3\times3})^{-1}(\boldsymbol{K}\boldsymbol{W}_X\boldsymbol{\varepsilon}+\lambda\boldsymbol{X}) \tag{10-155}$$

令 $\boldsymbol{Q}_\lambda=\boldsymbol{K}\boldsymbol{H}+\lambda\boldsymbol{I}_{3\times3}$ ，将式(10-155)乘以其转置，并求期望，得

$$E[\Delta\boldsymbol{X}\Delta\boldsymbol{X}^{\mathrm{T}}]=\boldsymbol{Q}_\lambda^{-1}\boldsymbol{K}\boldsymbol{W}_X\boldsymbol{W}_X^{\mathrm{T}}\boldsymbol{K}^{\mathrm{T}}(\boldsymbol{Q}_\lambda^{-1})^{\mathrm{T}}+\lambda^2(\boldsymbol{Q}_\lambda^{-1}\boldsymbol{X})(\boldsymbol{Q}_\lambda^{-1}\boldsymbol{X})^{\mathrm{T}} \tag{10-156}$$

由式(10-156)可以看出，RCTLS算法的理论误差是关于正则化参数 λ 的函数。当 $\lambda=0$ 时，式(10-156)即CTLS算法的理论误差。设CTLS解的误差为 $\Delta\boldsymbol{X}_{\mathrm{CTLS}}$，将 $\lambda=0$ 代入式(10-156)，得到CTLS算法的理论误差为

$$E[\Delta\boldsymbol{X}_{\mathrm{CTLS}}\Delta\boldsymbol{X}_{\mathrm{CTLS}}^{\mathrm{T}}]=[\boldsymbol{H}^{\mathrm{T}}(\boldsymbol{W}_X\boldsymbol{W}_X^{\mathrm{T}})^{-1}\boldsymbol{H}]^{-1} \tag{10-157}$$

(2) 正则化参数分析。

式(10-156)表明，正则化参数的选取对RCTLS算法的估计性能有很大影响。为此，按照均方误差最小的原则，选取最优的正则化参数。根据式(10-155)，令 $\boldsymbol{K}\boldsymbol{W}_X\boldsymbol{\varepsilon}=\boldsymbol{M}$，可得

$$\Delta\boldsymbol{X}^{\mathrm{T}}\Delta\boldsymbol{X}=(\boldsymbol{M}^{\mathrm{T}}+\lambda\boldsymbol{X}^{\mathrm{T}})[(\boldsymbol{K}\boldsymbol{H}+\lambda\boldsymbol{I}_{3\times3})^{-1}]^{\mathrm{T}}(\boldsymbol{K}\boldsymbol{H}+\lambda\boldsymbol{I}_{3\times3})^{-1}(\boldsymbol{M}+\lambda\boldsymbol{X}) \tag{10-158}$$

通常矩阵 $\boldsymbol{KH}$ 为满秩矩阵，即存在一个标准正交矩阵，使得矩阵 $\boldsymbol{KH}$ 对角化

$$\boldsymbol{K}\boldsymbol{H}=\boldsymbol{V}^{\mathrm{T}}\operatorname{diag}\{\mu_1,\mu_2,\mu_3\}\boldsymbol{V} \tag{10-159}$$

式中，$\boldsymbol{V}$ 为 3×3 的标准正交矩阵；$\mu_i(i=1,2,3)$ 为矩阵 $\boldsymbol{KH}$ 的第 i 个特征值，满足 $\mu_i>0$。

由于 $E[\boldsymbol{M}]=0$，对式(10-158)取期望，得到RCTLS解的均方误差为

$$E[\Delta\boldsymbol{X}^{\mathrm{T}}\Delta\boldsymbol{X}]=E[\boldsymbol{M}^{\mathrm{T}}\boldsymbol{V}^{\mathrm{T}}\boldsymbol{D}_\lambda\boldsymbol{V}\boldsymbol{M}]+\lambda^2\boldsymbol{X}^{\mathrm{T}}\boldsymbol{V}^{\mathrm{T}}\boldsymbol{D}_\lambda\boldsymbol{V}\boldsymbol{X} \tag{10-160}$$

式中，$\boldsymbol{D}_\lambda=\operatorname{diag}\{(\mu_1+\lambda)^{-2},(\mu_2+\lambda)^{-2},(\mu_3+\lambda)^{-2}\}$。令 $\boldsymbol{C}_1=\boldsymbol{V}\boldsymbol{M}$，$\boldsymbol{C}_2=\boldsymbol{V}\boldsymbol{X}$，则 $\boldsymbol{C}_1$、$\boldsymbol{C}_2$ 为两个列向量。设 $\boldsymbol{C}_1=[c_{11}\ \ c_{12}\ \ c_{13}]^{\mathrm{T}}$，$\boldsymbol{C}_2=[c_{21}\ \ c_{22}\ \ c_{23}]^{\mathrm{T}}$ 则

$$\begin{aligned}E[\Delta\boldsymbol{X}^{\mathrm{T}}\Delta\boldsymbol{X}]&=E[\boldsymbol{C}_1^{\mathrm{T}}\boldsymbol{D}_\lambda\boldsymbol{C}_1]+\lambda^2\boldsymbol{C}_2^{\mathrm{T}}\boldsymbol{D}_\lambda\boldsymbol{C}_2\\&=\sum_{i=1}^{3}\frac{E[c_{1i}^2]}{(\mu_i+\lambda)^2}+\lambda^2\sum_{i=1}^{3}\frac{c_{2i}^2}{(\mu_i+\lambda)^2}\end{aligned} \tag{10-161}$$

RCTLS解的均方误差是关于 λ 的函数。为了确定能使均方误差取得极小值的 λ，对式(10-161)关于 λ 求偏导，得

$$\frac{\partial E[\Delta\boldsymbol{X}^{\mathrm{T}}\Delta\boldsymbol{X}]}{\partial\lambda}=2\sum_{i=1}^{3}\frac{\lambda^2c_{2i}^2\mu_i-E[c_{1i}^2]}{(\mu_i+\lambda)^3} \tag{10-162}$$

分析式(10-162)可知，当 $0<\lambda<\min\limits_i\left\{\dfrac{E[c_{1i}^2]}{c_{2i}^2\mu_i}\right\}$ 时，$\dfrac{\partial E[\Delta\boldsymbol{X}^{\mathrm{T}}\Delta\boldsymbol{X}]}{\partial\lambda}<0$，均方误差随 λ 单调递减；当 $\lambda>\max\limits_i\left\{\dfrac{E[c_{1i}^2]}{c_{2i}^2\mu_i}\right\}$ 时，$\dfrac{\partial E[\Delta\boldsymbol{X}^{\mathrm{T}}\Delta\boldsymbol{X}]}{\partial\lambda}>0$，均方误差随 λ 单调

递增。因此，均方误差在$\left[\min\limits_i\left\{\frac{E[c_{1i}^2]}{c_{2i}^2\mu_i}\right\},\max\limits_i\left\{\frac{E[c_{1i}^2]}{c_{2i}^2\mu_i}\right\}\right]$范围内有唯一极小值。该极小值对应的$\lambda$估计为[25]

$$\hat{\lambda}=\frac{1}{2}\left(\min_i\left\{\frac{E[c_{1i}^2]}{c_{2i}^2\mu_i}\right\}+\max_i\left\{\frac{E[c_{1i}^2]}{c_{2i}^2\mu_i}\right\}\right) \tag{10-163}$$

2) 仿真实验

通过仿真实验评估本节基于 RCTLS 的单站外辐射源 DOA-TDOA 定位算法的定位性能，并分析影响算法性能的因素。仿真场景设置如下：场景中有 1 个固定目标，8 个待选的外辐射源，其位置如表 10-6 所示。角度和时差的测量误差设置为服从零均值的高斯分布。角度测量误差标准差σ_θ设置为 0.1°～10°，时差测量误差标准差σ_τ设置为 10～10^5ns。定位误差定义为 5000 次蒙特卡罗仿真的均方根误差。

表 10-6　DOA-TDOA 定位实验中外辐射源位置

辐射源	1	2	3	4	5	6	7	8
x 坐标/m	20000	−20000	−20000	20000	50000	−50000	0	0
y 坐标/m	20000	20000	−20000	−20000	0	0	50000	−50000
z 坐标/m	100	200	300	400	500	600	700	800

(1) 不同测量误差条件下算法的定位误差。

为了评估基于 RCTLS 的单站外辐射源 DOA-TDOA 定位算法的估计性能，在不同时差和角度测量误差条件下，利用算法进行仿真定位实验，统计算法定位的均方根误差，并将其与 LS 算法、TLS 算法、CTLS 算法及 CRLB 对比。外辐射源选取表 10-6 中的第 1～4 个，如图 10-19 所示。目标位置设置为低空(矩阵病态)、近场和远场三种情况：低空目标设置为 z 坐标相对 x、y 坐标非常小，位置(单位：m，下同)为$[10000\ \ 10000\ \ 1]^{\mathrm{T}}$；近场目标设置在 4 个外辐射源所围成的区域内，位置为$[1000\ \ 1000\ \ 1000]^{\mathrm{T}}$；远场目标设置在 4 个外辐射源所围成的区域外，位置为$[100000\ \ 100000\ \ 10000]^{\mathrm{T}}$。

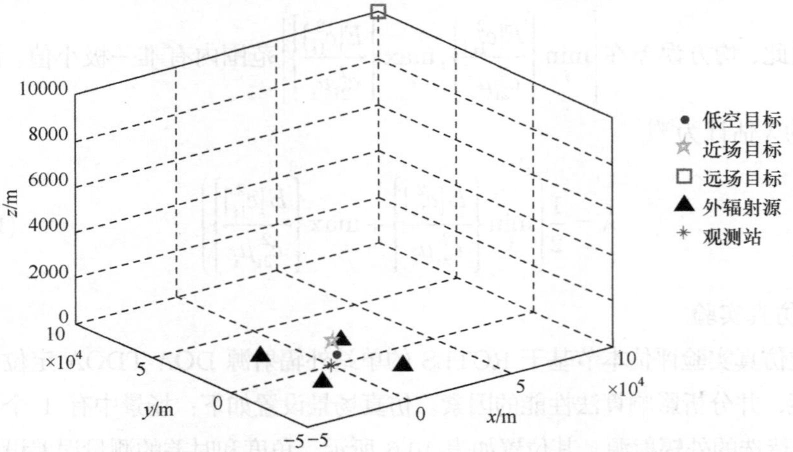

图 10-19 DOA-TDOA 定位系统几何分布

仿真结果如图 10-20～图 10-22 所示。

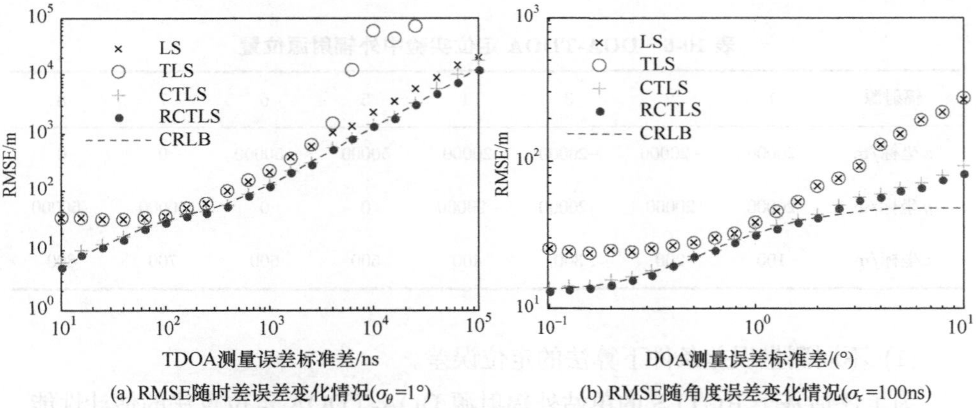

图 10-20 不同测量误差条件下 DOA-TDOA 定位算法对近场目标的定位误差

图 10-20 给出了算法对近场目标定位的均方根误差情况。从图中可以看出，LS 算法和 TLS 算法达不到 CRLB。CTLS 算法和 RCTLS 算法的定位精度均可逼近 CRLB，且 RCTLS 算法的定位精度高于 CTLS 算法，在部分测量误差条件下，RCTLS 算法的定位误差甚至低于 CRLB。CRLB 是无偏估计算法估计误差的理论下界，对于无偏估计算法而言，只能无限趋近，不能超越。RCTLS 算法是一种有偏估计算法，其通过牺牲算法的无偏性来换取算法均方根误差指标的显著改善，从而使算法在一些测量误差条件下的 RMSE 低于 CRLB。

图 10-21 给出了算法对远场目标定位的均方根误差情况。从图中可以看出，对于远场目标，RCTLS 算法同样表现出了优于 LS 算法、TLS 算法、CTLS 算法

的定位精度。不同的是，相比于近场目标，算法在 $\sigma_\theta / \sigma_\tau$ 较大时，偏离 CRLB 的程度更严重。原因在于，角度测量误差随着目标距离的增大对定位的影响会增加。换言之，同样的角度测量误差，对远场目标定位造成的误差会大于近场目标。

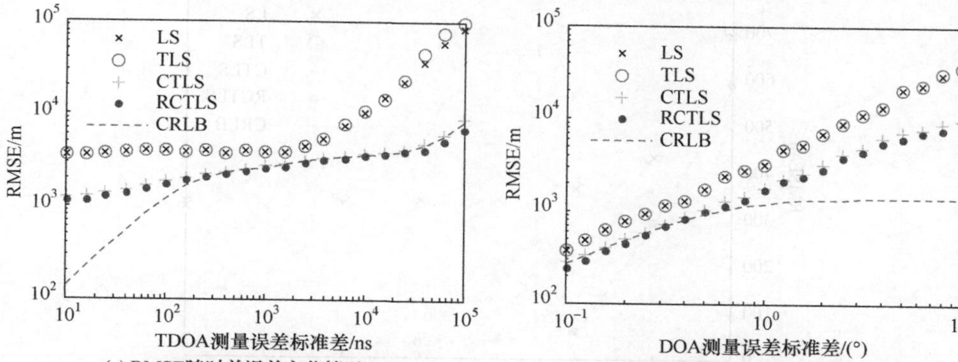

(a) RMSE随时差误差变化情况(σ_θ=1°)　(b) RMSE随角度误差变化情况(σ_τ=100ns)

图 10-21　不同测量误差条件下 DOA-TDOA 定位算法对远场目标的定位误差

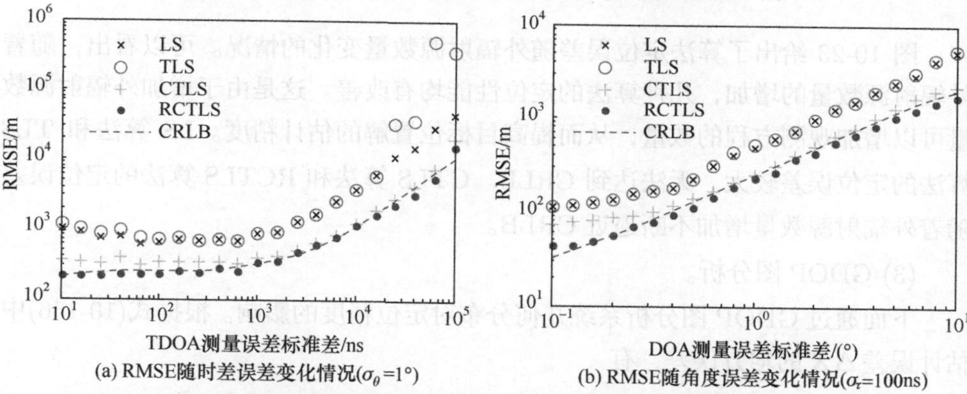

(a) RMSE随时差误差变化情况(σ_θ=1°)　(b) RMSE随角度误差变化情况(σ_τ=100ns)

图 10-22　不同测量误差条件下 DOA-TDOA 定位算法对低空目标的定位误差

图 10-22 给出了算法对低空目标定位的均方根误差情况。在目标高度很低时，LS 算法、TLS 算法、CTLS 算法的定位误差均较大，偏离 CRLB 的程度也较大。相比以上三种算法，RCTLS 算法的定位精度优势更加明显。此外，上述三种算法在测量误差很小时，偏离 CRLB 的程度较为严重，原因在于当测量误差较小时，矩阵 $\boldsymbol{H}$ 的病态较为严重，当测量误差增大时，受测量误差的影响，矩阵的病态性有所改善，偏离 CRLB 的程度得到改善。相比之下，RCTLS 算法在各种测量误差条件下均表现出了更优的定位性能。

(2) 外辐射源数量对定位精度的影响。

为分析外辐射源数量对算法定位误差的影响，这里利用不同数量的外辐射源进行仿真定位。目标位置(单位：m)设置为$[10000\ \ 10000\ \ 10000]^{\mathrm{T}}$，角度测量误差标准差设置为 1°，时差测量误差标准差设置为 100ns，仿真结果如图 10-23 所示。

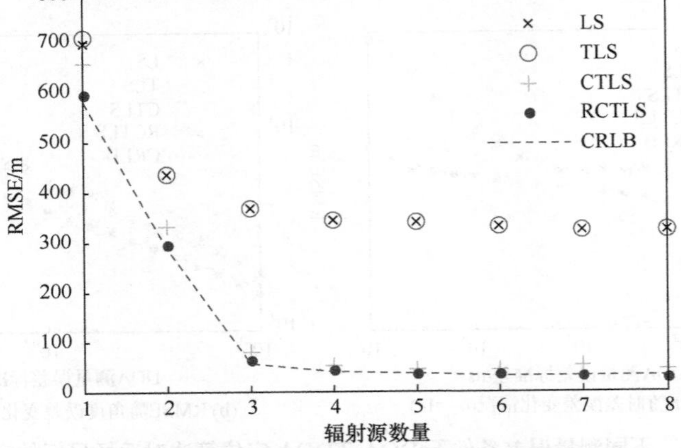

图 10-23　外辐射源数量对 DOA-TDOA 定位精度的影响

图 10-23 给出了算法定位误差随外辐射源数量变化的情况。可以看出，随着外辐射源数量的增加，几种算法的定位性能均有改善。这是由于增加外辐射源数量可以增加观测方程的数量，从而提高目标位置解的估计精度。LS 算法和 TLS 算法的定位误差较大，无法达到 CRLB。CTLS 算法和 RCTLS 算法的定位误差随着外辐射源数量增加不断逼近 CRLB。

(3) GDOP 图分析。

下面通过 GDOP 图分析系统几何分布对定位精度的影响。根据式(10-156)中估计误差 $\Delta\boldsymbol{X}$ 的均方误差，有

$$\boldsymbol{P}_X = \boldsymbol{Q}_\lambda^{-1}\boldsymbol{K}\boldsymbol{W}_X\boldsymbol{W}_X^{\mathrm{T}}\boldsymbol{K}^{\mathrm{T}}(\boldsymbol{Q}_\lambda^{-1})^{\mathrm{T}} + \lambda^2(\boldsymbol{Q}_\lambda^{-1}\boldsymbol{X})(\boldsymbol{Q}_\lambda^{-1}\boldsymbol{X})^{\mathrm{T}} \tag{10-164}$$

$\boldsymbol{P}_X$ 主对角线上的三个元素分别对应 σ_x^2、σ_y^2、σ_z^2。因此，系统的 GDOP 为

$$\mathrm{GDOP}(\boldsymbol{X}) = \sqrt{\mathrm{tr}\left(\boldsymbol{P}_X\right)} \tag{10-165}$$

为分析目标位置对系统估计精度的影响，需要绘制不同目标位置上的 GDOP 等高线图。然而，目标位置有三个坐标变量，而 GDOP 等高线图是二维的，为此，这里分别展示目标高度为 1000m 和 10000m 时，系统的 GDOP 等高线图。外辐射源选取表 10-6 中的第 1～4 个。角度测量误差标准差设置为 1°，4 个外辐射源对应的时差测量误差标准差分别设置为 0.1ns、1ns、10ns、100ns。仿真结果如图 10-24 所示。

图 10-24 给出了目标高度分别为 1000m 和 10000m 的 GDOP 图。从图中可以看出，在 x、y 坐标相同时，目标高度越高，定位误差越小。当目标位于外辐射源和观测站所在的中央区域上方时，定位精度最高，随着目标远离该中心区域，定位误差逐渐增大，且在观测站和外辐射源连线方向，定位误差增加相对较快。不同外辐射源对应的测量误差之间的差异性，对系统定位精度相对分布的影响并不显著。

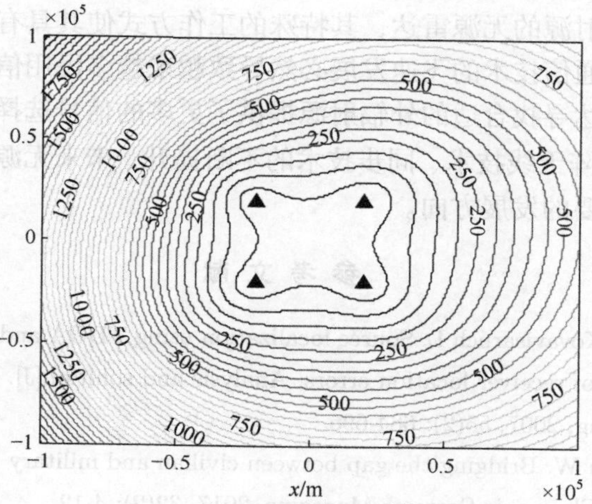

(a) z=1000m时GDOP图

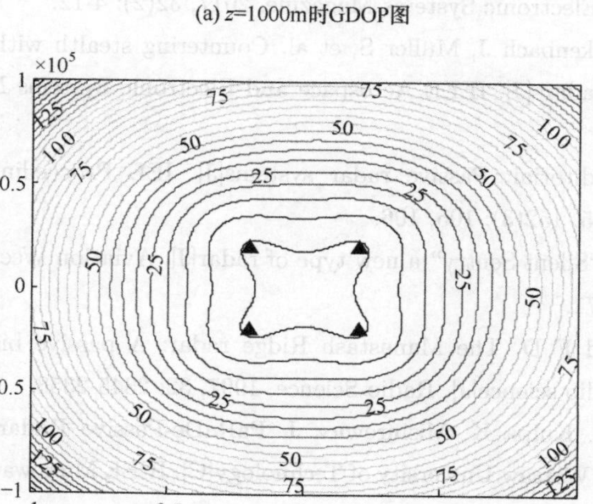

(b) z=10000m时GDOP图

图 10-24　联合 DOA 和 TDOA 定位系统的 GDOP 图

10.4 小 结

本章针对基于外辐射源的无源雷达系统，从国内外发展现状、典型外辐射源评估、基于外辐射源的单站无源定位技术等方面进行了介绍。随着反雷达技术的飞速发展，有源雷达将面临着隐身、反辐射摧毁、低空突防及综合电子干扰四大威胁。基于外辐射源的无源雷达，其特殊的工作方式使其具有良好的“四抗”特性。未来，无线通信技术的飞速发展必然导致越来越多民用信号的产生。这些民用信号为无源雷达寻找合适的外辐射源提供了更多的信号选择。此外，随着高速 DSP 技术、相控阵天线技术、同步技术的不断提升，未来无源雷达必将有进一步的发展，成为重要的发展方向。

参 考 文 献

[1] Ho K C, Lu X, Kovavisaruch L. Source localization using TDOA and FDOA measurements in the presence of receiver location errors: Analysis and solution[J]. IEEE Transactions on Signal Processing, 2007, 55(2): 684-696.

[2] Olsen K E, Asen W. Bridging the gap between civilian and military passive radar[J]. IEEE Aerospace and Electronic Systems Magazine, 2017, 32(2): 4-12.

[3] Kuschel H, Heckenbach J, Müller S, et al. Countering stealth with passive, multi-static, low frequency radars[J]. IEEE Aerospace and Electronic Systems Magazine, 2010, 25(9): 11-17.

[4] Howland P. Editorial: Passive radar systems[J]. IEE Proceedings Radar, Sonar and Navigation, 2005, 152(3): 105, 106.

[5] Nordwall B D. “Silent Sentry” a new type of radar[J]. Aviation Week & Space Technology, 1998, (22): 70, 71.

[6] Sahr J D, Lind F D. The Manastash Ridge radar: A passive bistatic radar for upper atmospheric radio science[J]. Radio Science, 1997, 32: 2345-2358.

[7] Malanowski M, Kulpa K, Misiurewicz J. PaRaDe-Passive Radar Demonstrator family development at Warsaw University of Technology[C]. IEEE Microwaves, Radar and Remote Sensing Symposium, Kiev, 2008: 75-78.

[8] Kuschel H, O'Hagan D. Passive radar from history to future[C]. IEEE Radar Symposium,Vilnius, 2010: 1-4.

[9] Millet N, Klein M. Passive radar air surveillance: Last results with multi-receiver systems[C]. IEEE Radar Symposium, Leipzig, 2011:281-285.

[10] Klein M, Millet N. Multireceiver passive radar tracking[J]. IEEE Aerospace and Electronic

Systems Magazine, 2012, 27(10): 26-36.

[11] Kuschel H. Approaching 80 years of passive radar[C]. 2013 International Conference on Radar, Adelaide, 2013: 213-217.

[12] Lallo A D, Tilli E, Timmoneri L, et al. Design, analysis and implementation of a passive integrated mobile system for detection and identification of air targets[C]. IEEE Radar Symposium, Warsaw, 2012: 32-36.